浙江省长兴县茶文化研究会　编

中国农业出版社

北　京

图书在版编目（CIP）数据

紫笋茶的前世今生 / 浙江省长兴县茶文化研究会编
. -- 北京 : 中国农业出版社, 2021.8
ISBN 978-7-109-28115-8

Ⅰ. ①紫… Ⅱ. ①浙… Ⅲ. ①茶文化一长兴县 Ⅳ.
①TS971.21

中国版本图书馆CIP数据核字（2021）第066886号

紫笋茶的前世今生
ZISUNCHA DE QIANSHI JINSHENG

中国农业出版社出版

地址：北京市朝阳区麦子店街18号楼
邮编：100125
特约专家：穆祥桐　特约编辑：申屠家杰　责任编辑：姚　佳
责任校对：吴丽婷　责任印制：王　宏
封面题字：刘　枫　封面设计：沈玉莲
版式设计：望宸文化丨沈玉莲　李晶晶
印刷：北京中科印刷有限公司
版次：2021年8月第1版
印次：2021年8月北京第1次印刷
发行：新华书店北京发行所
开本：850mm×1168mm　1/16
印张：19
字数：266千字
定价：98.00元

“大运河诗路文化带”建设
——“茶之源”文化艺术普及专题工程

《紫笋茶的前世今生》

浙江省长兴县茶文化研究会　编

顾　　问　陈少鹏　王庆忠

支持单位　中共浙江省长兴县委宣传部
浙江省长兴县社科联
浙江省长兴县文联
浙江省长兴县发改局
浙江省长兴县档案馆
浙江省长兴县农业农村局
浙江省长兴县文广旅体局

主　　编　刘月琴

副 主 编　张鑫华　吴秋景

编　　委　刘月琴　孙文君　吴秋景　邱恩佩
张鑫华　钟心尧（按姓氏笔画排序）

茶人一家

王家揚

茶為國飲

刘枫书

茶诗走廊

戊戌孟冬 周国富

顾渚紫笋甲天下（代序）

周国富

“千金买断顾渚春”，紫笋茶在中国茶文化历史上不仅是一个物质的标志，更是一个文化领域的精神引领。浙江省长兴县茶文化研究会为讲好中国茶故事，传播茶文化正能量，专门编写《紫笋茶的前世今生》一书，邀我为此书写点什么，我欣然命笔。

“自从陆羽生人间，人间相学事新茶。”中国茶文化博大精深，源远流长。中唐时陆羽《茶经》的问世使茶文化发展到一个空前的高度，标志着唐代茶文化的形成。《茶经》概括了茶的自然和人文科学双重内容，探讨了饮茶艺术，把儒、道、佛三教融入饮茶中，首创中国茶道精神。

在唐代，茶圣之地长兴因顾渚紫笋之名而誉满天下，千百年来，尽管中国历代名茶迭出，但始终撼动不了长兴顾渚紫笋甲天下的“至尊”地位。

长兴顾渚东近太湖，重峦叠嶂，形如畚箕，冬无严寒，夏无酷暑。山中常年竹木荫翳，大涧中流，岩崖参差，泉水丰沛。特别是太湖水面温暖湿润的空气进入山岕蒸腾而上，云雾缭绕，最宜茶树生长。唐代湖州刺史张文规称：“茶生其间，尤为绝品。”

陆羽《茶经》载：“阳崖阴林，紫者上，绿者次；笋者上，牙者次”，紫笋茶因此而得名。

紫笋茶入贡始于唐大历五年（770）。宋嘉泰《吴兴志》载：“顾渚与宜兴接，唐代宗以其（阳羡）岁造数多，遂命长兴均贡。自大历五年，始分山析造，岁有额贡，鬻有禁令，诸乡茶芽置焙于顾渚。”据《新唐书》等史料记载，唐代贡茶分布较广，包括五道十七州部，而顾渚紫笋茶最为著名，乃贵为贡茶之上品。

“琼浆玉露不可及，紫笋一到喜若狂”。由于紫笋茶品质超群，深受帝王喜爱，贡茶数额连年剧增，到唐武宗会昌年间（841—846）贡额达18 400斤之多，被后人称为中国贡茶之最，中国名茶之源。

千年紫笋，引来无数文人雅士，形成举世无双的紫笋贡茶文化。中晚唐近百年间，40多位刺史在顾渚山修贡督茶，众多文人墨客慕名踏至，数百首茶诗此吟彼唱，一度让爱茶、饮茶、禅茶成为风尚。茶经茶道、茶诗茶会、茶宴茶礼，一路走来，他们以茶会友，挥洒风雅，各领风骚。茶圣之地长兴也凭借地域之灵开启了紫笋茶文化的崭新篇章，彰显出紫笋贡茶独特而丰厚的文化个性。

《紫笋茶的前世今生》仿佛穿越历史1 250年，笔墨过处，可探访自770年到唐末紫笋茶贡赐之间的遗存，可寻找茶道之祖皎然与茶圣陆羽在长兴的足迹，可再沿宋元明清的线路，看紫笋茶在前世的荣光。然而，自清顺治三年（1646）长兴知县刘天运“豁役免解”后，紫笋茶日渐式微，令人扼腕叹息。直至1979年春，重获新生的紫笋茶捧回了浙江省名优茶的奖杯。

细读此书，如细数紫笋茶生发的脉络，让我们看到今生为紫笋茶而努力的群英谱。从重获名优茶荣誉的复出，到茶叶的品质提升，到茶器紫砂产业、茶文化旅游产业的发展，朴实的文字与精美的图片，让人深刻体会茶圣之地长兴“精行俭德”的力量和“静俭清和”的美好。

一缕茶香，跨越唐宋元明清。

如今，唐代贡茶院、境会亭，遗址尚存，清风楼、忘归亭建筑还在，阳崖阳林、烂石之上的古茶树还在，金沙泉依然静静流淌，顾渚春却已经进入了寻常百姓家。

愿紫笋茶借“国际茶日”，为中国茶成为世界“和平之饮”“健康之饮”“繁荣之饮”而贡献力量，芬芳整个世界。

周国富 中国国际茶文化研究会会长、浙江省政协原主席。

目 录

附 录

历史时空中的浙江茶

张国云

掐指一算，这天正好是在1 250年前，陆羽独自来到浙江长兴，向茶店指名道姓要茗品："我想喝'顾渚紫笋金沙泉'。"

茶店女老板听到这话就知道，只有这里的老茶客，才会说出这么地道的话。

这个顾渚紫笋，因其鲜茶芽叶微紫，嫩叶背卷似笋壳，故而得名。是上品贡茶中的"老前辈"，产于浙江长兴顾渚山一带。而这个金沙泉，因在顾渚山下，受压从地层下的花岗岩通过鹅卵石缝隙中冒出来，含氡偏硅酸优质泉水终年不断。

如此"茶泉组合"，表明陆羽不但对长兴这里"双绝"的赞美，还隐含了一层意思：

长兴本地水最能激发本地茶的精华，长兴本地茶往往需要本地水，才能将香、清、甘、活之茶中四境发挥得淋漓尽致。

当然，好茶配好水，香茗入芳菲。可能是灵感迸发，只见陆羽一边喝茶，一边备好笔墨，写下了他留给这个人间的旷世之作《茶经》开篇第一句话：

茶者，南方之嘉木也。

意思就是说，茶是我国南方最珍贵的常绿树。陆羽为什么这个时候，才斗胆提出这么一个千年之问？

我们可能有许多猜想，但有一点可以断然的，此时此刻“顾渚紫笋金沙泉”给了陆羽最清醒的答案。

不是吗?

一

说到茶，陆羽无疑是一个重要人物，谁都无法回避。

在浙江湖州一带，当然包括长兴，陆羽说这里是他的第二故乡，他把自己人生的三分之一还多的时间留在了这里，寓居长达 34 年之久。

令人拍手叫绝的是，陆羽正是在这段时间里，完成了世界上第一部茶学专著——《茶经》。

当地人说得更直率：“湖州应该是《茶经》故里！”

据说，陆羽上元初游抵今浙江湖州（长兴）一带，结庐著书，写成《茶经》初稿。永泰元年（765）之后完成《茶经》；大历十年（775）以后再度修改，十四年（779）后定稿。

这就是说，陆羽一直隐居湖州（长兴），还在这一带亲自实践，进行大量调查研究，归纳了前人有关茶的知识和经验，才写成了震惊中外的《茶经》。他一生专长茶艺，提倡俭德饮茶，推广茶叶生产，弘扬茶文化，这与湖州当时名士诗人和爱民官吏的支持和爱护也是分不开的。

《茶经》是一本什么样的书呢?

那天，我是在长兴大唐贡茶院翻开这本书的，之所以要跑到那里去读茶经，就是想找陆羽“顾渚紫笋金沙泉”的味道。

原来陆羽这本茶经书，总结了唐代以前及当时与茶相关的知识，使茶事成为专门的学问。它还系统地总结了唐代劳动人民有关茶叶的丰富经验，用客观忠实的科学态度，对茶树的原产地、茶树形态特征，适宜的生态环境以及茶树栽培、茶叶采摘加工方法、制茶工具、饮茶器皿、茶叶产地分布和品质鉴评等，都进行了形象生动的描述和深刻细致的分析。

大唐贡茶院景区内陆羽阁的陆羽铜像

掩卷《茶经》这本圣书，我蓦然感受到，是陆羽推动了唐代饮茶风气的进一步盛行，让茶走进千家万户。当时，唐代诗人创作的大量茶诗，也与陆羽《茶经》有密切的关系。中国是茶的原产地，是世界上最早利用和生产茶叶的国家，但在陆羽之前有关茶的文史、茶事和茶艺等，多为片言只语不成系统。陆羽《茶经》是研究中国茶学、茶史、茶文化一个绕不开的必读经典。

事实上，从初稿、修改、加工，到定稿、传抄，陆羽在写作的多年间，既有很长时间住在湖州的吴兴，也不时到湖州的长兴、德清和安吉等茶区考察茶事，并且到过杭州、余杭和其他省的多个地方，不仅深入茶区采茶、问茶、品水，也通过访友交谈了解茶事，切磋茶学，从而多途径、多方面地寻找、发现、搜集、积累《茶经》的写作材料。

还有，《茶经》还为唐代及此后的历代茶书写作创立了范式。唐代张又新

《煎茶水记》、温庭筠《采茶录》、五代毛文锡《茶谱》等茶书，或借陆羽以自重，或模仿《茶经》的记述。宋明两代是茶书创作更为繁荣的时期，代表作品有宋代蔡襄的《茶录》、宋徽宗赵佶《大观茶论》，明代钱椿年撰、顾元庆校《茶谱》、张源的《茶录》、明长兴县令熊明遇的《罗岕茶疏》，清代刘源长《茶史》等。

必须肯定，中国茶经从一开始就与佛教有着千丝万缕的联系。最初，茶为僧人提供不可替代的饮品，而僧人和寺院促进茶叶生产的发展和制茶技术的进步。创立中国茶道的茶圣陆羽在其《茶经》中就有着不少对佛教的颂扬和对僧人嗜茶的记载。在茶事实践中，茶道与佛教之间找到越来越多的思想内涵方面的共通之处，禅茶就是在这样的基础上产生的。

此外，《茶经》对茶饮传播到国外，尤其是日本有着非常积极的作用。日本茶道的形成，是建立在我国唐宋时期的饮茶方式基础上的，虽然日本将其吸收并改得面目全非，可还是保留了部分《茶经》记述的唐代饮茶方式。

可以说，陆羽《茶经》是古今中外茶著的互文母本。这部典籍对确立中国茶文化的历史地位、对中国和世界茶文化的开启和发展，都起到了至关重要的作用。正是《茶经》的权威性和影响力，使它成为茶文化文本重要的创作资源，对《茶经》的引用、仿拟、吸收、改写、拓展、延伸在中国茶典籍文本的建构中贯穿始终。

说到这里，我们应该肯定地说：陆羽《茶经》世界崇，湖州文化有高功。

二

那是 1753 年，瑞典皇家植物学家林奈在编著《植物种志》一书时，用中国提供的茶树标本，把茶树的学名定为“中国茶树”。也就是说，中国是世界茶树的原生地。

我不敢说林奈拿到的茶树标本是长兴人提供的，但我敢肯定一定有浙江人提供的茶树标本。

为什么我敢这么肯定?

至少在6 000多年前，生活在浙江余姚田螺山一带的先民就开始植茶树，田螺山是迄今为止考古发现的、中国最早人工种植茶树的地方。

不过，目前令人头痛的是，还无法准确追溯到茶来自什么年代。

关于中国饮茶起源众说纷纭，有的认为起于上古，有的认为起于周，起于秦汉、三国、南北朝、唐代的说法也都有，造成众说纷纭的主要原因是因唐代以前无“茶”字，而有“荼”字的记载，直到《茶经》的作者陆羽，方将“荼”字减一画而写成“茶”，因此有茶起源于唐代的说法。

说到这里，还有一个插曲。

笔者自幼出生在杭州湘湖之边，那里有许多茶园。到读书时，我们回到苏北爷爷老家，因为那里小学中学都在家门口，但那里没有茶树。

在苏北我很羡慕那些生长在江南的小伙伴们，估计是父亲知道了我的心事，特地在老家的船码头河边种了几株茶树，一年苏北高温，奶奶直接采摘新鲜茶叶，烧了一大铁锅茶，让我们送到小镇人家。

苏北人很新奇，称这茶是仙汤。那么，这仙汤到底又来自何方呢?

陆羽在浙江埋头书写他的《茶经》时，已经提醒过我们：“茶之为饮，发乎神农氏，闻于鲁周公。”

就是说，在神农时代（约在公元前2737年），已经发现了茶树的鲜叶可以解毒。至唐、宋时代，茶已成为“人家一日不可无”的普遍饮用之品。

也许，唐朝饮茶之风的兴起，促使了“茶圣”陆羽的横空出世。他认真总结、悉心研究了前人和当时茶叶的生产经验，完成创始之作《茶经》，详细地论述了茶叶的起源、制茶的方法、饮茶的器具等，使天下人更加了解饮茶的知识。这是有史以来关于茶叶的第一部学术专著，具有开创性、系统性。

从此，饮茶成为一项有讲究的生活方式，逐渐在士大夫和平常百姓间流行起来。饮茶的风气甚至传到了塞外，与唐朝关系极好的回纥进京朝见的时候，他们赶着马匹来大批量地购买我大中华的茶叶。当时卖茶叶的人，甚至用陶瓷做成陆羽的雕像，当作茶神来祭祀他。

不过，陆羽的名声，从浙江走向全国，还引起了达官贵族的充分注意。

皇帝下诏拜他为太子文学，又升任为太常寺太祝，作为隐士和茶神的陆羽，不吃这一套，竟然被他婉言谢绝了。

当御史大夫李季卿来到江南，紧急召见陆羽时，陆羽只是穿着粗布衣服，郑重地带着茶具进来拜见这位朝中重臣。但李季卿认为他的举止，傲慢无礼，破坏了饮茶的仪式感。

陆羽觉得百姓开门七件事，柴米油盐酱醋茶，中国人在大雅大俗之间不可或缺的只有茶了，一个作为生活习以为常的必需品，谈何讲究。

正如文学家王心鉴作《咏茶叶》一诗称："千挑万选白云间，铜锅焙炒柴火煎。泥壶醇香增诗趣，瓷瓯碧翠泯忧欢。老君悟道养雅志，元亮清谈祛俗喧。不经涅槃渡心劫，怎保本源一片鲜。"

没错，对寻常百姓来说，日子还是那个日子，依旧繁忙而普通。当茶融入我们的一日三餐，那就是家常便饭，哪有那么多的客套。

其实，当我们静下心来，泡上一杯绿茶，这本身就是一个简单却特殊的时刻，让自己从浮躁和匆忙中静下来，提醒自己"这一刻，是属于我的"，这本身就是一种仪式感。

不是你认可就是，不认可就不是，还是一切随安就好。不然人就活得太累了！

对不对？

三

说了这么多，都是说茶好人好。

既然茶是天赐之宝物，茶文化是文化之瑰宝，那么我们究竟从哪些维度来

把握?

从生态维度。记得苏东坡在杭州任职时，望着西湖周边满目茶地，出口成诗："欲把西湖比西子"，"从来佳茗似佳人"。是的，茶长在山水草木间，喜在云雾浸漫里；茶聚天地精华，纳山之灵气。茶是生态的结晶，是自然的内涵，是美好的象征。我们喝茶，喝的是日月沐浴之下，山泉滋养之中，返璞归真之乐。

茶山烂漫
古立航 | 摄

从经济维度。茶，利国利民，种茶人、制茶人、饮茶人、卖茶人各取其利，各得其所。历史上，茶叶曾是我国经济贸易的主要货物，是国家财政收入的重要来源，浙江“七山一水二分田”，用占全国10%的茶地，获得了全国20%的茶产量、30%的茶产值。茶产业更是我国经济发展中的重要产业，特别是山区农民，发展茶产业更是一条农民增收、农业增效、农村添美的生态农业。茶企业、茶店、茶馆业、茶文化产业不仅是发展经济的重要内容，也是扩大居民就业的重要途径。

从社会维度。茶日益成为人们交往结好的媒介，正如唐代著名诗僧皎然《饮茶歌诮崔石使君》诗云：“一饮涤昏寐，情思朗爽满天地；再饮清我神，忽如飞雨洒轻尘；三饮便得道，何须苦心破烦恼。”茶日益成为社会和谐的载体，茶可敬客，茶可益友，茶可雅心，尤其随着社会竞争加快，茶更能增加交往，增进了解，增添友谊，促进人与人、人与社会的和谐。还有茶日益成为各国、各民族间经济、文化交流的桥梁和纽带，茶已成为我国举国之饮和世界三大饮料之一，绿茶被世界卫生组织推荐为适合人类身体健康的六种饮料之首（绿茶、红葡萄酒、酸奶、豆浆、骨头汤、蘑菇汤）。

从文化维度。茶总是清纯淡雅、清新怡人，有君子之风，和谐之韵，可品茗交友，媒介社会，以茶会友，故而儒以养廉，释以坐禅，道以修真，民以持家。著名茶学专家陈香白指出：“在所有汉字中，再也找不到比‘和’更能突出‘中国茶道’内核、涵盖中国文化精神的字眼了。”有学者把中国茶文化的精神概括为“和、敬、清、廉”，以茶通和、以茶达理、以茶养性、以茶求洁的人生价值观。可见，茶以文兴，文以茶扬，茶文相融，流芳世界。

从养生维度。从茶的物质性看，茶叶中约有27种无机矿物质元素，12类有机化合物。科研证明，茶叶中的多种维生素和磷脂为脑细胞提供了必要的营养；同时，茶叶的特有成分茶氨酸，具有镇静、放松心情及提高脑神经传达能力的作用。从茶的精神性看，“心安自康健”，早先杭州涌金门西湖船码头边“三雅园”门口有副对联写道：“为公忙为私忙忙里偷闲吃碗茶去，求名苦求利苦苦中作乐拿壶酒来。”

茶道实为“人”道，卢仝《走笔谢孟谏议寄新茶》中说：“一碗喉吻润。二碗破孤闷。三碗搜枯肠，惟有文字五千卷。四碗发轻汗，平生不平事，尽向毛孔散。五碗肌骨清。六碗通仙灵。七碗吃不得也，惟觉两腋习习清风生。蓬莱山，在何处？玉川子乘此清风欲归去。”茶韵就是修炼，正如《茶论赋》所言：“茶有三味。一味沧桑，原生而浓烈；二味饱满，丰盈而甘甜；三味天高云淡，恬静而意远。”

是的，请君饮茶一杯，只要用心品尝、细细体味，就会其乐无穷，使身心得到充分的享受，使人的生活品质得以提升。

四

穿越在上千年茶叶的时光隧道中，追根求源的人们不免要问，为什么陆羽在长兴斗胆发出“南方有嘉木”的千年之问？

“茶是谁？”“茶从哪里来？”“茶要到哪里去？”这是哲学的三个终极问题。

也许，只有不忘初心，才能牢记使命。在回答这个问题时，我觉得这有一个天时地利人和的机遇期，抓住了茶文化这个大背景，一切就水落“茶”出。

从“天时”角度看，鉴于当时唐朝一统天下后，修文息武，重视农作，从而促进了茶叶生产的发展。

一边是国内太平，社会安定，百姓能够安居乐业。一边随着农业、手工业生产的发展，茶叶的生产和贸易也迅速兴盛起来，成为浙江甚至是全国茶史上第一个高峰。

从“地利”角度看，种植茶树的环境多以岩石充分风化的土壤为最佳，含有碎石子的砾壤次之，黄土为最差。一般情况下，没有精湛的栽培技术，茶树难以得到最好的生长。阳面山坡或林荫覆盖下的茶树，其芽叶呈紫红色品质，高于呈现绿色茶芽的品质；芽叶卷曲的品质高于芽叶舒展的。在阴面山坡或山谷中生长的茶树品质稍稍不好，不宜采摘，因为阴面山坡的茶叶茶性凝结不散，饮后容易产生肚满腹胀的情况。

而地处亚热带中部的浙江，东临东海，南靠武夷山，西邻皖赣，北接苏沪，地理位置优越，交通便利，全省地形复杂，有“七山一水二分田”之说，多丘陵缓坡，土壤为酸性红黄壤。气候属于亚热带季风型，冬季干燥少雨，夏季高温多雨，光照强烈，年平均温度为 15 ～ 18℃，日照 1 800 ～ 2 100 小时，平均降水量为 1 100 ～ 1 900 毫米，适宜茶树种植。

茶叶在浙江栽植最早是三国时期，葛玄先后创建了浙江天台山上首批道观，由于道教视茶为养生之“仙药”，葛玄亦钟情于茶相继在天台山主峰华顶和临海竹山开辟了“葛仙茶圃”。

按照陆羽《茶经》记载，唐时浙江茶区，分部在浙东浙西，浙西有湖州的长城（长兴）、安吉、武康，杭州的临安、于潜、钱塘，睦州的桐庐。浙东有越州的余姚，明州（宁波）的资县，婺州（金华）的东阳，台州的始丰（天台）等。除以上几个地区，另据有关文献记载，还有温州地区的永嘉。

在唐宋时期，浙江的名茶都是产在一些名山之中。浙江名茶与浙江名山秀水之间有着紧密的关系。如风景如画的西子湖畔的浙江龙井茶，普陀山上的佛茶，天台山素有“佛国仙山”之称，天台山上主峰华顶峰出产华顶云雾茶，天下奇秀的雁荡山“白云茶”等都是与名山大川相伴的。

随着优秀水质的发现，以及茶种植、制茶技术的提高，人们饮茶成风，这使浙江茶区在唐宋时期不断地扩大，茶叶产量也随之增加，茶叶的销售也很畅通。如唐代，浙江的湖州成为当时茶叶市场主要集散地。到了宋代发展到了星罗棋布的状况。茶业的繁荣又推动了浙江饮茶风俗及茶文化的发展。

从宋代开始，茶又成为婚礼宴客的必需品，据《东京梦华录》《梦粱录》等书记载，士族商贾家庭在操办婚礼时广宴宾客，其中必需备茶，古人在结婚大喜之日烹茗待客人，宾主双方既品尝到甘美鲜爽的茶又可共叙友情，互相勉励祝福，更加增添了婚礼喜庆、祥和的气氛。

不可否认，浙江素称“丝茶之府”，茶叶是其著名特产之一。茶叶产量居全国首位，约占全国茶叶总产量的三分之一。浙江成茶品目也是极其丰富的，有眉茶、珠茶、烘青、蒸青、茉莉花茶、红茶、龙井、旗枪、大方以及多种地方特种名茶，深受国内外消费者的欢迎。

大佛龙井茶产于中国名茶之乡新昌县。大佛龙井茶高香甘醇，经久耐泡，具典型高山茶风味。产品曾多次荣获全国农博会、茶博会金奖，获全国绿色农产品（基地）认证。大佛龙井茶已覆盖全国 20 多个省市，品牌信誉和知名度不断提高。

开化龙顶茶产于钱塘江源头开化县，茶外形紧直挺秀，银绿披毫，内质香高持久，鲜醇甘爽，杏绿清澈，匀齐成朵，具有干茶色绿，汤水清绿，叶底鲜绿的三绿特征。在明崇祯四年（1631）被列为贡品。

安吉白茶产于黄浦江源头的浙西天目山山麓。生态环境优越，品质特异，成茶外形细紧，形如凤羽，色如玉霜，光亮油润，清高馥郁，滋味清爽甘醇，汤色鹅黄，清澈明亮，叶底自然张开，叶肉玉白，叶脉翠绿，氨基酸含量高达 5%～10.6%，高于普通

茶山春色

高成军 | 摄

绿茶 2 倍以上，获评国家原产地地域保护产品。

武阳春雨茶产于武义县，境内峰峦叠嶂，山清水秀。优越的自然环境造就了武阳春雨茶纯天然、无污染的先天品质。其形似松针细雨，色泽嫩绿稍黄，滋味甘醇鲜爽，具有独特的兰花清香，具有“一夕轻雷落万丝”的诗意。

西湖龙井茶始于宋、闻于元、扬于明、盛于清，古称龙井茶，是西子湖畔一颗灿烂的明珠，它孕育于得天独厚的自然环境间，凝西湖山水之精华，聚中华茶

人之智慧，具有悠久的历史和丰富的文化内涵；素以“色绿，香郁，味甘，形美”四绝著称于世，是中国名茶之瑰宝。“欲把西湖比西子”，“从来佳茗似佳人”，千百年来，多少文人墨客、才子佳人为之吟咏。西湖龙井茶是国家长期指定的特有礼品茶，是杭州乃至中华民族的无价瑰宝。

金奖惠明茶产于景宁畲族自治县惠明山脉，产地雨量充沛，林木葱茏，云雾弥漫。惠明茶，自唐代开始种植，已有1 200余年历史，南宋时期，惠明茶已成为贡品，以其优良品质、悠久的历史和深厚的文化底蕴，成为我国众多名茶中的一朵奇葩。1915年获巴拿马万国博览会一等证书和金质奖章，成为我国赞誉最高的饮品之一，具有“一杯淡，二杯鲜，三杯甘醇，四杯韵犹存”，味浓持久，回味鲜醇香甜。

松阳银猴茶产于浙南山区，因条索卷曲多毫，形似猴爪，色如银而得名。外形壮实卷曲多毫，色泽翠润，栗香持久，滋味浓鲜，汤色绿明，叶底嫩绿明亮。据理化成分测定：干茶中茶多酚含量31. 7%、氨基酸4. 1%、水浸出物46. 1%，无愧是茶中之上品。银猴山兰、银猴龙剑、银猴白茶、银猴香茶等名茶系列品质优异，饮之心旷神怡，回味无穷，被誉为“茶中瑰宝”，有茶叶爱好者以“客来庄前无须问，郁香便是引路人”的诗句赞颂银猴茶。

径山茶产于杭州余杭，据《续余杭县志》记载：产茶之地，有径山四壁坞及里坞，出者多佳，至凌霄峰尤不可多得，径山寺僧采谷雨茗，用小缶贮之以馈人，开山祖钦师曾植茶树数株，采以供佛，逾年蔓延山谷，其味鲜芳特异，即今径山茶是也。径山茶叶外形细嫩有毫，色泽绿翠，香气清馥，汤色嫩绿莹亮，滋味嫩鲜。径山茶自唐宋以来历以“崇尚自然，追求绿翠，讲究真色、真香、真味”著称。因陆羽曾到访此地，宋时径山盛行“茶宴”，后传至日本，逐步发展成日本“茶道”，故径山又有“日本茶道之源”之美誉。

从“人和”的角度看，陆羽为什么特别推崇长兴紫笋茶呢？

长兴县地处浙北，三面环山，东临太湖。这一带有大小山峰300余座，大部分茶树就分种在山坞上，当地人称作“岕”。由于具备适宜茶树生长的自然环境，这里的茶树新梢长势旺，发芽整齐，叶片毛茸很多，产量也很高，该茶有“青翠芳馨，嗅之醉人，啜之赏心”的美誉。

唐代期间，茶圣陆羽在长兴顾渚山茶区多次考察研究，发现此茶“芳香甘辣，冠于他境，可荐于上”，并以“阳崖阴林，紫者上，绿者次，笋者上，牙者次”载入《茶经》，取名“紫笋”，推荐给皇帝。

“凤辇寻春半醉回，仙娥进水御帘开。牡丹花笑金钿动，传奏吴兴紫笋来”。这是唐代诗人张文规对当时进贡紫笋茶情景的生动描写，意思是说湖州顾渚紫笋茶，特别为皇帝所喜爱，因此一听到进贡的紫笋茶已经运到宫中的消息，宫女们就立刻要向正在“寻春半醉”的皇帝禀报。

哦，一把紫笋茶叶，能成为贡品，这当然得益于“人和”，对吧！

21 世纪初，长兴大兴土木，恢复建设大唐贡茶院。长兴副县长金树云，作为曾经一起的援藏干部，带大家考察大唐贡茶院项目。

2017 年 5 月，中国著名作家团到长兴采风，长兴文联主席刘月琴陪着团队再次来到大唐贡茶院调研，我渐渐有所认识，但还没有激发写作的冲动。

这次动笔，我又自告奋勇要求再到大唐贡茶院考察，一端起贡茶，突然发现一片片茶叶，在水中不只是翩跹起舞，而是如同一个个灵魂在水中游走……欣赏着茶的舞姿，倾听着怀旧的音乐，过去的时光仿佛又回到了眼前。

这一始建于唐大历五年（770）的大唐贡茶院，位于长兴县顾渚山侧的虎头岩。大唐贡茶院是督造唐代贡茶顾渚紫笋茶的场所，也可以说是有史可稽的中国历史上首座皇家茶叶加工工厂。

紫笋茶被列为贡品始于唐朝广德年间（763—764）土贡，据《新唐书》等史料记载，唐代贡茶分布较广，包括五道十七州部，而顾渚紫笋茶最为著名，乃贵为贡茶之上品。由于紫笋茶品质超群，深受帝王喜爱，有诗云“琼浆玉露不可及，紫笋一到喜若狂”。

贡茶数额连年剧增，到唐武宗会昌年间（841—846）贡额达1.84万斤之多。被后人称为中国贡茶之最，中国名茶之源。而且朝廷命将贡额勒石立碑，定名为“顾渚贡焙”。

说到这里，人们可能要问，如果说中国能有一个地方被赋予“茶都”，这个地方应该是哪里？

或许，有人会说那应该是盛产龙井的杭州。还有人会说，那应该是以碧螺春闻名的洞庭……

但要问我，我觉得在众多“茶家”的眼里，似乎却只有一个地方能背负如此盛名，这就是长兴了。

为何称长兴是“唐代茶都”？

因为长兴不仅是唐代茶文化的发祥地，更是唐代的贡茶之都。唐代是中国茶文化史上特别辉煌的一个时期，其中有两件大事具有标志性的意义：

一件是《茶经》在这里完成。长兴顾渚山区是唐代茶圣陆羽从事茶事活动的重要场所之一，在这里他撰写了《顾渚山记》和世界第一部茶学专著《茶经》。

历代文人墨客，如颜真卿、白居易、皎然、杜牧、张文规、陆龟蒙、皮日休、刘禹锡、苏轼、陆游等，常来品茗吟诗，抒发情怀，留下不少著述、诗篇和石刻，尚留存在顾渚一带唐代以来的摩崖石刻、石碑和古迹还有三组十一处之多，这在全国均属罕见，是中国茶文化的珍贵遗产。

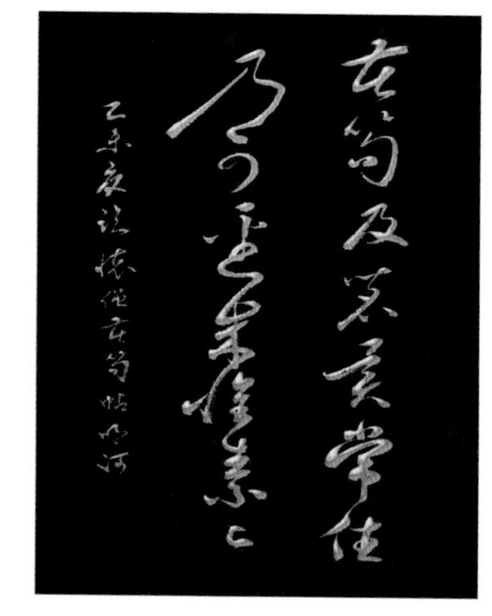
苏轼书法作品

另一件是在长兴首开贡茶专门机构，建立有史以来第一个皇家贡茶基地，贡茶成为真正的制度性的行为，从而大大促进了茶叶特别是名茶生产和茶文化的发展。

巧合的是，这两个事件都发生在长兴，且时间上也大致相同，这对浙江茶文化所产生的影响，可见一斑。

说到长兴，就不得不提“茶圣”陆羽。陆羽不仅精于茶道，也是中国古代茶文化的伟大传播者，也正是因为陆羽多次到顾渚山考察茶事，并向朝廷推荐了紫笋茶，才使紫笋茶成为贡茶。陆羽对茶怀有一种特殊的感情，他经常同朋友们谈茶、论茶、品茶，并对茶的种植、栽培、烹煮等了如指掌。

把前人的经验和自己的观察与实践加以总结后，陆羽写出了闻名世界的《茶经》，也为自己赢得了“茶圣”的美誉。而长兴，正是陆羽潜心研究茶道并著《茶经》之所之一。

感谢《茶经》的问世与流传，加速了茶知识的传播，促成了世间饮茶之风盛行，加速了长兴茶文化的发展。

据考证，三国时期，东吴已成为当时茶业传播的主要地区，但消费还局限于上层社会，唐朝时茶叶的产销中心转移到浙江和江苏，湖州茶业开始特供朝廷，名扬天下，成为世界茶文化的发祥地之一。

我国古代贡茶分两种形式：一种是由地方官员选送，称为土贡；另一种是由朝廷指定生产，称贡焙。长兴就是唐朝廷设立的历史上第一个专门采制宫廷用茶的贡焙院所在地，可见当时长兴茶叶的品质和名气。

没有想到吧，长兴紫笋茶形似兰花，色泽嫩绿；香气清高持久，滋味鲜爽甘醇，汤色清澈明亮，叶底嫩匀成朵；品质优异，风格独特。

没有想到长兴紫笋茶历史如此源远流长，久负盛名，岂能不是中国茶文化发祥地之一呢！

以茶结缘，以茶载道，颐养和谐心态，促进社会和谐。古老东方的茶界有一句格言，叫“一期一会”。说的是每一次相会都是一生中再一次的久别重逢，那便是喜悦与雀跃。

时下行走在长兴，也许迟来了一步，但不要心急，何不慢慢走慢慢看，这里有“茶的青烟，血的蒸气，心的碰撞，爱的缠绵”，让抵达的人们个个垂涎三尺，急呼：

“顾渚紫笋金沙泉，好茶哟！”

作者简介 张国云，研究员、浙江省发展改革委原二级巡视员，浙江省服务业联合会会长。工商博士、哲学博士、中国作家协会会员。浙江作协主席团成员、报告文学创委会主任。

文学作品 已出版《走进西藏》《穿透灵魂》《叩天问路》《水流云在》《一条大河里的中国》，青藏系列《我的藏区生活》《生命在无人区》《一家人的朝圣》，企业系列《企业纪》《资本纪》《智能纪》等。

经济作品 已出版《先进制造业》《云边书话》《我们的命就是这个时代》，金融系列《金融战国时代》《财富问号》《金融的十九个面孔》，服务业系列《服务崛起》《生产服务》《服务时代》等。

有文学作品发在《光明日报》头版，还有作品列入大学语文课本。

获奖情况 获得第六届冰心散文奖，第六届徐迟报告文学奖，第六届鲁迅文学提名奖。人民文学奖，诗刊奖，三次浙江文学奖，获中国时代艺术文学贡献奖，被誉为全球高海拔4 500米以上“生命禁区”——写书第一人。

茶园之歌

任丽萍 | 摄

“茶圣”湖州著华章

张西廷

中国唐代的陆羽，是世界公认的“茶圣”，他在湖州所写的《茶经》，开创了中国茶文化的先河，也使水乡湖州成为中国茶文化的发源地、世界茶人的朝圣地。

陆羽，字鸿渐，一名疾，字季疵，号竟陵子、桑苎翁、东冈子，又号茶山御史。733 年，陆羽出生于复州竟陵（今湖北天门市）。但纵观陆羽一生，大部分时间是在江南水乡湖州度过，他的朋友，他的成就，也大多在湖州。804 年陆羽去世后，也埋葬于他生活了大半辈子的“第二故乡”湖州。

那么，出生于湖北天门的陆羽，为什么会来到并一直居住在湖州？为什么会在湖州建功立业？且由本文细细道来。

转辗千里到湖州

纵观陆羽的青少年时期，应该说是很不幸，又很幸运的。为什么说很不幸呢？首先，陆羽是一个弃婴，《唐国史补》《新唐书》和《唐才子传》里，对此都毫不隐讳。据传，733 年深秋的一个清晨，竟陵龙盖寺的智积禅师，路过西郊一座小石桥，看见一个冻得瑟瑟发抖的男婴，心中不忍，把他抱回寺中收养。其次，陆羽相貌丑陋，天生口吃，甚至头上还天生长个肿瘤。所以，智积公在按《周易》

定其姓为“陆”，取名“羽”字，“鸿渐”为字的同时，又名其“疾”。当陆羽被智积公委托给当时辞职赋闲在家的李公时，李公又按女儿李季兰的名字，为其取名“季疵”。无论是“疾”，还是“疵”，都是有疾病在身的意思。小小年纪，就患恶疾，并被父母遗弃，你说有多不幸。

但从另一个角度看，陆羽又是非常幸运的。一个无力生存的婴儿，在生死关头，先后遇到了慈悲为怀的高僧、条件优渥的儒者。特别是12岁离开寺院后，在一个戏班里演丑角，颠沛流离，受尽艰辛，却碰到了谪守竟陵的当朝名臣李齐物，并得到其赏识，还被送到火门山邹老夫子门下受业7年，直到19岁那年学成下山。也就是那一年，李齐物回京，礼部郎中崔国辅贬为竟陵司马。虽是受李齐物之托，崔国辅与陆羽相识后，却也非常器重，两人常一起出游，品茶鉴水，谈诗论文。陆羽离别辞行，崔国辅还以白驴、乌犎牛及文槐书函相赠。虽为草民，却

陆羽墓

刘月琴 | 摄

屡遇贵人相救；毫无背景，却多与名流相交。是不幸，却又是大幸。

天宝十四年（755），安史之乱，烽火四起。陆羽随难民，四处流离，遍历长江中下游和淮河流域各地，甚至到过巴山峡川。虽是历尽艰辛，却也大开眼界。陆羽考察搜集了大量第一手的茶叶产制资料，并积累了丰富的品泉鉴水的经验，撰有《水品》一篇（佚）。但此时，天下虽大，何去何从？这是摆在陆羽面前的一个重大问题。到湖州！陆羽又作出了精彩人生的重要选择。

湖州位于江南水乡，山水清丽，经济富足，民风和顺。《全唐诗》曾有民谚："放尔死，放尔生，放尔湖州当百姓。"每遇中原战乱，不论豪门，还是民众，过路者、定居者无数。晋时王羲之、谢安等豪门大族，都曾长期在湖州定居、为官。安史之乱后，许多在京城、外地从政、经商的当地人回到了湖州，一大批声名显赫的文人墨客也客居于此。特别是当时的诗坛巨匠、得道高僧、茶界名流皎然，还有与陆羽有姐弟之缘，与薛涛、鱼玄机、刘采春齐名，号称"唐代四大女诗人"的女道士李季兰，当时都生活在湖州。大政治家、大书法家颜真卿任湖州刺史期间，更是影响和聚集了全国一流的文化名人，形成盛极一时的"吴中诗派"，使湖州成为当时中国文化人无比向往的圣地。

湖州是中国最早生产和利用茶叶的地区之一，有着深厚的茶文化积淀。有许多史料记载和考古发现，都能证明这一点。

相传，上古治水能人防风氏，深受拥戴，当地百姓曾用橘皮、野芝麻泡茶，为他祛湿驱寒，另以土产烘青豆佐茶。防风偶将烘豆倾入茶汤并食之，尔后神力大增，治水功成。自此累代相沿，蔚成乡风，又称"防风神茶"。

明代周高起《洞山岕茶系》载："相传古有汉王者，栖迟茗岭之阳，课童艺茶。"这茗岭位于长兴县白岘境北，因出岕茶而得名。

1990年，湖州城西弁南罗家浜村出土了东汉末至三国青瓷四系"茶"字罍，这是我国目前发现最早带有"茶"字铭文的贮茶瓮。

三国发明"以茶代酒"的孙皓，长期以乌程侯的身份生活在湖州，东晋吴兴

湖州城西弁南罗家浜村出土的东汉末至三国青瓷四系“茶”字罍
湖州市博物馆藏

太守陆纳“以茶待客”，清雅之名传扬千古。

南朝时，齐武帝召见武康小山寺法瑶和尚，询问其延年之道，法瑶只答：“每饭必饮茶。”

南朝宋山谦之《吴兴记》载：“乌程县西二十里，有温山，出御荈。”温山御荈是浙江最早有文字记载的贡茶，也是中国最早的贡茶之一。

难怪陆羽到此，如鱼得水。虽曾多次外出，却每每去而复返。据史料记载，陆羽自至德初到湖州，直到贞元末逝世于湖州，前后长达四十多个春秋。其间，到过或定居过的地方有：浙江的绍兴、杭州，江苏的苏州、无锡、宜兴、丹阳、南京，江西的上饶、抚州，以及岭南广州等地。

陆羽在湖州，先后在妙喜寺、苕溪草堂、青塘别业居住。妙喜寺位于湖州西南二十里的杼山，诗僧皎然任住持。至德元年（756），陆羽初到湖州时，有两三年时间都借居在这里。元辛文房《唐才子传·皎然传》记载：“初入道，肄业杼山，与灵澈、陆羽同居妙喜寺。”

苕溪草堂位居湖州南门外，是陆羽为研究、撰写《茶经》并得到皎然帮助而建造的房舍。陆羽对这段经历，在《自传》里说："上元初（760）结庐于苕溪之湄，闭门对书，不杂非类，名僧高士，宴谈永日，常扁舟往来山寺。"是年陆羽28岁。

大历十年（775），陆羽寓于湖州迎禧门（俗称青塘门）外的青塘村。青塘村位于湖州古城西北1.5公里，现为湖州新区。三国吴景帝孙休（235—264）筑青塘，自迎禧门西抵长兴数十里，村因塘而得名。青塘村在弁山之阳，凤凰山之侧，濒临的东西苕溪，汇合后通向太湖。南宋文学家叶梦得有诗云："山势如冠弁，相看四面同。归乌县门近，苕霅水源通。"唐贞观元年（627），这一带已产桑麻，"蚕桑随地可兴，而湖州独甲天下""湖州家家种苎为线，多者为布"。所以，《新唐书·隐逸·陆羽传》有陆羽"更隐苕溪，自称桑苎翁"的记载。

陆羽定居青塘别业后，李萼、皎然和权德舆等都去过那里做客，经常和主人一起酬唱饮茶，甚至"夜坐道旧"。皎然《同李侍御萼李判官集陆处士羽新宅》诗："素风千户敌，新语陆生能。借宅心常远，移篱力更弘。钓丝初种竹，衣带近栽藤。戎佐推兄弟，诗流得友朋。柳阴容过客，花径许招僧。不为墙东隐，人家到未曾。"李萼当过殿中侍御，大历八至十一年任湖州副团练。皎然还写了一首《寻陆鸿渐不遇》诗："移家虽带郭，野径入桑麻。近种篱边菊，秋来未著花。叩门无犬吠，欲去问西家。报道山中去，归来每日斜。"

青塘别业

湖州市社科联提供

这是一首绝妙的“茶神”颂，使人浮想联翩，有幻化入境之感。

据《全唐诗》，皎然诗中写陆羽住处的还有两首。一首是《春夜集陆处士居》诗：“欲赏芳菲不待晨，无情人访有情人。西林岂是无清景，只为忘情不记春。”另一首是《喜义兴权明府自君山至集陆处士羽青塘别业》诗：“应难久辞秩，暂寄君阳隐。已见县名花，会逢闱是粉。本自寻人至，宁因看竹引。身关白云多，门占春山尽。最尝无事心，篱边钓溪近。”

苕溪之畔写《茶经》

人的知识来自于实践，“茶圣”首先必须是“茶人”。陆羽能写出世界第一部茶学著作，对人类生活和文化发展产生了重大影响。这与他自小煮茶、学茶，培养了对茶的浓厚兴趣有关，与他青年时代四处漂泊、学习考察，积累了厚实的知识和经验有关，但更重要的是与他长期生活在自古产茶饮茶的富庶之地湖州有关。

陆羽寓居湖州，经常深入山区，早出晚归，拜泉品茗。正如诗僧皎然所言：“报道山中去，归来每日斜。”据传，陆羽曾走遍了湖州的山山水水。除杼山外，还有弁山、西塞山、长兴顾渚山以及安吉、武康的山谷。

杼山标志碑
刘月琴 | 摄

杼山位于湖州西南，山之阳有妙喜寺，是陆羽到湖州后最早寓居的地方。颜真卿《杼山妙喜寺碑铭》载：“今山有夏王村，山西北有夏驾山，皆后杼所幸之地也。”妙喜寺偏东有招隐院，前堂西厦有温阁，东南有悬岩，旁有钓台。西北有避它城，寺周围芳林茂树，修竹茶丛，悉产茶、笋和丹青紫三桂，环境幽雅，景色秀丽。大历七年（772），湖州刺史颜真卿，邀请陆羽等19名士，修撰《韵海镜源》，当年“夏讨论于州学和放生池，冬复徙于杼山，癸丑之春遂成书，终其事”。癸丑年（773）十月在寺东南建“三癸亭”。

弁山位于湖州西北约9公里，面积约70平方公里，有“弁峰七十二，菡萏开青冥”之称。主峰名云峰顶，海拔521.6米。陆羽对弁山做过详细的考察，在他撰写的《吴兴图经》中，说到弁山“是卞姓居之，故名”，“弁，也作卞，二字通用”等。温山，是弁山一峰，因山有温泉而得名。陆羽曾参阅了南北朝山谦之著的《吴兴记》，在《茶经》中引述了“乌程县西二十里有温山，出御荈”。

西塞山在湖州城西10公里，张志和垂钓处在西塞山北麓苕溪畔。颜真卿大历七年（772）任湖州刺史时，陆羽曾与颜真卿、张志和、徐士衡、李成矩等会饮唱和于西塞山。张志和作为东道主首唱，作有《渔父词》五首，其中一首曰：“西塞山前白鹭飞，桃花流水鳜鱼肥。青箬笠，绿蓑衣。斜风细雨不须归。”当时每人共作5首，共25首。现有张志和5首，其余已佚。

岘山位于湖州城南2公里处，“山之首见曰岘。一出定安门即见此山”故名。岘山奇崛孤清，风景绮丽。下临碧浪湖，湖中有浮塔，传说随水势涨落而上下沉浮。上有巨石，大如餐桌形状如樽。唐开元年间，唐太宗李世民曾孙李适之任湖州别驾，曾率众于石樽上注酒，联句吟诗，传为佳话。并在其上建亭纪念，匾曰：洼樽。“苍石洼樽”是岘山八景之一。《全唐诗》载，大历八年（773），颜真卿与陆羽等29人游岘山，并作有石樽联句诗。

顾渚山位于湖州市长兴县西北17公里处，海拔355米，面积约2平方公里。春秋时期，吴王阖闾之弟夫概登山顾其渚而得名。山南有斫射岕，山北为悬臼岕，绝壁峭立，大涧中流，茶生其间，尤为绝品。顾渚山有贡茶院，傍金沙泉，水质特佳，其中有清风楼、枕流亭、息躬亭、金沙亭、忘归亭和木瓜堂。湖州刺史张文规讲到吴兴三绝时，有诗云：“清风楼下草初出，明月峡中茶始生。”顾渚山往西北为凤亭山，连接西咽山，因“涧泉北流而西向，峻狭激射呜咽”故名。中

陆羽《茶经》记载的金沙泉旧址
湖州市社科联提供

有悬脚岭，“以其岭脚下垂”故名。“悬脚岭，海拔250米，以分水线与江苏宜兴为界，系古代军事要隘。”“系建安二十三年（218）孙权射虎之处”。啄木岭，别名廿三湾，海拔400米左右，分水岭以北属江苏宜兴，“啄木岭与悬脚岭接，……山墟名云，其丛薄之下，多啄木鸟”故名。

陆羽的足迹遍及顾渚山区的主要山岭峡谷，包括尧市山、凤亭山、悬脚岭和啄木岭的山谷，这一带属互通山脉，与江苏宜兴为邻，它东临太湖，西南峙海拔1 578米的安吉龙王山，气候温和，雨量充沛，其间峰峦叠嶂，翠竹丛生，云雾缭绕，溪水潺潺，土层肥厚，具有产茶的理想条件。

陆羽考察顾渚山茶区后，撰写了《顾渚山记》，并按茶叶品质写入《茶经》：“紫者上，绿者次；笋者上，牙者次”，“浙西，以湖州上。湖州生长城县顾渚山谷……”。顾渚山紫笋茶名，源出于此。

陆羽还到过德清县武康黄前岭和小山。黄前岭，又名鸿渐岭，下有鸿渐村，相传陆羽考察武康茶区时曾在这里住过。后人为了纪念他，遂以“鸿渐”名村、名岭，至今未改。陆羽还去过与武康紧连的安吉山区考察茶叶，在《茶经·八之出》中讲到茶的品质时，指出：“生安吉、武康二县山谷，与金州、梁州同。”

在大量考察的基础上，陆羽在湖州撰《茶经》，并几易其稿。贾晋华《皎然年谱》（厦门大学出版社 1992 年 8 月第 1 版）载：“陆羽自至德元年至是年（上元二年）间撰成《茶经》等著作。”就是说，陆羽写《茶经》是从至德元年（756）开始，到上元二年（761）年完成的。而这个时期，陆羽刚到湖州，生活在苕溪之畔。

陆羽于“上元辛丑岁子阳秋二十有九日”作《自传》，其中说到“著《茶经》三卷”。说明《茶经》初稿写于上元二年（761）左右。

《茶经》成稿后，陆羽听取了方方面面的意见，特别是诗僧皎然的严厉批评，做了多次修改。

第一次修改是在广德二年（764）。陆羽在《茶经·四之器》中提到“风炉以铜铁铸之，如古鼎形，……一足云‘圣唐灭胡明年铸’”。具体指出茶具（风炉）是在平定安禄山叛乱后的第二年，即广德二年铸。说明初稿写成三年后，陆羽对《茶经》做了一次修改，增添了“圣唐灭胡明年铸”等内容。

《茶经》另一次大的修改应该是在大历八年（773）以后，基本上是在苕溪之畔“青塘别业”完成。据宋代陈师道（1053—1102）见到的《茶经》本子，计有 4 种，内容繁简不同，尤其是“七之事”，差别更大。可见修改最多的是“七之事”这部分内容。

原因在于，陆羽在参与修撰颜真卿主修的《韵海镜源》过程中，从中引用了许多宝贵的资料。而《韵海镜源》是大历八年之春“终其事”。《茶经·七之事》记述了历代嗜茶饮茶的名人和典故。其中提到的吴乌程侯孙皓、吴兴太守陆纳、纳兄子会稽内史陆俶、谢冠军安石、武康小山寺释法瑶和河内山谦之等，都是发生在湖州历史上与茶事有关的名人和典故。可以说，《茶经》是陆羽倾注了全部精力和智慧，潜心研究，从而得出的结晶，而湖州则为《茶经》的诞生提供了丰厚的土壤和滋润的营养。

湖州名人园陆羽跟他的湖州朋友群雕
湖州市社科联提供

朝野朋友遍天下

陆羽一生，朋友甚多，有“天下贤士大夫，半与之游”之说（周愿《三感说》）。特别是到湖州后，结交的许多朋友，涉及朝野上下、儒释道各界。

对陆羽茶事活动帮助最大而且情谊最深的自然是诗僧皎然。

唐玄宗天宝十四年（755），安禄山在范阳起兵叛乱，唐肃宗至德初（756），陆羽避乱过江南下，经过长途跋涉，来到湖州，当时他年仅24岁，风华正茂。

到湖州后首先结识了诗僧皎然。皎然，俗姓谢，名清昼，湖州长城（今长兴）人，是南朝开文学史上山水诗一派的谢灵运的十世孙，住持妙喜寺。皎然见陆羽谈吐高雅，精经史，博杂学，好诗赋，性嗜茶，两人情趣相投，乃结为忘年之交，并邀请他暂住妙喜寺。《陆文学自传》载：“洎至德初，秦人过江，予亦过江，与吴兴释皎然为缁素忘年之交。”又据《吴兴掌故集》载：“皎然，湖州谢氏子，有逸才，与颜鲁公、于頔诸郡公交，惟陆羽至，清谈终日，耻于文章。”

“上元初（760），陆羽结庐于苕溪之湄，闭关对书，不杂非类。名僧高士，谈宴永日。常扁舟往山寺，随身惟纱巾、藤鞋、短褐、犊鼻。”（《陆文学自传》）。“苕溪之湄”即苕溪岸边、苕溪之滨；“闭关对书”即关起门来校对书稿。也常与名僧高士往来。“山寺”应指杼山妙喜寺。

严格意义上说，皎然既是陆羽的挚友，又是陆羽的导师，更是陆羽的恩人。皎然是高僧大德，时人称“江东名僧”，又是知名诗人，著有诗集《杼山集》，诗歌理论著作《诗式》。《全唐诗》录其诗作470首。他精通茶道，首倡“茶道”，除帮助陆羽解决生活问题外，还为陆羽提供考察研究茶叶生产的场所，协助陆羽写就、修改《茶经》，并向朝廷推荐紫笋茶和金沙泉，与陆羽一起，垒起了湖州“唐代茶都”的神圣地位。

皎然去世时，陆羽住在苏州虎丘。得到消息，即刻回湖，为皎然大师守灵，并从此再无离开湖州。

陆羽在佛教界的朋友，可考的还有道标、怀素等。陆羽与灵隐寺住持道标上

陆羽（左）与皎然（右）

人多有交往。宝应二年(763)初夏,陆羽去钱塘考察,就下榻在灵隐寺的西岭草堂。大历十年（775），书法家怀素游历湖州，与陆羽相识并成好友，陆羽为之作《僧怀素传》。

道教的朋友主要有李季兰和张志和。

李季兰，名冶（约730—784），乌程（今浙江吴兴）人。童年即显诗才，后为女道士，在唐朝诗坛上享有盛名。晚年被召入宫中，至公元784年，因曾上诗叛将朱泚，被唐德宗下令乱棒扑杀。诗以五言擅长，多酬赠遣怀之作，《唐诗纪事》有云:“刘长卿谓季兰为女中诗豪。”宋人陈振孙《直斋书录解题》著录《李季兰集》一卷，今已失传，仅存诗18首。

据传，陆羽幼时曾在李季兰家寄养。一个字季兰，一个字季疵，虽非同胞，却如姐弟。成年后湖州相遇，一个如浮萍，四处漂泊;一个已出家，则为女道士。李季兰无疑是陆羽生命中的重要朋友甚至亲人，二人在湖州亲密交往长达20余年。一次李季兰身染重病，陆羽闻讯后，急忙赶往她的病榻边殷勤相伴，日日为她煎药煮饭。李季兰对此十分感激，病愈后特作诗《湖上卧病喜陆羽至》作为答谢，其诗云：

昔去繁霜月，今来苦雾时；
相逢仍卧病，欲语泪先垂。
强劝陶家酒，还吟谢客诗；
偶然成一醉，此外更何之？

张志和也是陆羽在道教的另一位好友。张志和（约730—810），字子同，初名龟龄，肃宗时待诏翰林，因事遭贬，自此不仕，隐居湖州西塞山，自号“烟波钓徒”。他孤高自赏，不随俗流，长期徜徉在苕溪、雪川的青山绿水之间，过着清贫、隐逸的生活。有一次,陆羽、裴修与张志和一起促膝谈心,陆羽问张志和：

“孰与往来？”张志和答：“太虚作室而共居，夜月为灯以同照，与四海诸公未尝离别，有何往来？”他们的这种交往和友谊，颜真卿在书写《浪迹先生玄真子张志和碑铭》中有详细记载。

研修儒业的朋友主要在官场。除了当年帮助他的竟陵太守李齐物、竟陵司马崔国辅外，主要有湖州刺史颜真卿、卢幼平，另有皇甫昆仲、朱放、刘长卿、耿湋、戴叔伦、李栖筠等，都是官场显赫人物。

颜真卿是大唐名臣，著名书法家。乾元二年（759）陆羽游润州时拜识。大历八年（773）至大历十二年（777）在湖州时彼此有密切的交往。颜真卿纂修《韵海镜源》，陆羽为主要参与者。为感谢陆羽，颜真卿在杼山专为陆羽建“三癸亭”，还资助陆羽建成“青塘别业”。

卢幼平任湖州刺史时，也与陆羽有交往。《全唐诗》有《秋日卢郎中使君幼平泛舟联句》《重联句一首》两诗及皎然《兰亭石桥柱赞并序》（《皎然集》卷八）。

陆羽初到江南，结识了时任无锡县尉的皇甫冉，皇甫冉是状元出身，当世名士，为陆羽的茶事活动也提供了许多帮助。

杼山三癸亭
湖州市社科联提供

另外，陆羽与唐代著名诗人孟郊、王维等也有交往。据记载，贞元元年（785），陆羽在上饶茶山时，来自湖州德清的年轻学子孟郊曾去拜访。这位苦吟诗人吟了一首《题陆鸿渐上饶新开山舍》。上元二年（761），王维与陆羽相识于苏州。当时王维在刘长卿府上为孟浩然作肖像画，陆羽应其所请在画上题字，轰动一时。

陆羽与各界人士的交往，既有生活所需因素，更是相互敬重，心灵相通。是共同的经历，让他们相互帮助；是非凡的才华，让他们惺惺相惜；是人格的魅力，让他们难舍难分。

功德伟业传千秋

陆羽一生嗜茶，精于茶道，以著有世界上第一部茶学专著《茶经》而闻名于世，对中国和世界茶业、茶文化发展作出了卓越的贡献，被誉为“茶仙”，尊为“茶圣”，祀为“茶神”。其实，他还很善于写诗，更擅方志。其一生撰写的著作，包括诗、文、志书诸方面。

据《湖州府志》《吴兴掌故集》《嘉泰吴兴志》《乌程县志》《长兴县志》《金盖山志》以及颜真卿在湖州所撰的《杼山妙喜寺碑铭》《梁吴兴太守柳恽西亭记》和《项王碑阴记》记载，陆羽在湖州撰写的著作有19部之多。计有《君臣契》三卷、《源解》三十卷、《江表四姓谱》十卷、《南北人物志》十卷、《吴兴历官记》三卷、《湖州刺史记》一卷、《茶经》三卷、《占梦》上中下三卷。另有《吴兴图经》若干卷、《顾渚山记》《吴兴记》《杼山记》《警年》十卷、《穷神记》十卷、《茶记》一卷、《教坊录》一卷，以及《释怀素与颜真卿论草书》和《陆文学自传》等。从题名中能辨出直接写湖州的有七种之多。另外，还为杭州、苏州、无锡等地编写了《灵隐天竺二寺记》《武林山记》《虎丘山记》《慧山记》等多种地方志书。

陆羽在湖州参与的联句活动达15次之多，留下了《三言喜皇甫曾侍御见过南楼玩月联句》《又溪馆听蝉联句》《水堂送诸文士戏赠潘丞联句》《与耿沣水亭咏风联句》《联句多暇赠陆三山人》《醉意联句》《恨意联句》《七言重联句》《秋日卢郎中使君幼平泛舟联句》《重联句》《登岘山观李左相石尊联句》等。在唐代，这种饮茶吟诗，唱和联句，在文人名流中成为盛极一时的高雅之事，也为柏梁体（汉武帝建柏梁台，命群臣每人咏一句缀成一篇文辞，“柏梁体”因而得名）开创了一条新路。

刘展窥江淮，陆羽还在湖州作《天之未明赋》，表达了他对国家、对人民前途命运的极大担忧。

《茶经》是陆羽倾注了全部精力和智慧，潜心研究，而得出的结晶。《茶经》不仅是一部茶的自然科学专著，还是一个茶文化宝库。全书分为三卷十章，共七千多字。卷上：一之源、二之具、三之造；卷中：四之器；卷下：五之煮、六之饮、七之事、八之出、九之略、十之图。

《茶经》一之源，开宗明义阐述了我国南方是茶的发源地，有高达数十尺、两人合抱的大茶树；考证了唐以前对茶的各种名称，从茶的文字名称上追溯了我

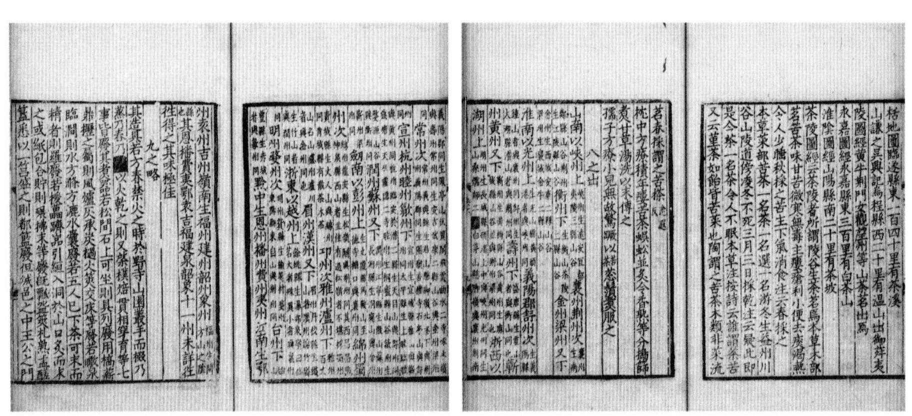

宋本《茶经》1273年（《百川学海》本）
国家图书馆藏

国茶的历史源流；讲述了茶树生长、种植方法和所处的土壤、生态环境与茶的品质关系，以及茶的功效及负面影响等。

《茶经》二之具，描述了唐代在茶的采摘、制造和储藏所需的十六种工具的样式、规格、材料以及使用方法、注意事项等。对采茶、制茶过程中的采、蒸、捣、拍、焙、穿、封七道工艺作了简明介绍。

《茶经》三之造，着重阐述了采茶的适宜时间，气象条件以及选采鲜叶的形状特征。其次详细讲述了成品茶的八种外形特点和茶叶品质关系。陆羽认为鉴别茶叶好坏最佳方法，在于茶农的实践经验之中，即“茶之否臧，存于口诀”。

《茶经》四之器，详细介绍了煮茶、饮茶所用的二十四种器具形状、规格、作用和使用方法；并按用途分为八类；以及煮茶、饮茶的正确方法和原则；还鉴评了唐代各地瓷茶器颜色、优劣对茶色的影响等。陆羽还在风炉的三窗上书“伊公羹陆氏茶”，说明他煮的茶和商代名相尹伊调的汤一样出色。

《茶经》五之煮，着重论述了煮茶过程中炙茶、用薪、用水、烹煮和酌茶等工艺，其中对用水的论述尤为精辟。强调好茶要用好水烹煮，提出“山水上，江水中，井水下”的观点，是有科学道理的。因山泉之水含多种矿物质且得草木清香，对于人体最为合宜，对煎茶的色、香、味有一定程度的影响。对于烹煮，陆羽强调“三沸”：一沸，如鱼目微有声；二沸，边缘如涌泉连珠；三沸，为腾波鼓浪。唐代文学家温庭筠认为“三沸之法，非活火不能成也”。只有这样煮出来的茶，才能保其华，观其色，品其味。陆羽说，真正的好茶，应“啜苦咽甘”。

《茶经》六之饮，首先阐述了饮茶起源于传说中的神农氏，西周有了茶的记载，到了唐代才盛行起来的发展历史。然后讲了茶的品类，如粗茶、散茶、末茶和饼茶，以及从制茶到饮茶过程，应注意九个较难掌握的环节。

《茶经》七之事，着重概述了唐代以前有关饮茶的史事、典故和诗歌赋。这一章，陆羽引用了自西周、春秋战国、秦汉、三国、两晋、南北朝有关史记、传记、笔记、诏书、家书、医药书、训诂书、地志和神异小说，以及诗、歌、赋共

45 种古书的 47 列茶事活动记载。在列举 43 名与茶事有关的人物中，不乏历代名人，如西周政治家周公姬旦、春秋政治家晏婴、西汉文学家司马相如、哲学家扬雄、三国魏经学家王肃、晋代文学家张载、散文家左思、桓温、孙楚、文字学家郭璞、南朝宋女诗人鲍令晖、史学家山谦之、医药学家陶弘景等。陆羽引证茶事的这些古书，有的已佚失，但通过《茶经》使这些茶文化历史遗产得以保存，所以弥足珍贵。

《茶经》八之出，主要概述了全国出产茶叶的区域分布。唐代贞观元年（627）依山河形势之便，全国共设置了 10 个行政区划的道。开元二十一年（733）增为 15 个道。陆羽《茶经》列举了南方出产茶叶的 8 个行政区划的道的 43 个州郡。按现今行政区划包括云南、贵州、四川、重庆、浙江、江苏、湖南、湖北、江西、安徽、陕西、河南、广东、广西、福建等地。陆羽在讲到山南、淮南、浙西、剑南、浙东五个道时，还列举了产茶的州名、县名和具体地名，还把茶叶品质分为上、中、下、又下四个等级。

《茶经》九之略，指省略。陆羽认为在寒食节禁火之时，或在野寺山园、松林石上、泉涧岩洞等特殊环境下造茶、煮茶可以省略一些加工程序和器具。但是在正式茶宴上，二十四种煮茶、饮茶器具缺一不可，否则会影响饮茶的雅兴。

《茶经》十之图，指用绢素张挂之图。就是把《茶经》内容，写在唐代湖州已盛产的蚕丝织物上面，张陈于座隅，便于人们在品茗的同时，随时记诵对照，以明茶理。

陆羽《茶经》具有博大精深的科学和文化内涵，在中国乃至世界的茶文化史上具有划时代的意义。

《茶经》首先是一部茶叶科学著作。它不仅涉及生物学、生态学、土壤学和栽培学，而且还论述了造茶、烹茶和饮茶的工艺。陆羽用“树如瓜芦，叶如栀子，花如白蔷薇，实如栟榈，蒂如丁香，根如胡桃”等形象生动地比喻了茶树的植物学性状。还提出“上者生烂石，中者生砾壤，下者生黄土”，“阳崖阴林，紫者上，绿者次；笋者上，牙者次；叶卷上，叶舒次”，说明茶叶品质与土壤和不同的光照、温度、湿度影响有关。在茶树栽培上，如掌握不当，就会出现“艺而不实，植而罕茂”的现象，充分反映了陆羽丰富的茶叶生物学、土壤学、栽培学知识。《茶经》对茶的采制加工过程使用的16种器具名称、别称、大小规格和用料，按使用顺序说得相当详尽；对烹茶、品茶等28种茶器，也说得尽善尽美。《茶经》提倡科学饮茶、健康饮茶，摒弃不健康的煮饮方法。

《茶经》还是一部渗透着中华传统文化精髓的文史著作。陆羽在造茶、煮茶器具之一的风炉上画上“巽”“离”“坎”三卦，这是运用《易经》的朴素辩证法观点，形象地说明“风能兴火，火能熟水”。在风炉的另一足刻“体均五行去百疾”，“五行”即金、木、水、火、土。我国古代思想家把这五种物质作为构成万物的元素，以说明世界的起源和多样性的统一。“五行”既相生，又相克。相生，相互资生：木生火、火生土、土生金、金生水、水生木；相克，就是相互制约：水克火、火克金、金克木、木克土、土克水。这些观点，具有朴素的唯物论和自发的辩证法因素。五行学说是中医学基础理论之一，用以说明脏腑的属性及其相互关系。即把肝归属于木、心归属于火、脾归属于土、肺归属于金、肾归属于水。体均五行去百疾，是说经常饮茶能平衡五行，调和五脏，百病不生，健康长寿。

《茶经》把饮茶与人品联系起来，说“茶之为饮，最宜精行俭德之人”。主张精细谨慎，俭约育德。如果行为粗鲁，“采不时，造不精，杂以卉莽，饮之成疾”。饮茶如此，做人同样如此。陆羽十分讲究“天育万物，皆有至妙”的烹茶、饮茶艺术。茶汤之美、茶味之真、茶色之清、茶器之精和精行俭德、质朴求真、玄微适度、中和守正的思想，是中国茶道的真谛，也是陆羽《茶经》的精髓所在。

陆羽《茶经》自中唐问世以来，在全国“茶道大行，王公朝士无不饮者”。《茶经》也成为历代茶学家和饮者研究和追捧的热点，官方和民间竞相刻印出版，其刻本之多、传播之广，在中国茶史上实属罕见。据陆羽《茶经》版本考：宋代有《百川学海》本、《新唐书》《读书志》《书录解题》《通志》《宋志》载本。元代有《说郛》本。明代有《唐宋丛书》本、《百名家书》本、《格致丛书》本、《山库杂志》本、《五朝小说》本、《桑苎庐》本、《郑熜》本、《明王圻稗史汇编》本、《明万历程福生》本、《万历孙大绶》本。清代有《唐人说荟》本、《唐代丛书》本、《仪鸿堂》本、《植物名实图考长编》本、《清抄本》等。近现代有《鲁迅抄本》《黄墩岩中国茶道》本、《古今图书集成》本、《汉译茶叶全书》本、台湾张宏庸《陆羽全集》本、台湾朱小明《茶史茶典》本、朱自振《中国茶叶历史资料选辑》本、蔡嘉德等《茶经语释》本、周靖民《茶经校注》本、邓乃朋《茶经注释》本、傅树勋等《茶经译注》本等，共有 41 种刻本。2000 年，湖州陆羽茶文化研究会为纪念陆羽诞辰 1 200 周年，以《四库全书》本为底本，对照诸多版本校对，印刷《湖州茶经校本》。

2021 年，线装书局出版社与长兴太湖博物馆签约，还原复制顾渚山千年摩崖石刻拓本，再造南宋咸淳九年（1273）百川学海本《茶经》。

《茶经》在 15 世纪就流传到国外，日本就有《江户》本、元禄《和》本、《宝历》本、《天保补刻》本、永安《茶经详说》本、昭和《三笠书房》本、昭和《茶经评释》本等。

20 世纪以来，陆羽《茶经》陆续被译成日、韩、英、法、俄、德等国文字，在世界广为传播。日本国会图书馆、美国国会图书馆、英国伦敦大学图书馆及民间《茶经》外文藏本也有 34 种之多。1928 年《茶经》被编入英国大百科全书。

英国茶学家 C・R 哈佛博士在《茶叶制造》一书中说："将茶叶冲泡作为饮品是有悠久历史的。第一部权威的茶叶书——《茶经》是中国陆羽的著作。"美国学者威廉・乌克斯《茶叶全书》中写道："陆羽著第一部完全关于茶叶之书籍《茶经》，于是在当时中国农学家以及世界有关从业者，俱受其惠"，"无人能否认陆羽之崇高地位"。韩国茶学泰斗金明培教授著《韩国的茶诗鉴赏》中不乏赞美陆羽和《茶经》诗句。如"澄心堂老知茗品，寄与犹奇紫笋珍""谁持三碗寄卢仝，更将绝品夸陆羽”。

韩国茶道协会会长郑相九教授怀着崇敬的心情说：“陆羽是一位伟大的‘茶圣’。他所著的《茶经》也是无法超越的杰作，在世界茶文化史上有很大的贡献。陆羽不仅对中国茶文化，而且对韩国、日本的茶文化都有很大的影响。所以，三个国家的饮茶人都敬他为‘茶神’。”日本茶之汤文化学会会长仓泽行洋在《“茶道”考》中说：“陆羽撰写了世界最初的茶学著作《茶经》，陆羽的茶法与他同时代的人称之为‘茶道’。日本茶道其实是以中国茶道为母亲，出生后东渡日本，如今已长大成人的中国茶道之子。”日本京都大学教授、著名汉学家竹内实考察

湖州顾渚山千年摩崖唐拓暨宋本陆羽《茶经》还原再造签约仪式
吴拯 | 摄

湖州陆羽茶文化遗迹时，盛赞湖州“风景真美”！他说：“陆羽曾经在湖州撰著《茶经》，这使人们都知道中国的湖州。”

我国著名茶学家庄晚芳教授指出：“陆羽居住在湖州时间最长，约有三十多年。写成了世界上第一部茶书——《茶经》，为人民为祖国立下了不朽之功。”并作诗曰：“陆羽茶经世界崇，湖州文化有高功。千年史迹待开拓，树立雄心共研攻。”

作者简介 张西廷，安吉人，原杭州大学中文系毕业，浙江省作家协会会员。1998 年奉命援藏，任中共西藏嘉黎县委副书记。2001 年起，先后担任中共湖州市委政法委副书记、湖州市城市管理行政执法局副局长（正局级）、市社科联主席。现任中共湖州市委宣传部一级调研员、中共杭州市委高端智库特聘专家、湖州市咨询委特约研究员，湖州市陆羽茶文化研究会副会长。出版有《湖州人物志》《黄浦江源》《虎穴利剑》《走进西藏》《湖州茶香飘千年》《湖州茶史》《茶圣之地》等书，主持编写《湖州民国简史》《湖州改革开放 40 年》，分别在人民出版社、浙江人民出版社出版。

茶韵

严旭洪 | 摄

贡赐之间

胡耀飞　刘月琴

唐大历五年（770），在中国茶史上是一个新的纪元。顾渚山虎头岩盖起了三十余间草舍，成为湖州“顾渚贡焙”造茶的现场。此后近百年间，从立春后四十余日到谷雨期间，湖、常两州刺史分别入山，一同监造紫笋贡茶，并经浙西观察使入贡唐廷。进入京城后，因贡茶的珍贵性，以及煎茶手续的精细化，紫笋贡茶又变身为互相馈赠之物，在上层社会之间流转。唐代产茶州分布广泛，而这里的紫笋茶，因陆羽评定其为“上”而成为贡茶中之著名者。唐朝皇帝重视顾渚山紫笋茶，也是看重其质量之高，便于作为礼物赐给臣下，让臣下感受一种崇高的荣誉。

唐代紫笋茶贡兴废

紫笋茶常年茶贡起始于大历五年（770），据钱易（968—1026）《南部新书》载：

唐制，湖州造茶最多，谓之“顾渚贡焙”，岁造一万八千四百斤。焙在长城县西北。大历五年以后，始有进奉。至建中二年（781），袁高为郡，进三千六百串，并诗刻石在贡焙。故陆鸿渐《与杨祭酒书》云：“顾渚山中紫笋茶两片，此物但恨帝未得尝，实所叹息。一片上太夫人，一片充昆弟同啜。”

后开成三年（838），以贡不如法，停刺史裴充。

这里说到茶贡起源于大历五年，则这一年当即有茶贡，且在陆羽影响下才开始进贡。《嘉泰吴兴志》载：“顾渚与宜兴接，唐代宗以其岁造数多，遂命长兴均贡。自大历五年，始分山析造。岁有客额，鬻有禁令。”可知湖州茶贡在常州影响下，每年一起造茶，同时进贡。

光緒十年甲申仲春上海同文書局用石影印

《新唐书·二百二十五卷》
清光绪上海同文书局石印本

随着茶贡常年化，贡茶院等与茶贡有关的制度也逐步建立起来。《新唐书·地理五》湖州条土贡有“紫笋茶”，又于长城县下小字曰：“顾山有茶，以供贡。”贡茶制度本身，是由常州、湖州二刺史共同监造，总之于浙西观察使后进奉。大历五年之后，贡茶日渐规模化。据《嘉泰吴兴志》所引《吴兴统记》：

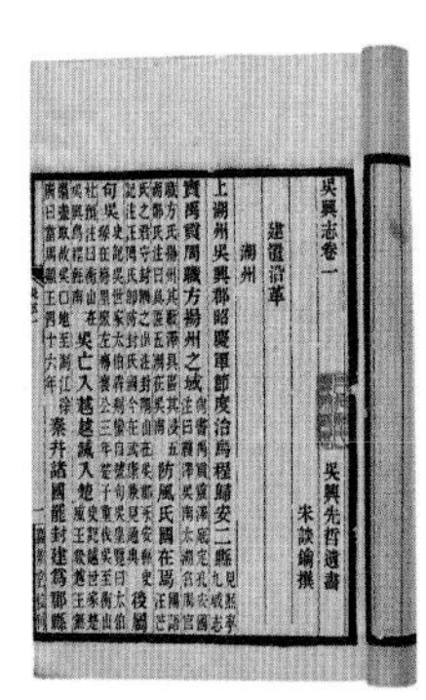

《嘉泰吴兴志》（宋）谈钥撰
刘氏嘉业堂刊

长兴有贡茶院，在虎头岩后，曰顾渚，右斫射而左悬臼。或耕为园，或伐为炭，惟官山独深秀。旧于顾渚源建草舍三十余间，自大历五年至贞元十六年，于此造茶，急程递进，取清明到京。袁高、于頔、李吉甫各有述。至贞元十七年，刺史李词以院宇隘陋，造寺一所，移武康吉祥额置焉。以东廊三十间为贡茶院，两行置茶碓。又焙百余所，工匠千余人。引顾渚泉亘其间，烹蒸涤濯皆用之，非此水不能制也。刺史常以立春后四十五日入山，暨谷雨还。

可见，紫笋贡茶不仅有贡茶院及其工匠，还形成了清明前到京的递进时间规定，以及在此影响到刺史入山修贡的时间表。唐代的贡茶，属于每年常贡中的季节贡，李郢《茶山贡焙歌》中有“十日王程路四千，到时须及清明宴”，来说明季节性的贡奉随产随贡。此诗为大中（847—860）年间湖州刺史杜牧的友人李郢随杜牧至茶山修贡时所写。

贡茶院还经历了前后两个发展阶段：大历五年至贞元十六年（770—800），以顾渚源的三十余间草舍为贡茶之所。贞元十七年以后，以吉祥寺为贡茶院。据《舆地纪胜》卷四《安吉州》：“贡茶院。在长兴县西北四十五里。贞元十七年，刺史李词置，以吉祥寺东廊为院。修贡堂在院内，有唐贡茶刺史题名二十八人刻石堂上。”又据《元和郡县图志》描述：“贞元以后，每岁以进奉顾山紫笋茶，役工三万人，累月方毕。”可见贞元年间，役工发展为三万人。当然，这些工作人员的忙碌是有时令性的，每年清明前后造茶之时，方才需要三万人，事毕当即遣散。产茶量方面，据《嘉泰吴兴志》载：“会昌（841—846）中，加至一万八千四百斤。”可知茶贡规模一直在扩大。即便唐宪宗元和十五年（820）三月，因鄂岳观察使李程之请，“罢中州岁贡茶”，但常州和湖州的贡茶依然在进行。

大唐贡茶院遗址

唐末王仙芝、黄巢之乱虽兴起于北方，东南地区亦饱受兵火。特别是湖州长兴县，正处于黄巢集团先后两次——乾符五年（878）

六、七月间南下，广明元年（880）六月北上的要冲之地。但在黄巢集团离开之后，贡茶依旧进行。《咸淳毗陵志》曰："僖宗幸蜀，间关驰贡。王守枳诗云：'今朝拜贡盈襟泪，不进新芽是进心。'"唐僖宗于广明元年底因黄巢占领长安而出幸蜀中，第二年即中和元年（881）三月的贡茶，当是直接进入蜀地，写诗的"王守枳"当即主持此年茶贡的常州刺史王柷。

常州如此，湖州亦同。《文苑英华》收有唐末杨夔《送杜郎中入茶山修贡》一诗，末句曰："谢公携妓东山去，何似乘春奉诏行。"此诗所云即修茶贡事。杜孺休（？—890）在第一次出任湖州刺史前后皆为郎中，此处杜郎中，当即湖州刺史杜孺休，可见湖州在唐末杜孺休时尚有茶贡。

至于两州刺史最后一次共同修茶贡时间并无史料揭示。黄巢虽然被灭，全国却兴起各种独立势力，如唐末杨行密（852—905）割据江淮，占领常州，钱镠（852—932）割据两浙，占领湖州，互为敌境。五代时期，常州地区的贡茶归入杨吴、南唐政权，直至南唐保大四年（946）被建州茶取代；湖州地区的贡茶以吴越国的名义进入中原，两州茶事进入了一个新的阶段。

湖州刺史修贡名单

历任湖州刺史贡茶事迹，可考者不多。参考《唐刺史考全编》及记载唐代历任湖州刺史的《吴兴统记》《嘉泰吴兴志》等方志材料，有修贡记载的湖州刺史有20余人。

杜位

杜位于大历四年（769）即在湖州刺史任上，而湖州贡茶始于大历五年，因此湖州首次茶贡或许是杜位所为。值得一提的是，皎然撰于建中元年（780）的《唐湖州佛川寺故大师塔铭并序》写道："菩萨戒弟子刺史卢公幼平、颜公真卿、独孤公问俗、杜公位、裴公清，惟彼数公，深于禅者也。”可知杜位与其他四位代宗、德宗时期的湖州刺史，都是这位慧明大师的弟子，而慧明的碑文由深谙茶道的皎然撰写，则皎然、慧明及其弟子之间都有交往，想必深于禅法的杜位对于茶事也有所参与。

裴清

裴清大历六年（771）任湖州刺史。又据《吴兴备志》卷四：“裴清刺湖州，始进金沙泉。”《新唐书·地理五》即把“金沙泉”作为湖州土贡最后一项列入。好茶需要好水，陆羽《茶经》不仅品评天下名茶，也品评名泉，故与贡茶相伴随而来的便是贡泉。《嘉泰吴兴志》“金沙泉”下注曰：“《统记》：顾渚贡茶院侧有碧泉涌沙，粲如金泉。元和五年，刺史范传正刱亭曰金沙。《旧编》云：泉在贡焙院西，出黄沙中，引入贡焙，蒸捣皆用之。杜牧之诗曰：泉赖黄金涌。注云：山有黄沙泉，修贡即出，罢贡即绝。《唐·地理志》湖州‘金沙泉’，即此泉也。刺史裴清有进表。……唐贡泉用二银瓶，国初一银瓶。今不贡茶，泉亦不通。”可知金沙泉一直是焙茶用水，直到宋初都用此泉水。《全唐文》收录有裴清《进金沙泉表》，仅以下数句：“吴兴古郡，顾渚名山。当贡焙之所居，有灵泉而特异。用之蒸捣，别著芳馨。信至德之感通，合太和而献纳。甘有同于沆瀣，清远胜于沧浪。”

颜真卿

颜真卿（709—785）的真迹一直是后世书法人士关注对象。据《嘉泰吴兴志》：“明月峡在长兴县顾渚侧，二山相对，壁立峻峭，大涧中流，巨石飞走。断崖乱石之间，茶茗丛生，最为绝品。张文规诗曰：‘明月峡中茶已生。’石上多唐人刻字，颜真卿所书但存髣髴。”又据《吴兴备志》：“明月峡有唐人书，颜真卿蚕头鼠尾碑尤巨。”又据丁宝书（1866—1936）增补《长兴县志·碑碣上》：“《卞山志》：蚕头鼠尾碑，颜鲁公书，在明月峡。峡中唐宋名人石刻最多，惟此碑尤大，州县数来摹搨，土人惮费，击碎之。”可知颜真卿曾因修贡而至明月峡，并在此处留有碑刻，惜已无从得知内容。另外，在长兴县也留下了颜真卿修贡的遗迹，如：“许公桥，去贡焙五里，跨巨涧。唐颜真卿修贡，尝与客步月觞咏桥上。”

颜真卿像

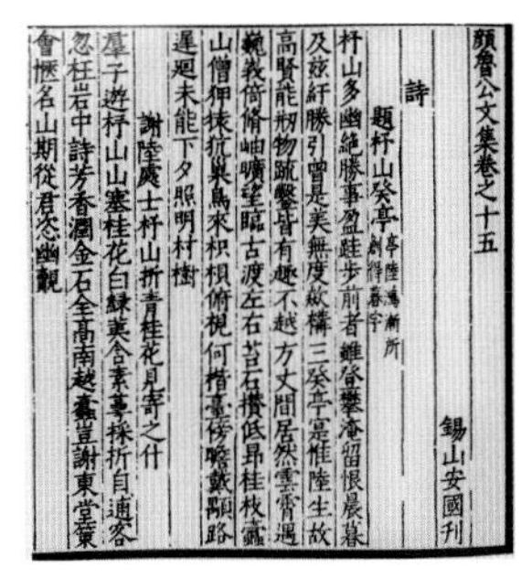
顔魯公文集卷之十五
錫山安國刊
詩
題杼山癸亭 亭陸鴻漸所創得暮字
杼山多幽絶勝事盈跬步前者雖登攀淹留恨晨暮
及茲紆勝引曾是美無度欻構三癸亭寔惟陸生故
高賢能刱物疏鑿皆有趣不越方丈間居然雲霄遇
巍峩倚脩岫曠望臨古渡左右苔石攢低昂桂枝蠹
山僧狎猿狖巢鳥來枳椇俯視何楷臺傍瞻戴顒路
遲廻未能下夕照明村樹
謝陸處士杼山折青桂花見寄之什
群子遊杼山山寒桂花白綠葉含素萼採折自逋客
忽枉岩中詩芳香潤金石全高南越蠹豈謝東堂策
會愜名山期從君恣幽覿

颜真卿《题杼山癸亭·亭陆鸿渐所创得暮字》和《谢陆处士杼山折青桂花见寄之什》

袁高

袁高兴元元年（784）三月十日作摩崖题记。其中提及袁高曾赋《修贡顾渚茶山作》，又称《茶山诗》。此外，袁高亦与皎然有唱酬。

崔石

崔石于贞元（785—805）初期任湖州刺史，所据为皎然《饮茶歌诮崔石使君》。此诗又收录于《文苑英华》。虽无法考得崔石此人，但从皎然以《饮茶歌》相诮来看，崔石在湖州刺史任上亦谙于茶事。

于頔

于頔于贞元八年（792）三月作摩崖题记。据《两浙金石志》：“按《长兴县志》，有境会亭，一名芳岩。唐时，吴兴、毗陵二郡守分山造茶，宴会于此。洪筠轩云：赵明诚《金石录》有唐袁高《茶山诗》并于頔撰《诗述》、李吉甫撰《碑阴记》共二卷。湖州岁贡茶，高为刺史，作此诗以讽。高，恕己孙，《碑阴》述高所历官甚详。今袁高诗并《碑阴》俱亡，惟于頔此记存。頔字允志，河南人。”境会亭是常州、湖州合作贡茶的见证，由于頔首创。于頔还在任上与常州刺史商议各缓数日，以减轻常、湖二州竞争给茶农带来的压力。即《嘉泰吴兴志》所云：“贞元八年，刺史于頔始贻书昆陵，请各缓数日，俾遂滋长。”

李锜、李词

李锜（741—807）、李词先后任湖州刺史，并皆为唐德宗权臣李齐运（725—796）之党。贞元十四年至十八年（798—802），李词作摩崖题记。据《旧唐书·李

茶山春色
高成军 | 摄

锜传》："以父荫，贞元中累至湖、杭二州刺史。多以宝货赂李齐运，由是迁润州刺史兼盐铁使，持积财进奉，以结恩泽，德宗甚宠之。"又据《新唐书·李锜传》："自雅王傅出为杭、湖二州刺史。方李齐运用事，锜以赂结其欢，居三岁，迁润州刺史、浙西观察、诸道盐铁转运使。多积奇宝，岁时奉献，德宗昵之。"两人作为李齐运之党，皆善于贿赂，也正是李词于801年扩建了贡茶院。

姚缃

丁宝书增补《长兴县志》，根据顾应祥（1483—1565）嘉靖《长兴县志》、张慎为顺治《长兴县志》记载，写道："斫射神庙，在斫射山，唐贞元三年（787）立。元和元年（806），刺史姚缃祈雨有感。长庆中，毁。会昌中，为斫射亭，刺史张文规复置神像。"丁宝书注引姚缃《祭斫射山神文》曰："去秋徂冬，旱既甚矣，分遣官吏，徧祷山川。爰及春旦，大降甘雨，草木滋荣，萌芽甲拆。我来兹山，躬修臣职，敬陈报礼，应显灵德。"斫射山即修贡之所，前文已载张文规、裴汶题记，可知姚缃亦曾修贡。

范传正

《吴兴统记》载："顾渚贡茶院侧有碧泉涌沙，粲如金泉。元和五年（810），刺史范传正刱亭曰金沙。"可知范传正在任期间，曾因修贡而创金沙亭于金沙泉旁。又据《旧唐书·范传正传》曰："自比部员外郎出为歙州刺史，转湖州刺史，历三郡，以政事修理闻。擢为宣歙观察使。"《新唐书·范传正传》曰："历歙、湖、苏三州刺史，有殊政，进拜宣歙观察使。"可知范传正在湖州刺史任上颇有政绩，应当包括修贡在内。

裴汶

裴汶元和八年（813）二月廿三日作摩崖题记。裴汶共历三州刺史：澧州（元和六年之前）、湖州（元和六年至八年）、常州（元和八年十一月之后）。可知裴汶离任湖州刺史后就任常州刺史。贡茶之余，裴汶还撰写了一部《茶述》，又名《茶录》。此书已佚，《续茶经》保存了《茶述序》一篇，可知裴汶主要出于推广茶的药用功效。

薛戎

薛戎（747—821），与紫笋茶确有渊源。据元稹（779—831）为薛戎所撰神道碑："公讳戎，字符夫。父曰湖州长史、赠刑部尚书同。"可知其父薛同曾任湖州长史。《新唐书·薛戎传》亦曰："客毗陵阳羡山，年四十余不仕。"这支薛氏在薛同这一代已移居湖州，故薛戎似也从小在湖州长大，对于临近之常州阳羡山当不陌生。那么，薛戎对于每年茶贡当有亲身体会，出任湖州刺史后，自然也会修贡。

崔玄亮

白居易一诗《夜闻贾常州崔湖州茶山境会，想羡欢宴，因寄此诗》，诗中的崔湖州即崔玄亮（？—833），贾常州当指常州刺史贾餗，二人当是共同主持造茶，故而会于境会亭，以白居易宝历元年五月至二年九月在苏州刺史任上的时间来看，当是宝历二年（826）三月。白居易又有《夜泛阳坞入明月湾即事，寄崔湖州》一诗，内有句"为报茶山崔太守，与君各是一家游"，白居易在苏州刺史任上颇为羡慕湖州刺史每年入山修贡之事。此外，白居易曾为崔玄亮撰墓志铭，关于崔在湖州的政绩，写道："俄改湖州刺史，政如密、歙。加之以聚羡财而代逋租，则人不困；谨茶法以防黠吏，则人不苦；修堤塘以备旱岁，则人不饥。罢氓赖之，如依父母。"可见崔玄亮在湖州任职期间十分尽职，这自然也包括修贡在内。不过此处所谓"茶法"，当是唐德宗时期开始的税茶之法，而非修茶贡。

庾威

据张慎《长兴县志》，其文曰："斫射山，去县西北五十里，高五十二丈，周十里。土人善樵斫射猎，亦名斫射岕。刺史庾威亦于此造团茶以进。"

裴充

关于裴充，《南部新书》提及："后开成三年（838），以贡不如法，停刺史裴充。"不过在《册府元龟》中并非如此："开成三年三月，以浙西监军判官王士玫充湖州造茶使。时湖州刺史裴充卒，官吏不谨，进献新茶不及常年，故特置使以专其事。"《嘉泰吴兴志》亦曰："裴充，大和九年八月自大理少卿拜，卒官。"从《册府元龟》《嘉泰吴兴志》可知，裴充并非因贡不如法而被停湖州刺史一职，而是他本人在开成三年三月造茶之前去世，其属下官吏未能谨慎从事。

杨汉公

杨汉公开成四年（839）二月十五日作摩崖题记。阮元《两浙金石志》考证道："是时，湖、常二州争先赴朝，以趋一时之泽。袁高有《茶山诗》备述当日扰民之害。开成三年，刺史杨汉公表奏，乞宽限，诏从之。"杨汉公及其两位夫人的墓志近年出土，其中关于他任湖州刺史的经历仅仅写道："转湖州、亳州、苏州，理行一贯，结课第考，年年称最。"事实上，除了奏请宽限期限外，杨汉公还有一件事值得记录，据《嘉泰吴兴志》所引《吴兴统记》记载：蒲帆塘"西接长兴县，入大溪，长八十里。入茶山修贡行此。又唐开成二年，杨重开，尝于此获蒲帆。"蒲帆塘是从湖州府城通向长城县（长兴县）修贡的必经之路，杨汉公予以重开，显然是出于便利修贡之目的。

张文规

张文规会昌三年（843）三月四日作摩崖题记。又据《嘉泰吴兴志》："斫射神庙，在顾渚。唐张文规《庙记》云：‘斫射神，图籍所不载。会昌二年，予入山修贡，先遣押衙祭以酒脯。及到山，茶芽若抽，泉水若倾，因建祠宇。’”张文规任职期间重建斫射神庙，用以在修贡之前奉祀，以祈求好的收成。另外，张文规在任上还撰有《湖州贡焙新茶》一诗，其中“传奏吴兴紫笋来”一句，使湖州紫笋茶名广为天下知。前文亦据《嘉泰吴兴志》引有张文规“明月峡中茶已生”残句，当其《吴兴三绝》诗中之“明月峡中茶始生”一句。而《全唐诗》据明代成书《吴兴掌故》所辑残句“谁云隼旟吏，长对虎头岩”，亦描述修贡事。可见张文规不仅对修贡结果甚为在意，亦表露于诗文。

姚勖

姚勖在湖州刺史任上（843年左右）当有茶贡事宜。大和八年（834）春，姚勖族父姚合（777—843）撰写了《寄杨工部闻毗陵舍弟自罨溪入茶山》一诗，其中有句曰：“试尝应酒醒，封进定恩深。”明显描述毗陵即常州刺史从罨画溪入茶山修贡事宜。作为姚合的族子，姚勖曾在会昌三年（843）八月之后给姚合写过墓志铭，对于姚合诗作应当熟悉，这一年正好也是姚勖在湖州刺史任上。

杜牧

杜牧大中五年（851）作摩崖题记。缪钺（1904—1995）已据杜牧《题茶山》《茶山下作》《入茶山下题水口草市绝句》《春日茶山病不饮酒因呈宾客》等诗作描述了其任上修贡场景。又据《两浙金石志》：“牧又有玲珑山题，大中五年八月八日，今未见。”所谓“未见”，当为未找到题刻原石，实则玲珑山题记内容尚见载于周密（1232—1298）《癸辛杂识》：“前湖州刺史杜牧，大中五年八月八日来。”玲珑山在湖州弁山附近，即杜牧罢任时游经之地。杜牧罢任时又游经明月峡，并留诗一首。

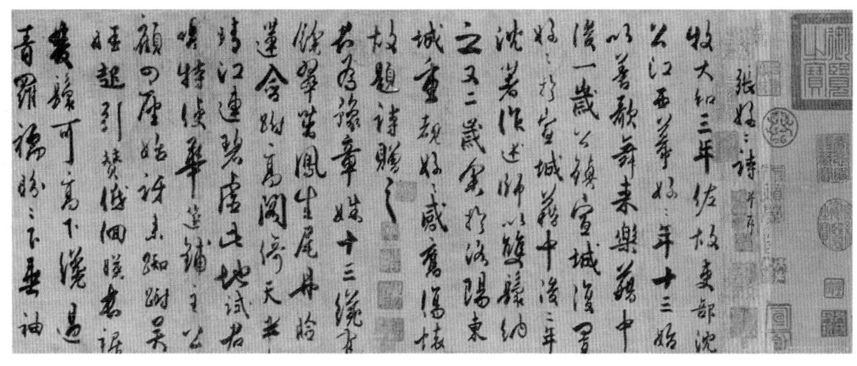

《张好好诗》卷（局部）　杜牧唯一存世书迹
故宫博物院藏

郑颙

《嘉泰吴兴志》揭示郑颙行迹：“上吉祥院，在县西北三十五里水口。额本陈太建五年（573）置，在武康。唐贞元十七年（801），刺史李词表移，置贡茶院。会昌（841—846）中废。大中八年（854），刺史郑颙奉敕重建。”会昌年间所废应当指遭遇会昌法难的上吉祥院，由“会昌中，加至一万八千四百斤”可知，会昌年间茶贡一直在进行，则贡茶院不会随上吉祥院一起废弃。疑贡茶院在这一时期不在上吉祥院，直至郑颙重建寺庙后，方才复原。

张抟

据《嘉泰吴兴志》载：“唐陆龟蒙，字鲁望。少高放，通六经大义，尤明《春秋》。举进士，一不中。来湖州，从刺史张抟游，抟辟以自佐。又嗜茶，置园顾渚山下，岁取茶租，自判品第。”可知张抟在刺史任上，辟陆龟蒙（？—881）为僚佐，并且允许其在顾渚山下置茶园。

杜孺休

杜孺休可能为唐代后期最后一位修贡的湖州刺史。

需要说明的是，唐时湖州百年茶贡史的前数十年，大部分刺史都与茶僧皎然有交流；另外，在后数十年，只要是三月、四月在湖州刺史任上的人物，基本可以认为主持了修贡。

综上，唐时修贡期间，大约60位湖州刺史中，有近20位有详细的修贡记载。在顾渚山，也保存了袁高等7人的题名，以及已经消失的颜真卿真迹。就顾渚紫笋茶贡史而言，杜位大约是第一位修贡的刺史，裴清是第一位贡金沙泉水的刺史，于頔首创境会亭并请书常州刺史以缓和二州竞争给茶农带来的压迫，李词修葺贡茶院，范传正首创金沙亭，裴汶以刺史身份撰写《茶述》，裴充的去世引起唐朝廷欲设置湖州造茶使的意图，杨汉公首请宽限茶贡时间并开通修贡必经之路蒲帆塘，郑颙重建贡茶院所依附的上吉祥院。

茶贡责任人作品遗存与心态分析

《旧编》有云：顾渚与宜兴接，唐代宗以其岁造数多，遂命长兴均贡。自大历五年，始分山析造。岁有客额，鬻有禁令。诸乡茶芽置焙于顾渚，以刺史主之，观察使总之。沈慧根据《嘉泰吴兴志》，整理了湖州茶贡的六条内容：①唐代湖州茶贡以设置官焙的方式焙制，官焙地点在长兴（长城）顾渚，贞元五年（789），又置合溪焙和乔卫焙；②官焙茶叶源于顾渚山区域诸乡；③茶贡每年有定额，在保证定额的前提下禁止茶叶私卖；④贡茶至京的时限规定：第一批贡茶大部分在每年清明前赶送到京，以供祭祀，其余限四月底全部送到京都长安；⑤茶贡由湖、常两州刺史主持，浙西观察使总负责；⑥刺史在立春后四十五日亲自入山督造贡茶，谷雨后返回。

贡茶以早为贵。李郢《茶山贡焙歌》云："陵烟触露不停采，官家赤印连帖催。"刘禹锡《试茶歌》云："何况蒙山、顾渚春，白泥赤印走风尘。"袁高《茶山作》云："阴岭芽未吐，使者牒已频。"三诗皆及赤印与牒也，可见皇帝直接干预茶贡的真实反映。李郢所谓赤印，袁高所谓牒，当是由皇帝下敕后，中书门下转牒至地方的敕牒，用以催促造茶。刘禹锡《西山兰若试茶歌》所谓白泥赤印，则是贡茶造好后以白泥赤印封缄，送入长安。

就修贡目的而言，历任湖州、常州刺史虽然因积极修贡而有取悦于上的现象，

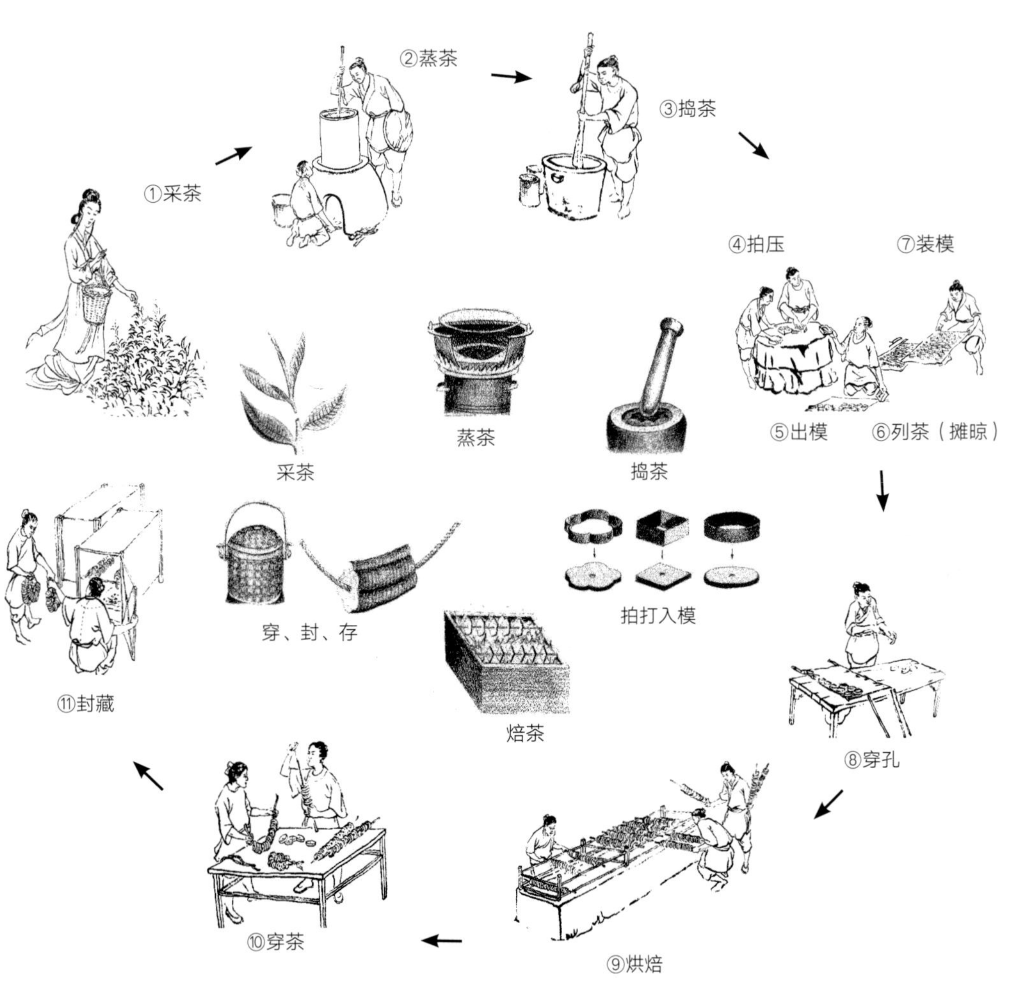

唐代制茶工艺

但也有一些刺史如袁高、于頔等忧心茶农的生存状态，当然也存在如杜牧等兼有以游春心态看待修贡的刺史。而就修贡的形式而言，茶贡由常州刺史、湖州刺史共同主持，浙西观察使转输入京。就州的上一级浙西观察使和唐中央而言，都对茶贡有所关注，并因此与州产生联络交通，特别是督查和催促。就中央与州之间的互动而言，中央对州的修贡可以通过敕牒进行直接督责，州则通过茶贡直接连接中央，并转达刺史对中央的种种态度。就观察使与州之间的互动而言，在观察使藩镇之下的州刺史与观察使之间的关系并不存在较多的冲突，他们在许多事务上都需要共同协商处理。以下对几位茶贡责任人进行列举与分析。

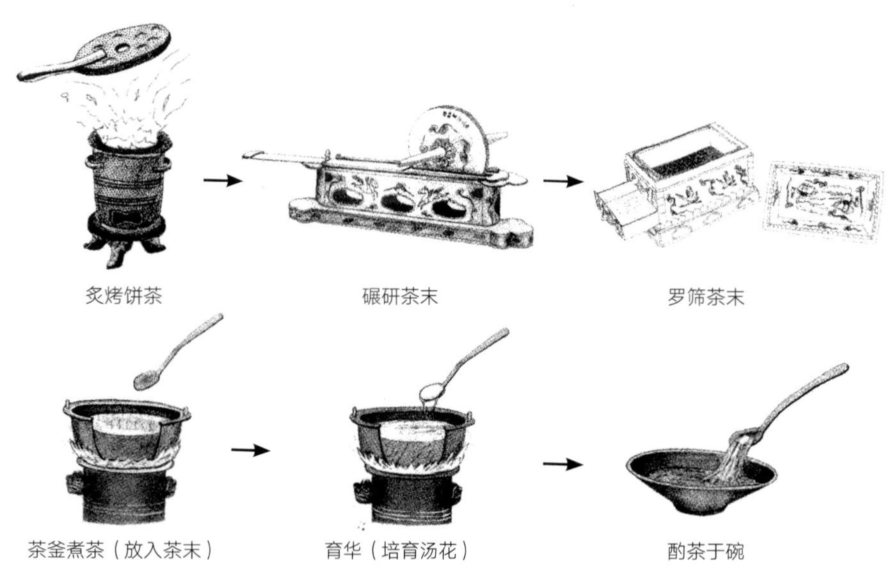

唐代煮茶程序

李栖筠

湖州、常州茶贡始于陆羽向李栖筠推荐进茶于唐帝。“始作俑者”李栖筠，在永泰元年至大历三年（765—768），在常州刺史任上。据《唐义兴县重修茶舍记》载：

义兴贡茶非旧也，前此，故御史大夫李栖筠实典是邦，山僧有献佳茗者，会客尝之。野人陆羽以为芬香甘辣，冠于他境，可荐于上。栖筠从之，始进万两，此其滥觞也。厥后因之，征献浸广，遂为任土之贡，与常赋之邦侔矣。每岁选匠，征夫至二千余人云。

从史料来分析，李栖筠、陆羽推荐贡茶有取悦于上的心态。李栖筠后来调去号为难治的苏州当刺史，又升任浙西观察使，与其在常州任上的贡茶行为不无关系。

张文规

张文规写有《斫射神庙记》：“会昌二年（842），予入山修贡，先遣押衙祭以酒脯。及到山，茶芽若抽，泉水若倾，因建祠宇。”这也是一则涉及泉水的神异故事，且引出了一位斫射神。清代《长兴县志》引嘉靖《长兴县志》曰：

大历七年（772），贼郎景聚兹山，游奕将钱景秀率乡村子弟，尽斫射手，遂平草贼。贞元三年（787），乡人立草屋，称斫射神。长庆（821—824）中，毁去。会昌中，为斫射亭而无像，文规始置神座。

从这里可以看到，斫射神起初是维持地方治安的神，但此功能在长庆年间遭废弃，这应该与李德裕在浙西观察使任上毁废淫祀有关。直到会昌年间，张文规方才重新安置神座，但其功能转向了祈祷修贡顺利进行，从而在一定程度上成为地方守护性质的“茶神”。这是湖州刺史借助地方信仰，使之成为确保国家性事务顺利进行而创造出来的一种官方信仰。

袁高

袁高任湖州刺史，源于他得罪权臣卢杞（？—785），而离任湖州，征拜给事中，则是因为唐朝廷刚刚平定朱泚之乱，唐德宗认识到袁高的重要性。据袁高《茶山诗》描述：

禹贡通远俗，所图在安人。
后王失其本，职吏不敢陈。
亦有奸佞者，因兹欲求伸。
动生千金费，日使万姓贫。
我来顾渚源，得与茶事亲。
甿辍耕农耒，采采实苦辛。
一夫旦当役，尽室皆同臻。
扪葛上欹壁，蓬头入荒榛。
终朝不盈掬，手足皆鳞皴。
悲嗟遍空山，草木为不春。
阴岭芽未吐，使者牒已频。
心争造化功，走挺麋鹿均。
选纳无昼夜，捣声昏继晨。
众工何枯栌，俯视弥伤神。
皇帝尚巡狩，东郊路多堙。
周回逿天涯，所献愈艰勤。

况减兵革困，重兹固疲民。
未知供御余，谁合分此珍？
顾省忝邦守，又惭复因循。
茫茫沧海间，丹愤何由申。

全诗通过描述茶农辛勤劳作，朝廷茶贡政策对百姓造成的困扰，来讥讽朝廷任用奸佞。所谓奸佞，自然暗指卢杞。因此，对于袁高来说，他在湖州刺史任上修贡，其目的就不是取悦于上，而是进行谏诤。

于頔、杨汉公

据《嘉泰吴兴志》记载：贞元八年（792），刺史于頔始贻书毘陵，请各缓数日，俾遂滋长。开成三年（838），刺史杨汉公表奏，乞于旧限特展三五日，敕从之。

出于对袁高这一谏诤行为的尊崇，湖州刺史于頔把从残垣断壁中找到的袁高原诗加以重刻，并为之撰《袁高茶山述》。可知于頔与袁高的想法一脉相承。于頔时期，卢杞虽然已经死去多年，但唐德宗为了增加国库收入，借以对付跋扈藩镇，不仅实行两税法，还增设包括茶税在内的其他税种，乃至大开进奉之门。于頔借助修缮袁高《茶山诗》，也是在表达自己的一种政治立场，可惜于頔所述未能流传。于頔还首创境会亭，每造茶时，湖常两州刺史亲至其处，故白居易有诗曰：“盘上中分两州界，灯前合作一家春。青娥递舞应争妙，紫笋齐尝各斗新。”

而杨汉公，首请宽限茶贡时间，并开通修贡必经之路蒲帆塘。

杜牧

当杜牧离任湖州，赴京城担任考功郎中、知制诰时，明明是升官赴京，而他却说是“流落西归”。故杜牧在湖州刺史任上也不怎么在意京城的动向，对修贡也仅仅是尽自己的职责。从他自己留下的诗篇可知，他对修贡抱着一种休闲的态

陸羽阁
茶人聖地

度。杜牧与修贡相关的茶诗，除了前文所录摩崖石刻残诗外，在传世文集中共有四首，分别为：

题茶山

山实东吴秀，茶称瑞草魁。
剖符虽俗吏，修贡亦仙才。
溪尽停蛮棹，旗张卓翠苔。
柳村穿窈窕，松涧渡喧豗。
等级云峰峻，宽平洞府开。
拂天闻笑语，特地见楼台。
泉嫩黄金涌，牙香紫璧裁。
拜章期沃日，轻骑疾奔雷。
舞袖岚侵涧，歌声谷答回。
磬音藏叶鸟，雪艳照潭梅。
好是全家到，兼为奉诏来。
树荫香作帐，花径落成堆。
景物残三月，登临怆一杯。
重游难自克，俯首入尘埃。

茶山下作

春风最窈窕，日晓柳村西。
娇云光占岫，健水鸣分溪。
燎岩野花远，戛瑟幽鸟啼。
把酒坐芳草，亦有佳人携。

祭拜陆羽
许要武 | 摄

入茶山下题水口草市绝句

倚溪侵岭多高树，夸酒书旗有小楼。
惊起鸳鸯岂无恨，一双飞去却回头。

春日茶山病不饮酒因呈宾客

笙歌登画船，十日清明前。
山秀白云腻，溪光红粉鲜。
欲开未开花，半阴半晴天。
谁知病太守，犹得作茶仙。

在这四首诗中，比如“好是全家到，兼为奉诏来”，把携家游春当成第一要务，奉诏修贡成了兼职；又如“剖符虽俗吏，修贡亦仙才”，“谁知病太守，犹得作茶仙”，把自己当成了逍遥自在的茶仙。虽然不排除杜牧是借轻松的口气，掩盖或者排解自己忧郁的心情，但至少他是以轻松的心态来看待修贡之事的。杜牧对茶山的美好记忆，还体现在他罢任湖州刺史，重游茶山明月峡时写下的诗：“从前闻说真仙景，今日追游始有因。满眼山川流水在，古来灵迹必通神。”

裴汶

元和年间出任湖州刺史的裴汶《茶述》的记载，即所谓：“今宇内为土贡实众，而顾渚、蕲阳、蒙山为上，其次则寿阳、义兴、碧涧、灉湖、衡山，最下有鄱阳、浮梁。”这里涉及的土贡州，分别为湖州（顾渚）、蕲州（蕲阳）、雅州（蒙山）（以上上），寿州（寿阳）、常州（义兴）、峡州（碧涧）、岳州（灉湖）、衡州（衡山）（以上次），饶州（鄱阳、浮梁）（以上下）。

第六批全国重点文物保护单位　顾渚贡茶院遗址及摩崖
长兴县博物馆提供

以上除了李栖筠外的湖州刺史，另加上李词，这七位在顾渚山上修贡时所题摩崖石刻，不仅是唐代茶贡的实物见证，也颇能反映当时湖州刺史本人的一种心境。顾渚山上的唐宋摩崖石刻现存三组十一处，现为全国重点文物保护单位，以下列举九处唐代摩崖石刻。

第一组：西顾山最高堂摩崖石刻

此处摩崖石刻“位于水口乡金山外冈自然村、葛岭坞岕口，在金沙溪西侧小山的阳面，海拔 20 多米。石刻断面约 9 平方米，题名刺史为袁高、于頔、杜牧，呈三角形；袁高题字在上方，字最大，十分醒目。于、杜题在下方，杜牧字形为最小”。根据笔者实地考察，此处石刻目前有人工棚架，但字迹已经模糊，加之位置较高，难以逐一辨认。

三处题字分别为：

1. 兴元甲子年（784），袁高题名："大唐州刺史臣袁高奉诏修茶贡讫至顾山最高堂赋茶山诗兴元甲子岁三春十日。"

2. 贞元八年（792），于頔题名："使持节湖州诸军事刺史臣于頔遵奉诏命诣顾渚茶院修贡毕登西顾山最高堂汲岩泉试茶舛道客观前刺史给事中袁公留题□刻茶山诗于石大唐贞元八年岁在壬申春三月□□。"

3. 大中五年（851），杜牧题名："□于□□□□为大中五年刺史樊川杜牧奉贡讫事□季春□休来□□□七言嵓□□□万木中□□时池一枝红拟攀丛棘□寥寂□□□香感细风。"

第二组：斫射岕五公潭摩崖石刻

此处摩崖石刻位于顾渚罗家自然村西、斫射山下，距顾渚村 3 公里。五公潭上方有两处石刻断面，湖州刺史张文规的题字在右，裴汶题名在左。张文规的题字为上下两处。裴汶题名的石刻，目前在进行修复，清理中意外发现一处李词题

唐代湖州刺史杜牧题刻

长兴县博物馆提供

唐代湖州刺史杨汉公题刻

长兴县博物馆提供

名，另一处疑是杜牧题名。

五处题字分别为：

4. 贞元十四年至贞元十八年（798—802），李词题名："湖州刺史李词侍御史王□□五公潭。"

5. 元和八年（813），裴汶题名："湖州刺史裴汶河东薛迅河东裴宝方元和八年二月廿三日同游。"

6. 会昌三年（843）张文规题名："河东张文规癸亥年三月四日。"

7. 841—843年，张文规题五公泉："题五公泉湖州刺史张文规一雉叫烟草千岩皆茗□仙界云鹤远余至岩石空□□水声裹寄复山□中□余迫蔚□落□今□□然然出山去□□□佳风岁在□春十一日。"

8. 大中五年（851），疑是杜牧题名："京兆杜□，□□□□，顺□范□，大中五年三月十日同游。"

第三组：悬臼岕霸王潭摩崖石刻

此处摩崖石刻"位于悬臼岕的中段，两侧大山壁立，溪涧中流，霸王潭在其下，巨人膝迹在其上，有乡村小径直通其间。石壁上刻有唐杨汉公、宋汪藻、韩允寅等三处题名石刻"。

其中唐人杨汉公（785—862）的题字为：

9. 开成四年（839），杨汉公题名："湖州刺史杨汉公前试太子通事舍人崔待章军事衙推马柷州衙推康从礼乡贡进士郑□乡贡进士贾□开成四年二月十五日同游进士杨知本进士杨知范进士杨知俭侍从行。"

赐茶：茶叶作为礼物的流转

茶贡之所以会产生，主要是将茶用于清明宴。在这种常年的节日宴会上，由于真正的贡茶，如清明节前采制送到长安的紫笋茶产量比较大，其清明宴饮用并不一定会全部消耗完。因此，得以作为给近臣的赏赐储备。

赐予对象。唐代赐茶的对象，可按类予以分析，包括：①赐宗亲。如有记载唐懿宗时赐同昌公主的例子。②赐文臣。这类情况较多，当然这也与文臣多有能力亲自或请人写谢表有关，此外也与各种节庆日的普遍赏赐有关系。③赐藩帅、将士。唐后期，为防止藩镇割据，以及取得藩帅的忠诚，经常通过各种赏赐来拉拢藩帅和藩镇军士。对于出征在外的将士，为保证军事行动的顺利和将士对皇帝的忠心，唐廷也会赐物。其中，颇为唐史学界所熟知者，当即对关中驻防诸军将士，北方边疆防秋、防冬将士的赐物，如杨元卿获赐茶 5 000 斤的事例，赐田神玉及其将士 1 500 串茶的事例。从陆贽《论缘边守备事宜状》来看，对于将士的赐茶药，已经颇为广泛。④赐僧人。令狐楚《为五台山僧谢赐袈裟等状》。法门寺地宫能

唐《宫乐图》（局部）

唐《萧翼赚兰亭图》（局部）

够出土大量金银器茶具，即已表明同时赐茶给僧人也是较为普遍的现象。⑤赐番邦。这一点涉及唐代朝廷在与番邦，特别是吐蕃的交流过程中，将茶叶传播到青藏高原。至后唐庄宗同光二年（924）十一月，甚至出现了“契丹林牙求茶、药”的记载，则是番邦依赖中原王朝所产茶叶的另一明证。

赐茶时间。赐茶有时有时机，有时也没有。最常见的自然是清明节茶宴上，皇帝将地方新上贡的“明前茶”（清明节前采摘之茶）赐给与宴臣民共同饮用。若有剩余，则赐给未能与宴的重臣。比如宰相武元衡（758—815），在清明节时期多次获赐新茶一斤。武元衡本人所写寒食节的谢表也是如此，清明节和寒食节往往不分。另外则属重阳日、社日等特殊时令，以及降诞日等属于皇帝个人的神圣时日。没有时机的赐茶，则多为臣下贡献之后获得回赐的情况。或者甚至是科举考试期间赐茶给举子，如王建某首宫词所描述的“天子下帘亲考试，宫人手里过茶汤”。当然，清明之外的特殊时令和没有特定时机的回赐，便不再讲究是否为新茶了，且并不一定单独赐茶，而与其他物品一并赐下。

赐茶来源。从相关的谢表中，可看到赐茶来源。如刘禹锡代武中丞所上两表，或谓“方隅入贡”，或谓“贡自外方”，皆说明来自地方进贡。且“自远贡来，以新为贵”，即属于清明节前所采新茶。若具体而言，则如韩翃《为田神玉谢茶表》所言“荣分紫笋”，即来自湖州的顾渚紫笋。其中，清明节前后所赐新茶，很可能即来自刚刚上贡之茶，故名之以“新”。若并非清明时节，则如白居易《三月三日谢恩赐曲江宴会状》所言，取自“中库”。或如令狐楚《为五台山僧谢赐袈裟等状》所言，来自“楚山之新茗”，楚山即荆山，知此茶来自襄州。

臣民之间普遍的赠茶现象，这些在唐代茶诗中颇能反映。诗作不多，但并非所有赠茶事件都会形诸诗作，更多的茶诗直接进入对茶本身和饮茶环节的描述。除了友人之间的互赠，唐后期茶经常出现的场所还有祭祀，可视之为生人向死人的一种馈赠。比如李华(715—766)以“茶乳蔬果之奠”祭祀亡友张五，王维(701—761）以“茶药之奠”为别人撰写祭奠李舍人，杜甫（712—770）“以醴酒茶藕莼鲫之奠”祭祀故相国清河房公，太和三年（829）白居易（772—846）“以茶果之奠，敬祭于故中书侍郎平章事赠司空韦公德载”，等等。

茶贡是由下到上的流动，茶赐则是由上到下的流动。地方上进贡的茶，在进入京城后，皇帝是用不完的，大部分是由皇帝赐予到下面（包括百官和民众）。湖州顾渚紫笋贡茶数量在会昌年间达到了此州在唐后期贡茶的一个最高值，此后再无超越。就唐后期而言，紫笋茶作为礼物，在各种场合流动，主要有五个模式：

模式一，刺史将上等茶叶赠予皇帝，此为茶贡。

模式二，皇帝将上等茶叶回报刺史，此为茶赐。

模式三，皇帝将次等茶叶赠予大臣，此为茶赐。

模式四，大臣将次等茶叶赠予其他大臣，此为茶赠。

模式五，大臣将次等茶叶回报某大臣，此为茶赠。

这其中，首先体现茶本身的物质性，如茶的药用价值和提神作用，还由于贡茶品种的稀有，以及煎茶工序的精细化，都使其成为上层社会之间互相馈赠之物的重要因素。比如在朝廷对臣民的赐赠中，往往通过不同的赐物来区别对待某类赐予对象。其中茶作为赐物，即有不同的赐予场合，体现出朝廷不同的态度。又如文人之间的互相赠茶，其在赠茶之余，又以诗来描述，并编入文集，使之广为流传。则无疑将之视为一种基于礼物馈赠的情感仪式，从而成为文人之间，乃至同气相求的清流士人之间的交流手段。

唐代的贡茶、赐茶，“贡”“赐”之间，反映了不同方向的礼物馈赠，也是处于两端的赠者和受赠者，在已经确定阶层的前提下，通过茶叶这样的礼物，来加强双方的关系。茶的物质性（自然属性），主要是解渴、助消化和药用等，其精神体现（社会属性），则与其在不同场合的作用有关，如文人雅聚时喝茶，茶即有其社交和展示风雅的功能；若只是一般人聚一起喝茶，则仅具社交功能；至于茶作为馈赠物从甲方送往乙方，以及乙方又反馈给甲方，则兼具社交、政治等功能。

作者简介 胡耀飞，浙江德清人，1986 年生，博士。2015 年毕业于复旦大学历史学系，现为陕西师范大学历史文化学院副教授、中国唐史学会理事、中国民主同盟盟员。

已出版专著《贡赐之间——茶与唐代的政治》等。在《文史哲》《汉学研究》等刊物发表论文、书评 90 多篇。

刘月琴，浙江长兴人，1973 年生，教育硕士，茶艺技师。现为长兴县委宣传部副部长、文联主席，长兴县茶文化研究会秘书长，浙江省民间文艺家协会会员。

紫笋茶
卢振良 | 摄

皎然：一叶一菩提

陆　英

认识皎然不是一件容易的事，他写诗、著诗论，品茶、创茶道，修禅、做宗师，无法用一个身份来限定或以某一种固定的鲜明色彩来描画。他既繁复饱满又云淡风轻，就像一颗多面的琉璃宝石，散发多棱度的光芒。或者说，他像一座横看成岭侧成峰的名山，后人虽然可以沿着文学、茶学、佛学的任何一条山径去试图攀览他的造诣风光，又总会觉得云遮雾绕看不见全貌。

不过，有时一叶可障目，有时一叶也可以知秋。认识皎然，也许正可以从一片东方的叶子出发，重新在时间之泉里舒展开一位大师的心魂。一片茶叶，就是一枚心钥。

吾道不行计亦拙

释皎然，约生于玄宗开元八年（720），约卒于德宗贞元八年（792）至贞元二十年（804）之间，一生经历了玄宗、肃宗、代宗、德宗四朝。俗姓谢，字清昼，吴兴长城（今浙江湖州长兴）人。他曾在一首诗里写到过自己早年的经历：

世业相承及我身，风流自谓过时人。

初看甲乙矜言语，对客偏能鸲鹆舞。

饱用黄金无所求，长裾曳地干王侯。
一朝金尽长裾裂，吾道不行计亦拙。
岁晚高歌悲苦寒，空堂危坐百忧攒。
……

据此诗可知，皎然在青年时代是一位鲜衣怒马、才华横溢的富家公子，也曾长裾曳地干谒王侯，希望一展经世治国的抱负，但结果却因理想受挫而心灰意冷。在另一首《效古》中，皎然写道：

夸父亦何愚，竞走先自疲。
饮干咸池水，折尽长桑枝。
渴死化爝火，嗟嗟徒尔为。
空留邓林在，折尽令人嗤。

他以夸父逐日的辛苦与徒劳来抒发自己报国无门的悲愤。在京城奔走十几年后，大约在天宝末年，这位谢家子孙黯然返乡。其实这也是件幸运的事，他正好避开了安史之乱后中原的流离与衰败。

回家后，他先是归隐弁山，过了一段求仙问道、闲云野鹤的生活，后来才正式转向信仰佛教。据福琳《皎然传》记载，在代宗大历二年（767）至三年春，皎然受戒出家于杭州灵隐山天竺寺，当时已近50岁。皎然决意出家，推测与袁晁起义有关。由于赋敛苛重，代宗宝应二年（763）袁晁起义。起义对皎然家打击不小，亲故离散，家产荡尽，加上目睹整个王朝盛极而衰的苦难过程，皎然深感人世无常变幻，不如早日勘破。

由此，谢家清昼就转变为释门皎然，他写道："愿我从今日，闻经悟宿缘。"他去了兴国寺和杼山妙喜寺，又在清幽秀丽的苕溪旁建了一座草堂。我们后世所熟悉和敬重的一代宗师皎然，似乎是从这里开始真正走上了历史舞台。

佳句纵横不废禅

安史之乱后，大批中原文人南迁，李白曾将此规模与永嘉南迁相提并论。江南山水优美，人文气息浓郁，因此成为大历年间文学创作的一个集聚地。湖州当时也是名士如林，风流儒雅，经常雅集的包括刺史颜真卿、诗僧皎然、《茶经》作者陆羽、诗僧灵澈以及张志和、刘长卿、顾况、白居易、张籍、李绅、李冶、刘禹锡、孟郊等著名诗人。据考证，颜真卿在任湖州刺史的近五年（772—777），因修订文字音韵学巨著《韵海镜源》，交往的文士多达 85 人。

皎然是诗僧翘楚，亦是大历江南文坛举足轻重的人物，与很多诗人都有交游唱和。于頔《吴兴昼上人集序》称其“得诗人之奥旨，传乃祖之菁华，江南词人，莫不楷模”。孟郊有一首凭吊皎然的诗写到“淼淼霅寺前，白蘋多清风。昔游诗会满，今游诗会空”。可见当年湖州诗会之盛。皎然著有《杼山集》十卷，其中诗七卷、文两卷以及联句一卷，《全唐诗》收录了他 470 多首诗。在创作上，他“能备众体”，诗才在“唐诸僧之上”“首冠方外”，享有“词多芳泽”“律尚清壮”的美誉。同时，皎然也是一位诗学理论家，著有《诗式》《诗议》，其中《诗式》五卷是唐代最系统、最有深度的诗学论著，是皎然一生作诗论

《禅茶一味》
金晓春 | 绘

诗心得的结晶，也是他与众多诗人广泛交游、切磋诗艺的总结。作为湖州诗坛的领袖，他的诗歌理论也影响了活跃在江南地区诗人群体的整体创作。

皎然在他的诗学中首标高远、清逸及适度中和的诗歌美学特征。他认为，“风韵朗畅曰高”“体格闲放曰逸”，而“适度中和”则直接来源于佛法的中道观。他自己的诗歌创作也实践了他的美学理想。随手翻找几句，如：

“万物有形皆有著，白云有形无系缚。”（《白云歌寄中丞使君长源》）

“黄鹤孤云天上物，物外飘然自天匹。”（《奉同颜使君真卿清风楼赋得洞庭歌送吴炼师归林屋洞》）

“时高独鹤来云外，每羡闲花在眼前。”（《酬秦山人赠别二首》）

雾锁茶都

许要武 | 摄

“外物寂中谁似我，松声草色共无机。”（《山居示灵澈上人》）

“清朝扫石行道归，林下眠禅看松雪。”（《寄题云门寺梵月无侧房》）

……

云闲逸旷达的自由之态，鹤迥脱凡尘的凌霄之姿，成了皎然的人格寄托。而松、花、雪、石，一切之景，无不是诗人心境的外现。枯木寒岩，松壑流泉，空潭映月，毫无遮碍，形成了皎然诗歌疏冷逍遥的独特风格。

山中茶事颇相关

皎然善烹茶，写过许多茶诗。但说到茶，就要说起皎然与陆羽的故事，说起茶文化界双子星座互相辉映的一段佳话。

安史之乱后，陆羽随难民过江，来到浙江吴兴。皎然年长陆羽13岁，初见面时，陆羽还是个其貌不扬的年轻后生，在后来的40多年里，他们结成了“缁素忘年之交”。皎然是陆羽的长辈、导师、挚友，是交往时间最长、学术探讨最多、关系情义最深的知己。皎然寻访、送别陆羽和与之聚会的诗作（包括联句），仅《全唐诗》所载就近20首。他的《赠韦卓陆羽》诗中写道：“只将陶与谢，终日可忘情；不欲多相识，逢人懒道名。”他说不愿多交朋友，只愿和韦卓、陆羽相处足矣，甚至把韦、陆比作陶渊明和谢灵运，给予了朋友最高的评价。皎然那首收入《唐诗三百首》的名篇就是《寻陆鸿渐不遇》：

移家虽带郭，野径入桑麻。
近种篱边菊，秋来未著花。
扣门无犬吠，欲去问西家。
报道山中去，归来日每斜。

当时妙喜寺在顾渚山有自己的茶园，皎然让陆羽住在妙喜寺，为这个好学的茶痴青年提供了安定的研究和写作环境。他们朝夕相处，烹茶品茶，孜孜探讨茶叶的种植、管理、采摘、加工与品味。一首《顾渚行寄裴方舟》最能体现皎然茶诗文质相间、抒情与调研兼顾的特色。

我有云泉邻渚山，山中茶事颇相关。
鶗鴂鸣时芳草死，山家渐欲收茶子。
伯劳飞日芳草滋，山僧又是采茶时。
由来惯采无近远，阴岭长兮阳崖浅。
大寒山下叶未生，小寒山中叶初卷。
吴婉携笼上翠微，蒙蒙香刺罥春衣。
迷山乍被落花乱，度水时惊啼鸟飞。
家园不远乘露摘，归时露彩犹滴沥。
初看怕出欺玉英，更取煎来胜金液。
昨夜西峰雨色过，朝寻新茗复如何。
女宫露涩青芽老，尧市人稀紫笋多。
紫笋青芽谁得识，日暮采之长太息。
清泠真人待子元，贮此芳香思何极。

诗中以“鶗鴂”和“伯劳”两种鸟的鸣叫声来表明采茶的季节，指出不同的环境所生长茶叶的采摘时间和品质有所不同，说明雨后、日暮和过时采的茶青品质都不是最好。可以看出，皎然对茶叶生产的环境、气候、采摘、品质、煎饮的研究之深，几乎是其他唐代茶诗无可匹敌的。不但如此，历史上有确凿的记载证明，皎然也写过一部类似茶理、茶事、茶道的专著叫《茶决》，有三卷，陆龟蒙等很多人都看到过，可惜后来失传了。

不过，总体来说，皎然和陆羽对茶的关注点还是有所差别。如果说陆羽更多的是一位科学家，是从科学和生活具体操作的角度来著作《茶经》，那么皎然则更多的是从文化意义的角度切入，以他高深的佛门禅悟提炼了茶道之韵，从而开启整个中国茶道乃至东方茶道之先河。

一饮涤昏寐，情来朗爽满天地。
再饮清我神，忽如飞雨洒轻尘。
三饮便得道，何须苦心破烦恼。
此物清高世莫知，世人饮酒多自欺。

这首《饮茶歌诮崔石使君》里的“三饮”是皎然茶道的精华，可以说，茶的精神功能就是从皎然开始系统阐发的。

皎然还经常组织“苕溪茶会”，有时也带领诗茶爱好者去剡溪举办“沃州茶会”等，广泛传播“以茶代酒”和“禅茶一味”的思想。正是由于皎然的引荐，颜真卿也成为陆羽茶学事业的坚定支持者。由陆羽设计、颜真卿书法题名、皎然策划赋诗的“三癸亭”，正是他们三人友情的见证。茶道专家余悦教授认为：“没有皎然就没有陆文学的写作基础，没有颜真卿的识才爱才助才，陆羽不会成为茶圣。”

茶圣陆羽终身铭记皎然的知遇之恩与相伴之情。晚年他本准备终老苏州，可是皎然圆寂后，他心内悲痛，又重返湖州。他写道：

禅隐初从皎然僧，斋堂时溢助茶馨。
十载别离成永决，归来黄叶蔽师坟。

陆羽逝世后，他的好友按照他的遗愿，将他安葬在苕溪之滨妙喜寺旁，永伴恩师。

禅子有情非世情

虽然皎然有多方面的造诣，但无论是诗僧还是茶僧，他最重要的身份还是一位出家人，他自己也时时处处以僧人为本分。《宋高僧传》中称皎然是“释门伟器”“慈航智炬”，这个评价是针对他的佛学修为的。嗜欲深者天机浅，也许正是因为他修行境界越来越高，心性越来越淡泊，任运而为，才有了前面所说的一切成就。

不过，皎然虽然一直以诗僧著名，但在诗与僧之间，并不是天然就契合无碍的。《皎然传》里记载了大师也有过一次严重的精神危机，以至于几乎搁笔不写诗了。

那是德宗贞元初，皎然居于苕溪草堂时，决心要摒弃诗道，专心禅理。他说：“就算有孔子的博识，胥臣的多闻，如果终日只知注意眼前事，就会扰乱真性。这怎么能比得上孤松片云，禅坐相对，无言而道合，至静而性同呢？我还是到杼山去，与青松白云为伍吧。”于是他把所著的《诗式》及一些诗文篇札，都封存起来，并对笔砚说：“我疲尔役，尔困我愚，数十年间，了无所得。何况你是外物，为什么累于人呢？我既无心，去亦无我，我将放你各归本性，使物自物，与我无关，岂不乐乎？”从此把笔砚弃置一旁。

到了贞元五年，御史中丞李洪来湖州任刺史，李洪精于佛理，二人一见投缘。有一天谈到《诗式》时，皎然就把自己的取舍告诉了李洪。李洪听了不以为然，他让皎然找出《诗式》稿本，读后感叹道：“早年曾读过沈约的《品藻》、慧休的《翰林》、庾信的《诗箴》，这三个人论诗的见解，都无法跟此书相比。皎然大师，你为什么要受小乘偏见的约束，以宿志为辞，湮没了这部好书呢？”之后李洪成功劝说皎然将《诗式》版出。

皎然对诗禅关系的理解，大致是经历了肯定—否定—中道这样三个阶段：皎然毕生好诗，出家后依然保持原来的写作热情，并且希望通过诗文来广结善缘。但随着他博访名山，遍谒禅祖，深刻了悟不立文字、见性成佛的顿悟法门后，他就开始反省自己，认为诗文“扰我真性”，有了因禅废诗的倾向。在与李洪对话后，也或许是他的禅修功夫已到了“见山还是山，见水还是水”的新一重境界，他再次转变见地，认为道不远人，“诗情”与“道性”并不矛盾，“诗情”甚至可以是“证性”的工具。大乘佛法历来讲究圆融中道，不落两边，虽真如理地不受一尘，但佛事门中不舍一法。郁郁黄花无非般若，青青翠竹尽是法身，故而云水担柴，莫非神通；嬉笑怒骂，全成妙道。日本著名禅学家铃木大拙说过：“禅就其本质而言，是人自己生命本性的艺术，它指出从枷锁到自由的道路。”皎然最终还是将诗视作弘法开悟的蹄筌，广行教化，也是因为悟到了这个真谛吧？

皎然大师留下了宝贵的诗论，和氤氲在中国人精神生活里的茶道思想。在禅者的思想深处，最奥妙的部分总是难以用文字去阐述的，连诗歌也无能为力，只

紫笋茶韵

陈鲜忠丨摄

能依靠心与心的相契。一杯香茗所传递的信息，也许与一声棒喝功用相同，皆是顿悟禅机。佛家常说，一花一世界，一叶一菩提。茶，这片神奇的叶子，既可与柴米油盐并列家常一隅，又可与琴棋诗画共登大雅之堂。一句“吃茶去”，实在是最朴素也最高级的禅修之道。15 世纪的日本茶道开山鼻祖村田珠光，有一天顿悟：“佛法存于茶汤。”皎然虽没有这样明论，但他说“此物清高世莫知”，“三饮便得道，何须苦心破烦恼”，可知他早已在种茶、采茶、烹茶、品茶的过程中，在日常的语默动静、行住坐卧间破妄显真，收获了禅悦法喜、千般自在。

世人不知心是道，只言道在他方妙。

还如瞽者望长安，长安在西向东笑。

道在何方呢？皎然大师正拈花一笑，望着千年后尚在发问的痴人。

作者简介 陆英，长兴人，浙江省作家协会会员，长兴县佛教历史文化研究会秘书长，中级茶艺师，曾出版文集《渡河之筏》。

中韩禅茶交流祭拜陆羽

邹黎 | 摄

陆羽与长兴：茶香缕缕跃千年

施震宏　史　韵

每逢走进水口，流连于顾渚的山林，品尝着甘甜的金沙泉水，细细轻抚观望着摩崖石刻，总能不经意间嗅出一缕缕缥缈清新的紫笋茶香，从千年的风中吹来，也把千年间的故事缓缓道来，淳朴自然，纯粹经典。这所有的一切，都和一位将“茶”演绎为经久不衰之文化的大师有关，也是他，让茶摆脱自然束缚获得解放，一举成为华夏饮食和精神的缩影。他，就是陆羽。

陆羽（733—804），一名疾，字鸿渐、季疵，自称桑苎翁，又号竟陵子，唐代文学家、历史学家和方志家。是他在世界上第一个系统提出茶的采造煮饮方法，并写下人类历史上第一部茶叶经典著作《茶经》，遂被后人尊称为“茶圣”。

陆羽是复州竟陵（今湖北天门）人，身世比较凄惨，按照《陆文学自传》记载所言，他出生于开元二十一年（733），是一名弃婴，且相貌丑陋，说话口吃。3 岁时被龙盖寺智积禅师收养，师父曾让他削发为僧研习佛经，他却不愿意皈依佛门。12 岁那年翻墙逃离了寺院，投靠一个戏班子学演戏，并初露才华，著《谑谈》3 篇。15 岁时，受到竟陵太守李齐物的赏识，由其推荐拜入火门山（即天门山）邹夫子门下，接受了正规学习。20 岁学成下山后，陆羽结识了当时的文人名士、竟陵司马崔国辅，与之交游三年，过从甚密。此期间，据《茶经》对荆、峡、巴、归等地的记述，陆羽应当已经爱上了茶，且游历名山大川，对茶产地积累了丰富的资料。所以，作为一名弃婴，陆羽又是幸运的，从幼年开始就一路得到贵人相助，他后来对智积禅师、李齐物、崔国辅等人一直心存感激之情。

天宝十四年（755），安史之乱爆发。翌年六月，叛军占领了大唐都城长安（今西安）。至德初年（756），24 岁的陆羽从陕西出发，和很多难民一起渡过长江，流亡到江南避难。正是陆羽的这次流亡，才开启了此后他与湖州、长兴及紫笋茶的千古奇缘。

《茶经》初创流芳百世

陆羽一路南下，途经湖南、江西、安徽、江苏等地，最后辗转来到湖州的苕溪之畔，结识了湖州城西南郊的杼山妙喜寺住持释皎然。释皎然，字清昼，俗姓谢，湖州长兴人，是南朝文学史上山水诗一派谢灵运之十世孙。皎然在当时算得上是佛学大师，而且文学造诣也相当深厚，他为后人留下了 470 余首诗篇，其中有七卷之多收录于《全唐诗》。他对茶的知识了如指掌，对茶的喜爱如痴如醉，并且倡导一种全真的茶道精神，在他看来，饮茶远比饮酒更加高雅。所以陆羽和皎然虽相差十余岁，但二人仍情趣相投、志向相合，结为忘年之交。

流亡漂泊的陆羽在杼山妙喜寺有了安身之所，其时还有一位高僧灵澈也居于寺中，三人经常谈佛、吟诗、品茗。某年重阳节，二人在寺院内赏菊饮茶时，皎然曾赋诗《九日与陆处士羽饮茶》：

九日山僧院，东篱菊也黄。
俗人多泛酒，谁解助茶香。

陆羽在此期间，时常外出考察茶事。缁素之交感情深厚的皎然居然为等挚友归来，经常对月思念。一次夜间恰好等到陆羽归来，皎然非常高兴，于是作诗《待山月》：

电影《茶恋》剧照
徐红英 | 摄

夜夜忆故人，长教山月待。

今宵故人至，山月知何在？

山寺毕竟非久居之处，上元初（760）陆羽结草庐于相距妙喜寺不远的苕溪之畔，过起了隐士的生活，或闭门著书，或扁舟往来山寺，或独行山野兴尽而还，潇洒自在，飘然若仙。至上元二年（761），他完成两部重要的著作：一部是《陆文学自传》，一部是《茶经》（初版）3 卷。另外，还著有《南北人物志》10 卷、《吴兴历官记》3 卷、《湖州刺史》1 卷、《占梦》3 卷，计 8 种共 61 卷著述，可谓是他一生中的创作高峰，亦可见陆羽在文学、方志等方面的造诣也是相当深厚。

《陆文学自传》从一开头介绍自己的身份、特征后，便叙述一路走来的经历：逃离禅院、刻苦学习、结识李齐物、投靠邹夫子、相识崔国辅、相交释皎然等。这部书是对陆羽在公元 761 年前的活动轨迹、人物关系、心理状态等方面进行研究的最重要参考依据。

《茶经》更是让陆羽大名千古流传的著作，是唐代和唐以前有关茶叶的科学知识和实践经验的系统总结。但上元初年完成的《茶经》仅是初稿，同样熟悉茶事的皎然曾经吐槽“云山童子调金铛，楚人茶经虚得名”，意指此书还不完善。在皎然的帮助下，结合自己后来的茶事考察活动，陆羽大约在公元 765 年将《茶经（初稿)》补充完成，并开始声名鹊起，世人渐知陆鸿渐精于茶艺。

同年任常州刺史的李栖筠，听闻陆羽的大名，次年春便邀请时在湖州的陆羽到属下的义兴县（今宜兴市）考察阳羡茶。恰好有一长兴顾渚山的僧人献上当地产的茶叶，李栖筠便邀请陆羽共同品鉴。陆羽尝了几口，大为赞叹：“芳香甘辣，冠于他境，可荐于上。”正是听从了陆羽的建议，长兴顾渚山的茶叶第一次作为贡品出境了，和阳羡茶一起于公元 766 年春“始进万两”作贡。

的确，茶，是舞动在天地之间，采掘日月之精华的纯天然之美。茶艺，是将这份纯天然的美演绎得更为精巧生动的人文创作。《茶经》，则是将茶和茶艺以固有的方式记述保留存于世间感人肺腑的传奇经典。

顾渚山头紫笋飘香

顾渚山，位于长兴县西北 17 公里处，海拔 355 米。春秋末，吴王阖闾弟夫概登高察看地形并东望太湖，认为这里是“顾其渚次，原隰平衍，可为都邑之地”，故而得名“顾渚”。山南有斫射岕，山北为悬臼岕，古称明月峡，绝壁峭立，大涧中流，茶生其间，尤为绝品。

陆羽对顾渚山茶叶情有独钟，这里气候温和，雨量充沛，云雾缭绕，土层肥厚，具有产茶的理想条件。陆羽与皎然一起在顾渚山置办了茶园，他在《茶经》中提到的顾渚山采茶地包括了顾渚山谷和“山桑、儒师”二寺，根据谢文柏先生的研究，山桑寺是现在的方坞岕；而皎然则提到了尧市山。陆羽还在顾渚紫笋茶与宜兴阳羡茶分别作贡并于顾渚山建贡茶院的大历五年（770），特地撰写了《顾渚山记》二篇，多言茶事。可惜的是，《顾渚山记》全文已然失传，仅只言片语流传于世。

唐代诗人耿湋在与陆羽的联句诗《连句多暇赠陆三山人》中写道：“一生为墨客，几世作茶仙……禁门闻曙漏，顾渚入晨烟”，体现了陆羽本为文人墨客内在的文学修养，道出了他倾心专研茶事不倦的高超境界，同时也生动描述了陆羽在顾渚山上踏着清晨的薄雾前去采茶的岁月静好。另外，在皎然与崔子向的联句诗《与崔子向泛舟自招隐经箬里宿天居寺忆李侍御萼渚山春游后及联一十六韵以寄之》中也写道：“何意清夜期，坐为高峰隔。茗园可交袂，藤涧好停锡”，正是描写了二人陪同侍御史李萼在顾渚山上游赏的情景，“茗园”指的就是陆羽和皎然联合置办的茶园。

除此之外，陆羽还几乎跑遍了长兴的山山水水，他在《茶经·八之出》中写道："浙西以湖州上，湖州生长城县顾渚山谷，与峡州、光州同；生山桑、儒师二寺、白茅山、悬脚岭，与襄州、荆南、义阳郡同；生凤亭山、伏翼阁、飞云曲水二寺、啄木岭，与寿州、常州同。"其中悬脚岭、啄木岭的地名至今尤存，分别是煤山镇尚儒村和水口乡金山村两地与宜兴市交界处；其他几处地方，据李士杰先生推断：儒师寺、曲水寺在原槐坎乡（今属煤山镇）的草子槽、新槐一带；白茅山、凤亭山在原白岘乡的茅山、凤凰亭；伏翼阁大约是指八都岕的杨岭涧；飞云寺是在今小浦镇合溪村与光耀村之间，可见陆羽的脚步踏遍了长兴西北山区，产茶地还包括了皎然诗中提到的大寒山、小寒山。正因为他的考察，紫笋茶的产地由水口顾渚山谷向合溪为中心的山区扩散，贞元五年（789）

《茶经》所涉长兴古茶山地图

黄益平 | 绘

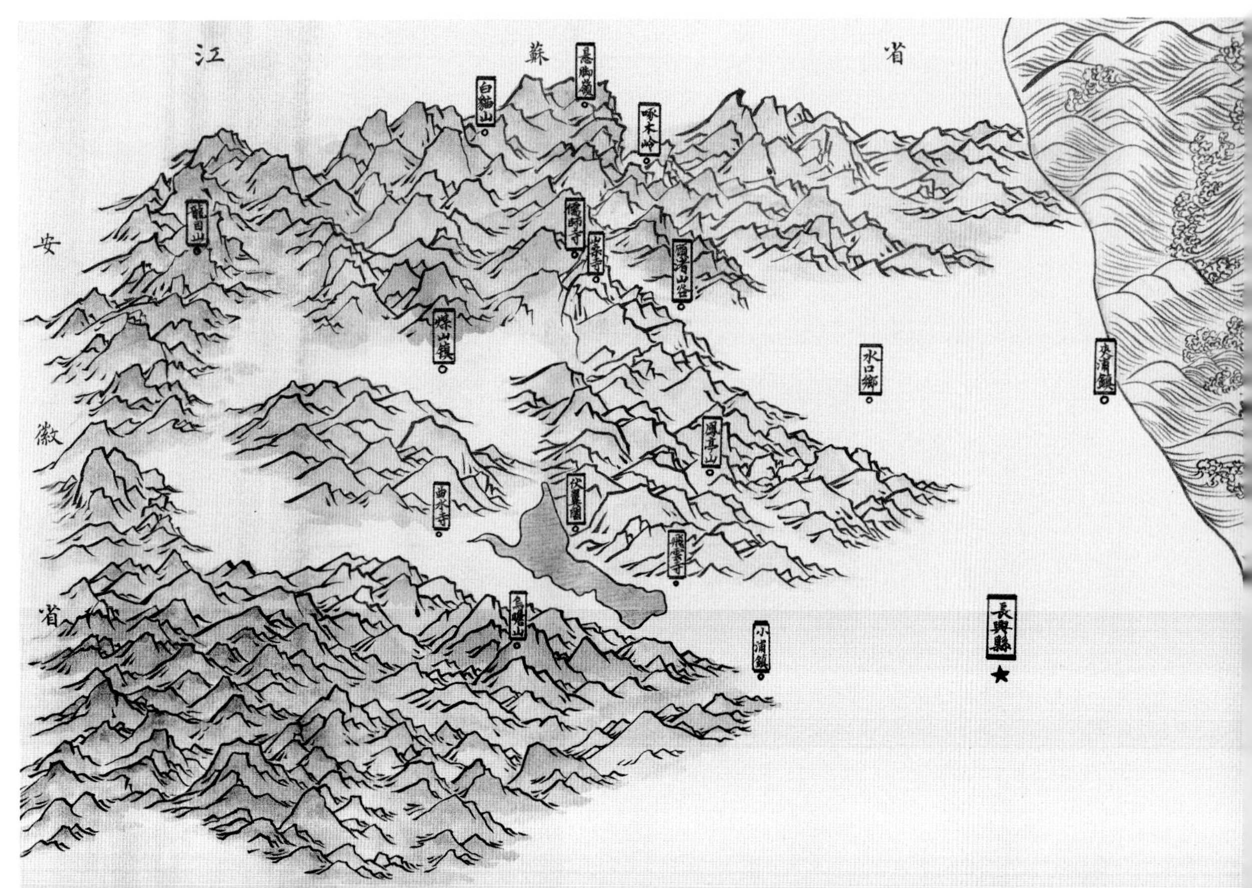

官府又设置了乔冲、合溪两处贡茶焙所。

我们现在难以考证，陆羽是在《茶经（初稿）》完成前就考察了顾渚山及宜兴山区，还是在完成后才对长兴、宜兴两地的产茶区进行了更深入细致地考察，只知道在长兴人皎然的支持下，陆羽的《茶经》终于在建中元年（780）修改定稿。可以说，是陆羽的《茶经》成就了紫笋茶，同时也是顾渚山和长兴人给了《茶经》最滋润的营养。《茶经·一之源》："其地，上者生烂石，中者生砾壤，下者生黄土……野者上，园者次；阳崖阴林，紫者上，绿者次；笋者上，牙者次；叶卷上，叶舒次……"陆羽更是据此为顾渚山的茶叶取了一个动听的流传至今的名字：紫笋茶，从中也可看出顾渚山茶叶在他心目中的地位。如今，顾渚紫笋古茶园保存完好的桑坞岕、高坞岕、叙坞岕、斫射岕等处，正是对陆羽所称的"上者生烂石""野者上，园者次""阳崖阴林，紫者上、绿者次；笋者上，牙者次"最好之见证。

野生紫笋古茶山
梁奕建 | 摄

传抄《茶经》很快在全国风行，顾渚山和紫笋茶也开始在全国有了知名度，茶道更是风靡天下。大历五年（770），长兴紫笋茶与宜兴阳羡茶“分山析造，岁有客额”，为此顾渚山麓出现了历史上第一所皇家茶厂——贡茶院。由于对紫笋茶的旺盛需求，贡额不断扩大。贞元十七年（801），顾渚贡茶院进行了扩建，其规模之大、贡额之高、影响之广，在我国贡茶史上是空前的。新茶上市的时候，一度达到“时役三万，工匠千余，累月方毕”。可以想象，一个县为焙制贡茶需要征用三万人，场景多么地蔚为壮观！

和紫笋茶一起上贡的，还有顾渚山的金沙泉水，泉眼就在贡茶院侧。官府以56两重的特制银瓶盛满泉水，以火漆封印，专程由驿骑送长安进贡，以供皇帝在清明时祭祀使用。唐朝诗人杜牧有诗云：“泉嫩黄金涌，牙香紫璧裁”，指的就是用金沙泉水煮紫笋茶，茶汤如茵，沁人肺腑。

紫笋茶唐代修贡的历史大概有八十多年，而上贡茶的传统一直持续到清代顺治年间，陆陆续续进贡达八百多年。陆羽对于紫笋茶，正如伯乐对于千里马。

沧海桑田，世事变迁。顾渚山仍在，古老的唐宋摩崖石刻，唯美的古茶园，遗存的贡茶茶道，穿越千年的风华踱步至今日，向所有驻足观摩，亦或不经意路过的人群展示着一份独到深刻唯美的人文景观，告诉每一位茶的知音，那些与茶文化共舞的灵魂，“紫笋”名字的由来内涵，“贡茶”历史的产生变迁，还有曾经有这样一位真正的茶人，用生命告诉世人那所有的与“茶”相关联的故事与不可磨灭的痕迹。

文人墨客皆为知己

陆羽年幼时被遗弃，被寺院和尚收养长大，一辈子又未娶妻生子，所以对他而言，生命中最重要的，除了茶叶，应该就是朋友了。陆羽聪慧过人，善于交际，又游遍了大江南北，结识了一大帮文人墨客，正如曾任复州刺史的周愿所说：“天下贤士大夫，半与之游。”特别是陆羽南下湖州之后，江浙一带的文人和陆羽之间，都保持着良好的友谊，这成就了陆羽丰富多彩的人生。

陆羽首先结交的就是皎然，虽然皎然比他大十余岁，他们的友情却是相当深厚，陆羽考察茶事、置办茶园、撰写《茶经》都少不了皎然的鼓励和相助，可以说皎然和陆羽算得上是亦师亦友。甚至可以想象，在无数个夜晚，他们在灯下饮茶畅谈的场景，或许那是陆羽最值得怀念的时光。就在皎然的妙喜寺中，陆羽还认识了另一位著名的诗僧——皎然的弟子灵澈。灵澈曾教授青年刘禹锡写诗，可见文字功底非常了得，在与他的接触过程中，陆羽的宗教思想和文学素养也有了提高。

大历四年（769）春，陆羽在湖州西门外新建的苕溪草堂竣工，皎然曾作《苕溪草堂自大历三年夏新营洎秋及春》记述了其事。青塘村位于湖州西北部，得名于三国时吴国国主孙休所筑通向长兴的青塘，唐代时东起湖州，西接长兴，折北可由水路抵水口，陆羽便更加方便前往顾渚山。友人李萼、皎然、戴叔伦、权德舆和女诗人李冶等，都到过那里作客，经常一起饮茶聊天至半夜，权德舆曾做诗《与故人夜坐道归》：“笑语欢今夕，烟霞怆昔游。清羸还对月，迟暮更逢秋。胜理方自得，浮名不在求。终当制初服，相与卧林丘。”而皎然更是陆羽住处的常客，有时陆羽难免外出，于是皎然便写下了《寻陆鸿渐不遇》：“移家虽带郭，野径入桑麻。近种篱边菊，秋来未著花。扣门无犬吠，欲去问西家。报道山中去，归时每日斜。”感情真挚而淳朴。

大历七年（772），颜真卿被贬任湖州刺史，这又是陆羽一生中遇到的贵人。在与陆羽相识之后，两人也产生了深厚的友谊：颜真卿的道德修养、书艺文章皆为陆羽仰慕；陆羽治学严谨、精通茶艺深得颜真卿的钦佩。大历十年（775），颜真卿帮助陆羽筑就了青塘别业。在颜真卿的感召下，许多名士贤达聚拢在颜真卿的周围，扩大了陆羽的交际面，参与《韵海镜源》的编著，也使陆羽掌握了更多的史料。

在湖州任职期间，每逢初春，颜刺史就会带领这班人到顾渚山修贡，同时也不忘宴饮待客，赋诗赏月，至今留有“颜板桥”这一遗址。这种活动后来就延续成为传统，袁高、于頔、裴汶、杨汉公、张文规、杜牧等其后的湖州刺史，效仿颜鲁公或赋诗或留下摩崖石刻，留下了许多古今传诵的名诗佳句，亦为长兴茶文化留下了最浓厚的一笔华章。

大历九年（774）春三月，长城县丞潘述、县尉裴循邀请颜真卿、陆羽、皎然等 19 名士，会聚于长兴西郊竹山潭潘子读书堂，品茶、饮酒，作诗联句。明代王世贞为颜真卿《水堂集》题《跋》云：“鲁公在吴兴日，宴客于竹山潘氏读书堂，联句而手书之。凡十九人，如处士陆羽、僧皎然、房夔皆知名人士……”

陆羽还与另外一位长兴籍人士有过密切交往，他曾写下一本《僧怀素传》，足见他与草书大师怀素十分熟悉，是一对挚友。否则，陆羽笔下的怀素形象，就不会那样生动，对书法理论的阐释也就不可能那样深奥。颜真卿与怀素作为同样声名卓著的书法大家关系不同一般，陆羽应该是通过颜真卿在长安结识了怀素，他在《僧怀素传》中，记述了怀素向颜真卿请教切磋书法的情形。和怀素的结识，无形间提升了陆羽对书法艺术的理解。《僧怀素传》中提出的“屋漏痕”“壁坼路”，已经成为中国书法的重要理论概念，成为

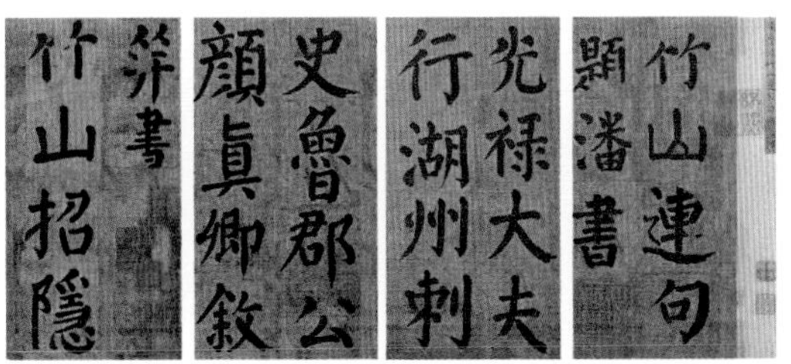

《竹山连句》　颜真卿

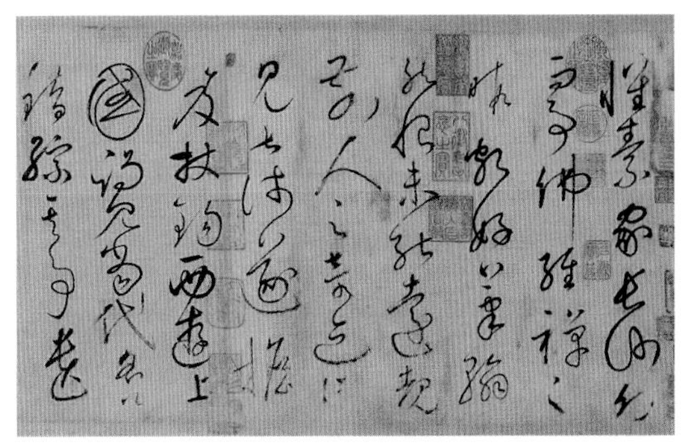

《自叙帖》　怀素（局部）
台北故宫博物院藏

中国书法史上重要的书论著作，也为后人研究怀素提供了宝贵的资料。

此后，陆羽又曾到访、移居至无锡、信州（今上饶）、洪州（今南昌）、湖南、岭南等地，结识了很多朋友，他的诗文、书法、茶艺等都提高到新的境界。

孔子曾言道：“独学而无友，则孤陋而寡闻。”人生漫漫路，最难得的就是能邂逅志同道合的挚友。有友相伴行走山间树林，有友在侧泛舟江河湖海，有友懂得人间飘零孤寂，有友对饮通彻昼夜光阴……陆羽的一生，坎坷却很幸运。

经典传承繁华人间

《茶经》这部著作从陆羽涉足全国各地考察，到上元初（760）拟就初稿，再到建中元年（780）定稿，跨越了懵懂少年至知天命之年的转变，倾注了他毕生的心血。他在基本框架、结构都已成型后，依然躬身实践，笃行不倦，不断地进行修改、补充和完善，深入茶区考察了解，取得茶叶生产和制作的第一手资料，行遍江南各地，与同样嗜茶的皎然一起遍访山野、切磋茶艺，观察不同地区茶叶的生长情况，再将茶叶的特性、茶质、产区补充到《茶经》中去，是他遍稽群书、

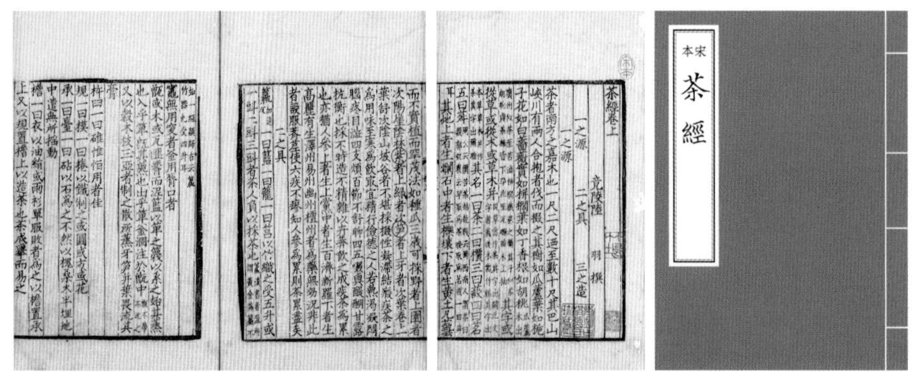

宋本《茶经》1273 年（《百川学海》本）

国家图书馆藏

广采博收茶家采制经验的结晶。

虽然《茶经》全书仅七千多字，但该书详细阐述了茶叶生产的历史、源流、现状、生产技术以及饮茶技艺、茶道原理等，是中国古代最完备的一部茶书。这部著作陆羽撰写了大半生，被后人誉为茶叶的“百科全书”，是研究茶事的重要参考资料，对中国茶文化的发展起到了不可磨灭的重要作用。

《茶经》还建立了中国传统的茶学和茶文化体系。唐以前，饮茶风气还没有普及，还有“水厄”“酪奴”的贬称。陆羽从我国数千年来对茶叶食用、药用、饮用的多种利用中，从茶叶混饮、清饮的不同饮用方式中，通过《茶经》的倡导，确立了茶叶“饮用”和“清饮”的主导地位。

《茶经》问世以后，饮茶之风盛行。《封氏闻见记》记载：“楚人陆鸿渐为茶论，说茶之功效并煎茶、炙茶之法，造茶具二十四事，以都统笼贮之。远近倾幕，好事者家藏一副……于是茶道大行，王公朝士无不饮者。”从宫苑到寺观，从朝臣到百姓，特别是文人学子、名僧高士，无不以饮茶为乐，以饮茶为雅，以饮茶养生，以饮茶修性。客来敬茶的风气也开始流行，历经千百年久盛不衰。茶文化到了宋代几乎出现了全面兴旺的景象，茶舞、茶歌、茶画、茶俗、茶道、茶工艺品的研究和活动，在全国范围内展开。

《茶经》一经出版，就在民间引起竞相传抄，《新唐书·隐逸传》说陆羽著《茶经》后“天下益知饮茶矣”。当时卖茶的人甚至将陆羽塑成陶像置于灶上，奉为“茶神”。《茶经》大大推动了唐以后茶叶的生产和茶文化的传播，甚至影响海外对茶文化的学习。

因为《茶经》的缘故，陆羽海内闻名，朝廷多次征辟他到京城为官，他都婉言拒绝了：“诏拜太子文学，徙太常寺太祝，不就职。”

的确，陆羽的一生不慕权贵，不重财富，酷爱自然，坚持正义。就如同《全唐诗》中收录的陆羽《六羡歌》所述：“不羡黄金罍，不羡白玉杯。不羡朝入省，不羡暮入台。千羡万羡西江水，曾向竟陵城下来”，正深刻地诠释和彰显了他的高洁品格，可见陆羽本人的志趣根本不在庙堂，而在于江湖，在于山野，在于水，在于茶。

公元 804 年，陆羽终于走完了他为茶奉献的这一生，享年七十一岁。按照他的遗愿，好友将他葬在杼山妙喜寺旁，坟墓与皎然灵塔隔谷相望，两位挚友终于不用再说分别。

秋天的风中夹杂着禅意和茶香，缓缓从顾渚山头缥缈而过。我走过古茶园，轻抚古茶树，忽而想起北宋诗人梅尧臣的诗句："自从陆羽生人间，人间相学事新茶。"这，应该是对这位为茶忙碌了一辈子，奉献了一辈子的先人最完美生动的评价吧。

作者简介 施震宏，男，1982 年生，现任长兴县残疾人联合会办公室主任，长兴乡贤文化研究组成员，历史爱好者，自办微信公众号，原创文章一百余篇，写过陈霸先、徐惠、顾应祥、吴承恩等人物。

史韵，女，1992 年生，湖州市作家协会会员，现供职于长兴太湖街道办事处。爱好文学、音乐、演讲、旅行，有多篇诗歌和散文作品在《南太湖》《湖州晚报》《湖州日报》《新民晚报》《解放日报》等各类期刊和报刊上发表。

据元和郡县志所记绘制紫笋茶进贡线路图

黄益平 | 绘

陆龟蒙：江湖散人天骨奇

沈秋之

我国是茶的故乡，也是诗的国度。当茶叶从远古时代一路延绵至大唐王朝，这种古老的植物逐渐摆脱了其原本的山野之气，与中国人的生活产生了千丝万缕的联系。在唐代这一诗歌发展的全盛时期，茶得以向艺术渗透并升华，从物质形态步入了更为广阔的文化殿堂，人们对于茶的态度也从直接品饮转向歌咏酬唱。茶叶、茶人、茶诗，这三种文化因子乘着盛世诗坛的东风相互碰撞、水乳交融，最终在那个时代大放异彩。

唐代的长兴经济富庶，文人众多，加之紫笋贡茶的闻名于世，恰好为茶文化的兴盛提供了宝贵的温房。陆龟蒙也在这个时代与这里相遇。

长兴县城的东南有陆汇头村，村中原有甫里桥。这里旧时风光绮丽，土沃田腴，古箬溪的支流穿村而过，也吸引了陆龟蒙的客船在此停泊。据同治《长兴县志》记载："（陆龟蒙）居城东南，至今名其地曰陆汇桥，曰甫里。"

陆龟蒙，字鲁望，自号江湖散人，人称甫里先生。他出身名门，六世祖陆元方为武则天朝宰相，五世祖陆象先曾相玄宗，父陆宾虞曾任校书郎、浙东从事等职。陆龟蒙承袭祖风，自幼聪悟，熟读六经，对于《春秋》更是颇有研究。《新唐书》云："少高放，通《六经》大义，尤明《春秋》。"然而为仕途埋头苦读的他虽热衷科举，盼望以满腹经纶实现济世之心，却最终在进士考试中以落第告终。此后，他成为湖州刺史张搏的幕僚，随其游历苏州、湖州等地，这也是陆龟蒙最后一次求官，随后便开始了隐居生活。

要隐居当然得找个好去处。太湖流域水网纵横，烟波荡漾，江南水乡的温润气质滋养出文人敏感的嗅觉神经。脱下锦衣玉带，换上草帽布衫，陆龟蒙把太湖南岸的湖州作为了自己隐逸的归宿。据《甫里先生传》记载："先生居有地数亩，有屋三十楹，有田畸十万步，有牛减四十蹄，有耕夫百余指。"吴越故地地势低洼，夏季昼夜不停的暴雨使田地与江水连通，随之而来的洪涝往往让他饱受饥馑之苦。这时，陆龟蒙便身扛畚箕，手执铁锹，与帮工一起疏浚水道，耕田种地。一位饱读诗书的儒士竟然沦为农民，不解与耻笑的声音不绝如缕，陆龟蒙却反讥道："尧舜霉瘠，大禹胼胝，彼非圣人耶？吾一布衣耳，不勤劬和以为妻子之天乎？且与蚤虱名器、雀鼠仓庾者何如哉？"他以先代的圣贤作为精神寄托，虽身陷困窘，却坚韧执着，品行高洁。

异于陶渊明笔下田园杂居的诗意，陆龟蒙的躬耕生活则真实而具体。他受儒家思想影响极深，因而虽是隐居但却心系社稷苍生，创作出《五歌·刈获》《彼农》《村夜》等一系列诗歌。"世既贱文章，归来事耕稼。伊人著农道，我亦赋田舍。所悲劳者苦，敢用词为诧。"（《村夜》其二）没有浪漫的语言与华美的词藻，陆龟蒙怀着一颗悲天悯人的心，将农事活动的情形与农民生活的遭遇真实地铺陈于纸笔之间，或慨叹世事，或同情百姓，或讽刺现实，字里行间浸润着泥土与汗水的气息。

陆龟蒙那份对于茶事的热爱，更为他与长兴的相遇平添了一份诗意。他曾写下"天赋识灵草，自然钟野姿。闲来北山下，似与东风期"。将茶叶称作"灵草"，赋予了这片树叶百草之魁的地位，而他自己便是那位能识得这种灵草的翩翩君子，深得顾渚山之灵气。陆龟蒙是品茗的茶客，也是一位躬耕茶园的茶人，据《甫里先生传》记载："先生嗜茶荈，置小园于顾渚山下，岁入茶租，薄为瓯蚁之费。"在太湖南岸这座以茶闻名的山林中，他曾购置下一小片茶园，种植茶叶，收取茶租，品评等第，虽然收入极少，确也挡不住品茗时的畅快悠然。

同样循香而来的还有皮日休。皮日休，字袭美，一字逸少，自号鹿门子，又号间气布衣、醉吟先生。他于咸通七年应进士举，未第，次年再度入长安应进士第并以末榜及第。然而考取进士未能为皮日休谋得一官半职，于是他离开长安，在咸通十年出佐苏州崔璞幕府，并在这里与陆龟蒙结识。相似的仕途经历使得两人一见如故，成为一对挚友，他们以诗为媒，吟咏唱和。后来，陆龟蒙亲自将二人酬唱的诗文结集成《松陵集》一书流传后世，因此人们多以“皮陆”将二人并称。“皮陆”是晚唐的诗人，逐渐变成了一个创作群体，又变成一个诗歌流派。他们留恋山水，珍视友情，渔樵茶酒，这些日常生活中的寻常物象，不仅是维系诗人间的情感纽带，也成为他们寄托隐逸情怀的独特符号。

喝茶本是一件极为简单的事，但中国人擅于利用“茶具”这一媒介，使茶叶走出山林，与人的生命相沟通。皮陆二人便是如此，他们爱茶而及茶具，又都对茶圣陆羽极为崇拜，便以茶具为题相互酬唱。皮日休在《茶中杂咏》序中写道：

《茶圣仙境图》
赵彭年 | 绘

自周已降，及于国朝茶事，竟陵子陆季疵言之详矣。然季疵以前称茗饮者，必浑以烹之，与夫瀹蔬而啜者，无异也。季疵始为经三卷，由是分其源、制其具、教其造、设其器、命其煮。俾饮之者除痟而去疠，虽疾医之不若也。其为利也，于人岂小哉。余始得季疵书，以为备之矣，后又获其《顾渚山记》二篇，其中多茶事。后又太原温从云、武威段碣之，各补茶事十数节，并存于方册。茶之事，由周至于今，竟无纤遗矣。昔晋杜育有《荈赋》，季疵有《茶歌》，余缺然于怀者，谓有其具而不形于诗，亦季疵之余恨也，遂为十咏，寄天随子。

这篇序文回顾了茶叶的饮用历史，又指出前人的诗中关于茶事之诗已极为完备，但赞咏茶具的却寥若晨星。

于是皮日休在品茶鉴水后写下了组诗《茶中杂咏》，陆龟蒙便以《奉和袭美茶具十咏》和之。该组诗包括茶坞、茶人、茶笋、茶籯、茶舍、茶灶、茶焙、茶鼎、茶瓯、煮茶十题，几乎涵盖了茶叶从生长、采摘、制造、烹煮、品饮的全部过程。两人的诗歌看似吟咏的内容相同，但却各具深厚的意趣。

石洼泉似掬，岩罅云如缕。
好是夏初时，白花满烟雨。

皮日休笔下的茶坞是在烟雨朦胧的初夏，恬淡清新，山水清音；

遥盘云髻慢，乱簇香篝小。
何处好幽期，满岩春露晓。

陆龟蒙的茶坞是在初春，春茶吸尽了每一滴春露的灵气，宠辱偕忘，从容不迫。

生于顾渚山，老在漫石坞。

语气为茶荈，衣香是烟雾。

皮日休在顾渚山中与茶人相遇，他们早出晚归，但衣袂间散发的茶香却成了他们辛劳之后的意外之喜；

雨后探芳去，云间幽路危。

唯应报春鸟，得共斯人知。

陆龟蒙笔下的茶人在春雨后的山间采茶，怎奈山路崎岖，云气氤氲，只能等着报春鸟告诉他哪里有好茶。

香泉一合乳，煎作连珠沸。

时看蟹目溅，乍见鱼鳞起。

皮日休喜爱以好水煮好茶，蟹眼般的气泡，鱼鳞般的水纹，以茶代酒，便有了酩酊大醉时的欢愉；

闲来松间坐，看煮松上雪。

时于浪花里，并下蓝英末。

陆龟蒙则更爱独坐松林间以雪煎茶，煮的是茶，煮的也是雪，是大自然本真的况味。

邢客与越人，皆能造兹器。

圆似月魂堕，轻如云魄起。

皮日休指尖的茶瓯圆润轻盈，是邢窑与越窑匠人匠心的汇聚；

岂昔人谢塸埞，徒为妍词饰。

岂如珪璧姿，又有烟岚色。

大唐贡茶院雪景

高成军 | 摄

陆龟蒙的茶瓯色彩幽淡隽永，茶汤与茶具相遇，这是它光华四射的时刻。

组诗以“茶具”为题，事实上却是一部浓缩了茶事的百科。顾渚山本身蕴含的茶文化韵律，恰巧赋予了这部百科独特的质感，把煮茶品茗的每一个环节都变得人文化与艺术化。此外，陆龟蒙还创作了一部能与《茶经》《茶诀》媲美的茶叶专著《茶书》，惜乎未能流传。

渔樵是皮陆二人唱和的另一大主题，而太湖的万顷烟波恰到好处地成为得以寄情的媒介。

崦里何幽奇，膏腴二十顷。
风吹稻花香，直过龟山顶。

皮日休作《太湖诗》十首，以清辞丽句叙写探访太湖时所见的景致。陆龟蒙和以《奉和袭美太湖诗二十首》：

静境林麓好，古祠烟霭浓。
自非通灵才，敢陟群仙峰。

东南具区雄，天水合为一。
高帆大弓满，羿射争箭疾。

组诗融自然风光与人文掌故，细致入微地描摹着太湖的湖光山色。此外，陆龟蒙还创作了《和添渔具五篇》《渔具十五首并序》《樵人十咏》等一系列与渔人和渔具相关的诗。与其创作的农事诗一样，陆龟蒙的渔樵诗既将各类渔具的特点及捕鱼方法娓娓道来，又描绘渔人生活，抒发人生慨叹。皮日休对他的渔具诗十分赞赏，认为“凡有渔已来，术之与器，莫不尽于是也”。

鲁迅在《小品文的危机》一文中曾用“一塌糊涂的泥塘里的光彩和锋芒”来评价罗隐、皮日休、陆龟蒙三位文人。他们是晚唐的隐士，却能在闲情逸兴的洒脱之中汲取生活中平常的器具与人事，将目光投射到社会现实之上，成了暮霭沉沉的晚唐时期闪耀在罅隙中的微光。他们以“江湖散人天骨奇，短发搔来蓬半垂”这样的文字自嘲，看似狂诞高傲，却又恪守着儒家的精神传统，胸怀天下苍生，在“隐者”的外壳之下包裹着一颗“儒者”的心。

陆龟蒙晚年时虽病体孱弱，但仍忘不了箬水流淌着的长兴。他在《自遣诗三十首》中写道：“五年重别旧山村，树有交柯犊有孙。更感弁峰颜色好，晓云才散已当门。”这里的“弁峰”即弁山，在陆汇桥东南五六里处。又云：“一派溪从箬下流，春来无处不汀洲。漪澜未碧蒲尤短，不见鸳鸯正自由。”其中的“箬下”便是长兴著名河流箬溪。这片土地风景如画，是陆龟蒙的泊船靠岸的地方，也是他心中一个茶香四溢的角落。而后代的长兴人用“陆汇头”为这片土地命名，或许正是折服于这位“江湖散人”所散发出的异样光彩。

作者简介　沈秋之，浙江长兴人，1995 年生。浙江大学中国古典文献学博士在读，主要研究方向为古典文献学、敦煌学。

贡茶古道——江浙交界的廿三湾茶马古道

梁奕建 | 摄

紫笋茶在宋元明清

周凤平

唐有顾渚，宋有北苑，元有武夷，明有罗岕，清有龙井，王朝次第，江南大地的时空，充满着茶香，关乎帝王将相、士子佳人、百姓黎庶。太湖之滨的长城长兴，自唐及清，传奇不绝，自大唐盛世余音之后，紫笋茶以及紫笋茶的后续们，从堂前王谢款款而来，风流不减。

回顾前朝，紫笋茶在唐代会昌年间贡额达到一万八千四百斤之辉煌，自唐之后，贡额渐渐淡去。继吴越国三代五王，特别是钱弘俶，主动纳土归宋，自北宋初至太平兴国三年（978），吴越归命期间，顾渚紫笋贡额一百斤。北宋初年，陶谷（五代至北宋人，字秀实，邠州新平人，后晋后周时期出仕，宋初曾任礼部、刑部、户部尚书）所写《清异录》中有《荈茗录》（夷门广牍本《茶寮记》后亦附有该书）记载“龙坡山子茶”条目：开宝中，窦仪以新茶饮予，味极美。奁面标云：“龙坡山子茶。”龙坡是顾渚别境。全书涉及茶的内容有十八条，其中的第一条即为紫笋茶。由五代入宋的徐铉在咏茶诗作《和门下殷侍郎新茶二十韵》中提到“任道时新物，须依古法煎”。同样，宋徽宗曾赞“龙团凤饼，名冠天下”。在这名冠天下的贡品中，也有“紫笋”一名。宋代熊蕃《宣和北苑贡茶录》载“建有紫笋而腊面，乃产于福”，自唐代荣耀世界的“紫笋”，因时代更迭而南渐，在福建建州北苑生息承传。可以看到，唐代的名茶紫笋茶，宋代仍在作贡传承。宋《嘉泰吴兴志》所涉当时长兴特产之茶叶条目，仍清晰记载“顾渚……今崖谷之中，多生茶茗，以充岁贡”之说，正是宋代紫笋茶作贡的明证。

“顾渚茶芽白于齿，梅溪木瓜红胜颊”，这是苏东坡将赴湖州之时，写给好友莘老的诗句，道尽对引领一代风骚紫笋茶的无尽讴歌。也许很多人可能会疑惑，唐代陆羽《茶经》不是形容顾渚之茶“紫者上”“笋者上”么，这会儿怎么其色尚白了？不难看出“白于齿”与“红胜颊”既是诗句相对仗的需要，另外在苏东坡的时代，此时的顾渚紫笋茶，因宋人饮茶方式的改变，从煎茶走向点茶，顾渚茶芽所做茶汤之色自然以“白于齿”而获喜爱了。

在宋代，以斗茶会友而成时尚。这斗茶的时尚源头则恰在唐代的顾渚，“青娥递舞应争妙，紫笋齐尝各斗新”，在白居易《夜闻贾常州崔湖州茶山境会想羡欢宴因寄此诗》一诗中有了形象而淋漓的体现。茶山就在湖州长兴的顾渚山，所斗之茶自然是紫笋茶。《茶经》里记载了当时寺院和上层人士中“煎茶敬奉”等仪式，也宣传了茶的功效和修心的精神道德。至唐末，刘贞亮的《茶十德》文章，就是从《茶经》中关于“精行俭德”引申而来的，从而又把陆羽的茶文化上升到精神世界和美学的高度。宋人斗茶盛行，从皇帝到市井，这对日本“茶道”的形成有着深刻的影响。

自唐五代入宋，煎茶与点茶，是并行的饮茶方式。煎茶是将细研作末的茶投入滚水中煎煮，后者则预将茶末调膏于盏中，然后用滚水冲点。唐代煎茶用器有风炉和铫子，如今传世的绘画名品《萧翼赚兰亭》图中绘有风炉和风炉上面的铫子。陆羽《茶经》卷中“四之器”,记载“风炉以铜铁铸之,如古鼎形”“凡三足”。煎茶的容器，《茶经》曰鍑，云“洪州以瓷”“莱州以石”，又或以铁，以银。但鍑在宋代并不流行，诗词中常见的是“铫”与“铛”。如苏轼就写过《次韵周穜惠石铫》，“蟹眼翻波汤已作，龙头据火柄犹寒”的写实。与铫子相类似的煎茶之器还有急须。北宋黄裳《龙凤茶寄照觉禅师》句云“寄向仙庐引飞瀑，一簇蝇声急须腹”，其句下注解急须即为东南之茶器。

恰恰在长兴县博物馆就保存有一件珍贵文物，正是出自长兴光耀宋代窑址的急须壶。急须壶，自唐代流行，短流而一侧有横直柄，可以见证在宋代的长兴也是流行自唐而来的煎茶之道，当然，急须之器也传之日本，对日本茶道的传播亦起到十分显著的影响。

宋代光耀窑址出土的急须壶
长兴县博物馆藏

与长兴渊源甚深的陆游，有诗句“矮纸斜行闲作草，晴窗细乳戏分茶”讲的就是点茶之风，“吾儿解原梦，为我转云团”，“转云团”就是点茶之击拂之意。宋代点茶是上至皇室，下至黎民普遍的习俗，蔡襄《茶录》、宋徽宗《大观茶论》，所述均为盛行的点茶。比试点茶又以建窑黑盏衬托茶之白乳而为上佳。如徽宗时期，仍是以盏面乳花“咬盏”与否，来评判斗茶胜负的。宋代的点茶用器，一般用到燎炉、汤瓶和茶筅。前者所述风炉和铫子用于煎茶，至于点茶，则用的是汤瓶。宋代马廷鸾《谢龙山惠拄杖并求石铫四首》中有“砖炉石铫竹方床，何必银瓶为泻汤”，“石铫”“银瓶”相对，前者指煎茶，后者指点茶。如故宫博物院藏李嵩《货郎图》，货郎担有一组茶具：茶托、茶盏、长流汤瓶、茶筅。同样，陕西历史博物馆藏有一方北宋砖雕，浮雕的砖面雕有两名侍女，其一手端盏托，盏托上有茶盏；其一一手举着点茶用的汤瓶，一手持茶筅，正是点茶的情景。斗茶的风习，始于宋初，徽宗时期最盛，宋室南渡，即逐渐衰歇，这也与建窑烧制御用兔毫盏的时间也大致相当。

长兴亭子头宋墓出土了兔毫盏，正是点茶所用之盏，墓葬的年代正是北宋末南宋初，于此十分契合。“墨试小螺看斗砚，茶分细乳玩毫杯”，陆游诗句中的毫

长兴亭子头宋墓出土的兔毫盏
长兴县博物馆藏

杯就是兔毫盏。兔毫盏因以其色深而衬得乳花分明，特为宋人之所爱。宋时太湖边的长兴，亦见点茶之风雅。

风雅在唐宋之间流衍，唐代袁高、于頔、李词、裴汶、杨汉公、张文规、杜牧，他们以湖州刺史的身份来此督贡，更是以诗人的身份，以茶会友，流芳百世。其后的宋代，知州及各地文士亦相约而来顾渚，在春天，在摩崖，继续留题。

在贡茶院建立之后的第 368 年，即绍兴八年，时干支纪年戊午（1138，绍兴为宋高宗赵构年号），悬臼岕霸王潭，自唐代湖州刺史杨汉公题刻之后，又增添了新的内容："龙图阁直学士前知湖州□□汪藻、新知无为军括苍□□祖、知长兴县安肃张琮、前歙县丞汝阴孟处义、前监南岳庙吴兴刘唐稽。绍兴戊午中春来游，右承务郎汪悟汪恪从行。"

汪藻于南宋绍兴元年（1131）任湖州知州，作为龙图阁直学士，更多的还是以文学著名。汪藻擅长写四六文，南渡初诏令制诰均由他撰写，国学大师陈寅恪曾盛赞汪藻"若就赵宋四六之文言之，当以汪彦章《代皇太后告天下手书》为第一”，足见其骈文之成就。汪藻这方在悬臼岕内藏之最深的题刻，也是顾渚唐宋所有摩崖题刻里面相对最为清晰的一方。

其后摩崖题刻的绝响，便落在了同样在悬臼岕所题的韩允寅之上：“会稽韩允寅、武林钱孜、桐江方释之，携男迅绾，以绍兴壬午三月辛酉来。”

此四人之行，已是在贡茶院建立之后的第 392 年，即绍兴三十二年，干支纪年壬午（1162），于今而言，已是谜团颇多。

韩允寅题刻，位于悬臼岕霸王潭杨汉公题刻之左，为长兴水口唐宋摩崖里面纪年最晚的一方，距今仅 859 年之久（以 2021 年为参考）。原在韩允寅题刻之右，有北宋太学八俊之一刘焘的题刻，惜早年已塌方不见。天目山余脉下的山坳崖壁上，这方刻有会稽韩允寅与时任长兴知县方释之一道的武林钱孜，以及小辈“迅绾”的摩崖题刻，并无太多文献留世，颇多隐秘色彩。

元代诗坛领袖杨维桢，曾任长兴东湖书院的山长，其写长兴怀古之诗《夫概城》道尽长兴古迹风俗：“夫概城荒日已斜，三馀王气凿三鸦。大雄寺里千年树，罨画溪头十里花。 陆汇青山高士宅，程桥绿水酒仙家。曾从顾渚山前过，金色

霸王潭韩允寅题记

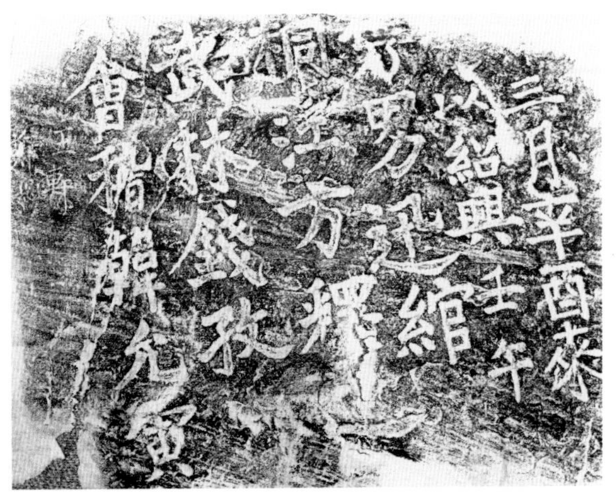

南宋韩允寅题刻拓片
长兴县博物馆藏

沙泉紫笋茶。”杨维桢以“金色沙泉紫笋茶”压轴，足见紫笋茶在其心中之分量。

至元十七年（1280），南宋灭亡，顾渚贡茶院移至水口，并改名为磨茶院（清晖轩）。此时的贡额，已是象征性的进贡了。元末的数据显示，仅贡紫笋茶 3 斤，续增芽茶 90 斤。

有元一代，长兴紫笋茶，不仅有像杨维桢一样的士子在吟唱，同样，也出现在了隐士的诗作中。

元末明初的长兴沈贞，是被张三丰所推崇的隐士。其在《尧市山》一诗写道：“尧市祠前古木稠，吉祥寺里青苔流。白头老僧出迎客，共说前代成古丘。顾渚山头生紫笋，先春金芽绿云隐。黄犊开耕田水新，锦鸠唤睛谷雨近。长城太守监贡新，朱轓皂盖笼阳春。”“顾渚山头生紫笋”，那“紫笋”是太湖山水灵秀所毓，攸关王朝旧影与往圣先贤，是多美的一个念想啊。

大明重振朝纲之始，洪武六年（1373）春，工部主事、长兴知县萧洵，到水口召集寺僧，重修贡茶院息躬亭、金沙池、清晖轩、制备笼焙之器。次年（1374），萧洵主导长兴大雄寺铜钟铸成，当年顾渚山贡芽茶十斤。洪武八年（1375），萧洵在吉祥寺壁书《顾渚采茶记》。记载：“唐造一万八千四百斤，元末茶二千斤，增芽茶九十斤；国朝丁酉年进芽茶三百斤。”洪武八年，革废，贡二斤芽茶。永

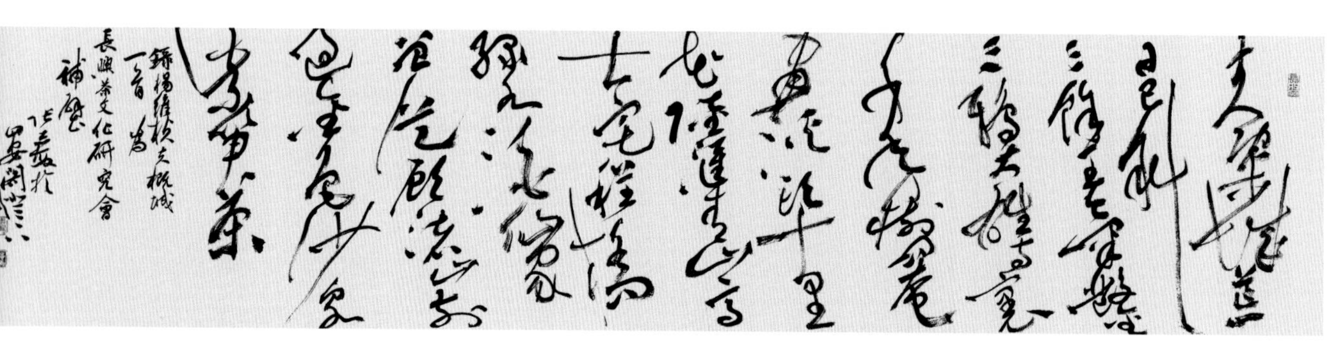

《夫概城诗》

张志敏 | 书

乐三年（1405），顾渚山有官茶地一亩八分，采茶童子十四人，按每人每年一斤之量，加上谢公、尚吴等七区共纳贡干茶三十斤。万历长兴知县游士任在《登顾渚山记》一文讲述顾渚茶事，有“寺侧有枕流、息躬、金沙、忘归四亭，今废其二。金沙以泉名，其窦大如盎，喷涌飞泻，载茶香、竹韵而去。忘归尤其最胜，徙倚其上，太湖白烟苍苍茫茫，颜面皆飞寒色”之记载，足见明代的紫笋茶，于邑宰而言，仍是心之所向。

值得一提的是明代后期，继紫笋茶之后，在全国的知名度，以罗岕茶之名，再度鹊起。岕茶之好评，开始从帝王将相之神坛走向文人之心田。张潮在《岕茶汇钞序》所言“茶为类不一，岕茶为最”，给了长兴岕茶一个很高的评价。许次纾在《茶疏》中也称“江南之茶，唐人首推阳羡，宋人最重建州，于今贡茶两地独多。阳羡仅有其名，建州亦非最上，惟有武夷雨前最胜，近日所尚者，惟长兴之罗岕”，以“惟”一字，点出世人所崇。张岱更是在《陶庵梦忆》中就特别称赞了长兴岕茶，此时的茶自然已不同于唐宋时期的煎茶和点茶，而是冲泡散茶了。张岱形容第一次喝到罗岕秋茶“灯下视茶色，与瓷瓯无别，而香气逼人”，着实令人叫绝，第二次喝到罗岕春茶则是“香扑烈，味甚浑厚”，品评很高。

因紫笋茶与罗岕茶同产长兴，古人就有“疑即古之紫笋”之说。今两者虽有相异，紫笋是历史上贡赐之物，岕茶多是文人席上之珍，且罗岕之地，在唐时亦是紫笋茶之产地之一，岂不是缘分之续?

清代的长兴紫笋贡茶，一般较少提及。清顺治三年（1646）春，长兴知县刘天运，因山寇未靖，紫笋茶遂有“豁役免解”之说，但每年仍按明制，贡紫笋茶三十斤。

清人魏星杓《箬溪词》所写“采茶顾渚花未稀，采茶罗岕花已飞。安得多情报春鸟，只催春至莫春归”，“顾渚”与“罗岕”在清代是长兴茶之不二代表。

长兴知县邢澍在长兴三鸦冈重修了东晋名相谢安墓之后，于嘉庆六年（1801），陪同钱大昕来顾渚山考察，并作《顾渚春游图并序》，“焙得新芽谷雨前，色香味美妙能全”，对金石及历史极为喜爱和敬重的他，可以从诗句中读出紫笋茶的历史地位。

嘉庆二十年（1815），一通名为《禁止庙潭淘花生碑》之碑，立于水口之庙潭。由吉祥区陈在兹、臧铨、王子恒、宁尚美等人具呈文状，所言“庙潭，潭之水发源西际顾渚山下，为金沙泉。伏流十余里至此潭，滚滚流出如涎之出于口子，此水口镇之所由名也”“唐宋贤士大夫，紫笋荐春，渐憩此间，作为诗歌。古迹最著，原委最详，载于志乘者，尤大彰明者也。乃以淘花生塞其源……并赐予勒止，以垂不朽。”写出清代长兴乡民对紫笋茶昔日荣光的怀念，也彰显了古人生态保护之自觉。

自晚清入民国，贡茶自然早已随着皇帝的消失而消亡。民族资本主义的兴盛和商业的发展下，紫笋茶成为一个代名词，经常出现于店招和文献之中。

晚清民国的茶业店，时常悬挂对联：“南峰紫笋来仙品，北苑春芽快客谈。”

紫笋茶制作比赛

谭云俸 | 摄

唐宋元明清，“紫笋”与“北苑”是唐宋时茶叶的高峰代表，影响着一代又一代的茶人，直至如今。

民国著名文史学者陈寅恪在《元白诗笺证稿》中有一条“吴兴山中罢榷茗”文献，记载引述国史补下云：“风俗贵茶，茶之名益重。湖州有紫笋。”同书同卷又云：“常鲁公使西蕃，烹茶帐中。赞普问曰，此为何物？鲁公曰，涤烦疗渴，所谓茶也。赞普曰，我此亦有。遂命出之。以指曰，此寿州者，此舒州者，此顾渚者，此蕲门者，此昌明者，此浥湖者。”陈寅恪在条目下注解“据此可知顾渚之茶，亦远输吐蕃矣”，可见诸多之茶之注解，大师只选取了顾渚紫笋，何其荣幸。

唐宋元明清，乃至民国，紫笋茶的历程可谓由鼎盛而渐逊色，但作为历史上极为重要的紫笋茶，显然已成为一个不可替代的特定符号。紫笋，兼具唐代皇家贡茶院最早之渊源与唐代贡茶贡额之最高的盛誉。幸甚，在21世纪之初，“顾渚贡茶院遗址及摩崖”与“紫笋茶制作技艺”，已成为全国重点文物保护单位和国家非物质文化遗产。历史与未来，就如扁担挑起的两端，相信未来的紫笋茶，定会重振荣光，行之更远!

作者简介　周凤平，男，1982年生，浙江长兴人，长兴县博物馆副馆长，在国家省市刊物发表文章多篇，主编及合作出版专著多本，参与央视节目录制采访专题多集，获“第一次全国可移动文物普查浙江省先进个人”“第四届最美浙江文物守望者”等荣誉。

茶山清溪

高成军 | 摄

顾渚山有杜鹃啼

杜使恩

地处浙西的天目山，有一向东北延伸的支脉，止步于浙北苏南交界，称太华山区。在浙江长兴境内的水口乡地界，分布着一片不太大的群峰，其中主峰所在的区域，名顾渚山。

从地理学的角度看，顾渚山与周边的丘陵并无异处，纬度相当，气候相同，海拔高度区区 355 米。即使在名声微弱的太华山区，最多也只能算中等个子，所有雄伟、险峻、奇峰、深壑等山的意象，基本与它无关，它只是江南山水的一个组成部分，虽然不失温婉秀丽，却也大同小异。

但是一个人物的到来，使它的命运在 1 200 多年前发生了转变。

一

顾渚山的茶源于何时植采，难以定考，在陆羽发现顾渚茶之前，它一直是“土茶”的存在。恰是这款莫名土茶，令当年 34 岁的陆羽欣喜不已。“芳香甘辣，冠于他境，可荐于上”。从此，“土茶”摇身变为贡茶。又一句，“紫者上，绿者次；笋者上，牙者次”，让顾渚山的紫笋茶名声显赫，扬名立万。一时间顾渚山成为天下名山，各路官宦名流、文人逸士纷至沓来。皇家需求催生了上流时尚，文人介入造就了文化现象，于是真正意义上的中国茶文化由此发祥。

此时中唐的顾渚山，发生了一系列事件，瞬间把刚发祥的茶文化推向了巅峰。一件是公元770年，历史上第一座皇家茶厂——贡茶院落成，其规模之大，有“焙百余所，匠千人，役工三万”。每年“明前雨后”历时一月余，湖州刺史必亲历此地，潜心督造，惟贡茶是命。于是顾渚山又得了一个专属的称谓——茶山，并被之后所有的官方表述和文学反映默契遵行。第二件是《茶经》问世，公元780年，陆羽48岁，在“缁素之交”的皎然的长期支持下，《茶经》定稿并被广为传抄。今人常为《茶经》作于何处纠结，未免太过无聊，但《茶经》区区7 000多字中屡屡提到的顾渚山乃至该域的诸多小地名，亦可称得顾渚山在《茶经》中的分量。更何况还有许多对紫笋茶及金沙泉的评价以及阳崖阴林的实地描述，充分印证了陆羽对顾渚山的深识与谙熟。顾渚山无疑是陆羽《茶经》的创作灵感与实践论证之地。第三件是中唐以来一千多年的文人关注和文化集聚，除陆羽皎然外，像颜真卿、陆龟蒙、张志和、李冶、钱起、皇甫冉、皮日休、刘禹锡、杜牧等都曾为顾渚山常客，或访友，或问茶，或诗文怀祀，活生生筑出了一条唐代茶诗之路。如今所存五公潭、白洋山、悬臼岕唐宋摩崖石刻十一方，皆由当时的文人领袖所题。另外，入籍各代诗文无数，莫不与顾渚山有关。从此，顾渚山逐渐由“茶之山”向“茶文化之山”蝶变。

二

顾渚山紫笋茶的盛名延续到清中后期，似将就寝，昔日的茶文化光芒，像进入冬秋的银河黯然失色。“土茶”的宿命终结了“贡茶”的使命。其中原因可能是茶区中心的转移、市场需求的降低、消费主体的退出、文人情怀的倦怠等。但根本的原因是国本孱弱，盛世不再。在一个主权分裂、温饱难已的国度，人民自然不会在物质上“奢侈”，在精神上“淫欲”。在百多年的时间里，茶的需求被压缩到极低，而之前赖以为罕物出口的三大件（瓷、丝、茶）之一的茶，也因鸦片战争的掠夺及东印度公司的替代，而走向国际需求的边缘。其时社会动荡，战乱不已，在大多数为温饱而度日，为活命而残喘的人群眼中，茶真的算不上是个东西。

新中国成立，改变了旧的生产关系。恢复国民经济，满足民生需求提上了日程。在集体和计划经济的模式下，茶产业纳入了国家农业产业的重要组成部分。统购统销政策使顾渚山的紫笋茶有了一个稳定的生产，但非商品的生产却使它的价值处于较低水平。在物质的眼光下，文化离顾渚山及紫笋茶越来越远，以致世人忘却了顾渚山曾经的高度和紫笋茶曾经的显赫，甚至于不知此处有过陆羽颜真卿们的存在。

顾渚山还在，紫笋茶依然活着，但活得平庸、憋屈。活着与消亡仅差了一口气而已。尽管“文革”期间，有专家曾进行过两次拯救，但均以无疾而中止。

三

改革开放给顾渚山带来了春天的气息。过去的冬天太长，但对紫笋茶而言也有利好。超长的冬眠加强了它内质的积聚。这次春天的阳光特好，雨露充沛，含蓄的紫芽，正等待着一场久违的绽放。

在那个 1978 年的春天，一位叫王林福，另一位叫周火生的两个长兴人，竟然一帖“土方”气煞“名医”，让紫笋茶坐上了当代中国名茶的交椅。仿佛一夜苏醒过来，梦眠中的记忆瞬间恢复，令人振奋不已。突破了温饱线的人们也自然迸发出对茶这个东西的关注与热情。1979 年 4 月 24 日，《浙江日报》头版头条报道了“千年贡茶重问世——长兴

长兴县茶文化研究会

张志敏 | 刻

顾渚紫笋茶在杭试销”的消息。之后连续四年，紫笋茶均荣获全国名茶，一时间好评如潮，趋之者若鹜。好东西就是好东西，拂去沉积的尘霾，便现出传家宝的光彩。

随着茶业的重光，文化的光色便脱颖而出。长兴县人民政府于 1984 年拨款 1 万元，在顾渚山重拓金沙泉，重建忘归亭。没错，是 1 万元，区区 1 万元，须知当年县财政总收入尚不足 4 000 万元。这 1 万元的拨款，上了县长办公会议，当时的县长签字的手,想来会有些颤抖。但这是政府拨给长兴茶文化的第一笔“巨款”，意味着长兴的茶文化开始被执政者关注、呵护和支持，从而为以后的真正巨额投入打开了通道和大门。

忘归亭的重建与金沙泉的开拓，带来了茶文化的传播效应，日本、韩国、东南亚，以及中国台湾、香港、澳门地区的茶人纷纷慕名而来，为能亲身得访顾渚

第八届世界禅茶文化交流会
寿圣寺提供

山而欣喜，为能实地见识源头的紫笋茶与金沙泉而释怀，为能直面瞻仰唐宋茶文化摩崖而折服投地。与此同时，紫笋茶热开始兴起，浙江省和中央电视媒体先后前往顾渚山拍摄专题片，向国内外传递着顾渚山茶文化发祥地的当今状况与历史信息。而在当地，随着中国名茶——紫笋茶的快速恢复及茶产业民生效应的凸现，长兴县政府审时度势地制订顾渚山茶文化景区总体规划，这是顾渚山有史以来第一轮保护和建设规划，它描画了顾渚山的未来，虽然也有些局限，但一旦新时代的开启，前景注定不凡。

四

在推动长兴茶文化发展的当代，一群重要的关键性人物出现了。

最早的是茶界泰斗庄晚芳，一位对紫笋茶情有独钟的专家老人，在重建的望归亭和金沙泉边，深沉不乏惊喜，称赞不乏嘉勉，即兴题诗一首：

顾渚山谷紫笋茗，芳香唐代已扬称，
清茶一碗传心意，联句吟诗乐趣亭。

而后有中国国际茶文化研究会首任会长王家扬，一位对中国茶文化作出杰出贡献并被赋予终身荣誉的老领导。他多次倡导他的团队要挖掘顾渚山的茶文化历史，要不懈推动顾渚山的紫笋茶灿烂重光。在他93岁高龄，仍欣然持笔，题写了“水口茶文化景区”的额书。

徐明生是曾经主政长兴的老书记，从领导岗位退休后，凭着在任期间对顾渚山及紫笋茶的深刻理解，不遗余力地为顾渚山茶文化呼号呐喊。其时他正在湖州陆羽茶文化研究会执行会长任上，但顾渚山的山山水水，在他的心目中益发熟悉与亲切。当年县委书记的干劲依在，不同的是有了更多的洒脱、自信。走村入户、访茶寻踪、实地调研、探讨论证，一个大胆的想法已然形成。2004年2月，徐明生撰写了《关于保护和开发顾渚山唐代茶文化遗址的调查》，并向湖州及长兴的主要负责人提交了《关于在顾渚山重建大唐贡茶院的意见》。同年9月，第八届中国国际茶文化研讨会在雅安结束后，旋即向湖州市政府提交了《从蒙顶山看建设顾渚山茶文化旅游区的可行性报告》，得市领导批示，湖州市政府领导带市有关部门领导赴长兴，与长兴的主要负责人形成了加快落实市领导批示精神的步伐。

刘枫，浙江省政协原主席，中国国际茶文化研究会第二任会长。在他宽广的茶文化生涯中，顾渚山茶文化的沉默是他心中永远的块垒。他的愿望是尽快让顾渚山这朵茶文化奇葩亮出应有光彩，即使需要动用特殊资源也在所不惜。借着徐明生的热切请求，他带着目的赴长兴顾渚山考察调研。2004年4月，刘枫率茶文化专家学者近30人，与时任长兴县长刘国富、县政协主席张全镇等当地相关负责人面对面座谈交流。这个座谈会的作用不言而喻，亲切氛围下的交流也因为“人重言著”而有利意见一致。从2004年以后，顾渚山大唐贡茶院复建项目明显上了快车道，规划设计、项目论证、建设进程、资金保障等有条不紊地推进。至于刘枫与时任县委书记、县长私下通了多少电话，说了什么内容，我们全然不知，但其中的奥妙，唯有当事人自己清楚了。

如果说以上人物都是顾渚山茶文化彪炳时代的功臣，那么时任县委书记与县

长，则是最终的决策者与“干臣”。当时长兴的财政并不宽裕，因此招商引资是压倒一切的“县策”。招商引资的方式，其实就是自己不拿或少拿钱搞经济建设，而这个顾渚山茶文化项目，是要拿自己的钱，而且不是一笔小钱，砸向一个回报不确定的大唐贡茶院复建项目，明显，领导们是心存犹豫的。但不管怎样，意见统一了，决心自然也下了。当然他们很聪敏，没让财政拿钱，而是用“经营城市”的方式，把项目预算的 1.1 个亿轻松化解了。大唐贡茶院建设历时三年，于 2008 年 5 月落成。这在国内茶文化界和长兴文化建设史上，是开天辟地的一大壮举。第十届中国国际茶文化研讨大会于大唐贡茶院开园同期举行。顾渚山又一次以它独有的魅力享誉海内外，茶文化界欢呼一片，外商们啧啧称羡，最得益的自然是当地百姓，不仅紫笋茶好卖了，更喜人的是茶文化景区很受欢迎，逐渐催生了水口乡近 600 家农家乐民宿的出现和兴旺发展。

五

以顾渚山大唐贡茶院的重建为标志，长兴的茶文化开启了一个新时代。作为中国茶文化发祥地的普遍认可进一步确立，长兴人的茶文化意识迅速恢复，对长兴的茶文化品牌空前自信，对茶文化的内涵挖掘与外延拓展，也有了更新的追求。

在社团层面，文化学术和茶业服务成为一种自觉。2008 年长兴第一届茶文

《顾渚山联句》
程少凡 | 书

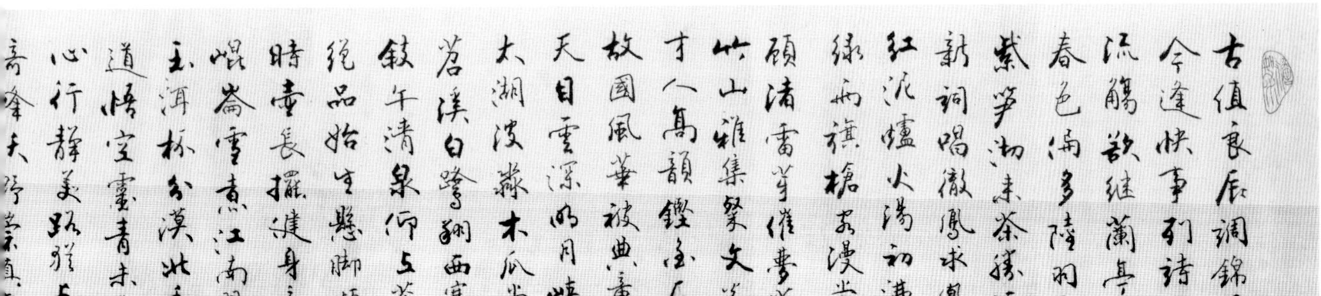

化研究会成立，会长是时任县政协副主席的张加强。首任会长不枉才情加身，一部《茶恋》剧本让顾渚山首次搬上了电影银幕，一本《顾渚山传》文化散文让他有了“黑马”之称。而后在他出版的十余部文学集中，大多都有着顾渚山、紫笋茶和陆羽、颜真卿、杜牧等相关人物的文学构件，活脱是一位茶文化领域的文学达人。顾问张全镇，县政协原主席，退休后热衷于长兴茶文化研究，笔耕不辍，既撰写论文，又编纂文集，先后有《历代紫笋茶诗文集》《茶香飘紫笋》《长兴记忆——紫笋茶》等三部专著出版，这些专著不仅扩大了长兴茶文化的传播，也成为长兴茶文化普及的教科工具书。2015 年 12 月，茶文化研究会换届。时任县委常委、宣传部部长王庆忠担任会长。至此长兴茶文化天地呈现出又一番新风景。副会长释界隆，亲力亲为，请进来、走出去，让长兴的禅茶文化走进新时代。在茶文化研究会领导的感召与秘书长刘月琴（时任县委宣传部副部长、文联主席）的运作下，在副会长张鑫华，理事、（时任）农业农村局局长吴秋景全力支持下，全县的茶企茶人实现了从生产者向文化人的转变，传统的茶叶生产开始自觉地追随茶文化引领，单纯的生产职能与紫笋茶的荣誉及弘扬长兴茶文化形成了完美的融合。现实是近年来，长兴紫笋茶无论是品牌质量，还是售后口碑，都处在一个明显上升阶段，长兴的茶产业连年一片兴旺。

王庆忠任前并非茶人，但他极具领导之能，置身政界如此，茶文化界亦如此。他很清楚服务茶业茶人不仅是茶文化研究会的初衷之一，更是茶文化研究会存在的价值所在。组织引进交流，加大了行业信息；鼓励参展参赛，拓展了发展路径；加大茶文化培训，积聚了群体涵养；让茶文化进校园，长兴的未来茶花盛开。长兴的茶文化团队，在他的领导下，真可谓年轻漂亮，活力四射。

在政府层面，则主要是茶产业与茶文化旅游业的务实推进。县农业部门对茶产业的引领扶持从规模产量转向品牌质量，全县先后有多家茶企在财政专项扶助支持下，实现了设备提升改造和环境标准优化，使长兴茶企整体竞争力迈上新的台阶。同时积极鼓励名优特茶品的开发，诸如古法紫笋茶饼、紫笋红茶、紫笋黄茶、紫笋烘青等产品类别高调走向市场，茶业效益迅速提高。政府还大力鼓励县内茶企走出去，积极参与各种评审、比赛和博览会，捧回奖项无数，令紫笋茶无论名声还是身价与以往不再同日而语。2021年4月，长兴县人民政府主办了“千年紫笋西安行”长兴紫笋茶文化巡礼系列活动，长兴、西安两地互动，院士、专家、领导共同研讨，进一步挖掘紫笋茶文化价值，对加强地理标志品牌建设进行大胆创新和尝试。

茶文化的繁荣催生了产业链的延伸，顾渚山茶文化旅游区适逢其时，应运而生，依托大唐贡茶院核心景点，周边村民迎来了农家乐和民宿发展的大好机遇，仅水口乡就冒出近600家，由此成为该乡的民生支柱产业，村民无须外出务工，住家操持也能日进斗金。来自周边及长三角地区的游客络绎不绝，日均一万多人，尤以双休和节假日，乡街村道人声鼎沸，常呈客房爆满、车道壅塞的境况。游客量暴涨，带动了当

千年紫笋西安行启动
陈鲜忠|摄

上海—西安　紫笋茶号高铁始发
陈鲜忠|摄

地农特产品的畅销。以往到年底都销不完的紫笋茶、笋干等最多只能维持三个月的销量，当地农民的实惠在茶文化旅游的背景下，赚得盆满钵满，如山泉不绝、溪水长流。

茶文化的红利目前还是个开头，长兴县政府心知肚明，一个更大的茶文化产业已在顾渚山规划实施。保护性开发赢得了生态经济的先机，文化引领夯实了文旅产业的地基。随着远方的家、富硒山居、唐潮十二坊、花间堂等一系列高端文旅项目的落成，顾渚山已靓丽变身，如清风中的名媛，气质出众，风雅绝代。

六

当今中国的茶文化事业，如春风四起，方兴未艾，长兴茶文化的前世今生，从发祥走向辉煌。是璀璨的历史文化积聚着它的源动力，历经千年不熄，强大的基因是它的造化。改革开放是时代的召唤力，由物质升之为精神，由复兴发肤于文化，无数仁人志士是强大的推动力，齐心协力始终不馁地把茶文化车轮推向顾渚山的梦想之巅。长兴人民具有无限的创造力，让茶文化的发祥地如此勃勃生机，青春焕发。今天的长兴人更深刻地领会了为什么绿水青山就是金山银山，同时也更深刻地感悟到文化自觉、文化引领对于经济社会发展有多么重要，是追求更高品质生活中不可或缺的能量。顾渚山不大，但梦想的路很长；紫笋茶不多，但生长的空间很广。让一片叶子造福一方，是茶文化的初心；让紫笋茶的芳香温馨人类，真诚的奉献虽然平凡，却注定高尚。

作者简介 杜使恩，1954 年生。杭州知青，曾历长兴县乡镇与企管机关主职，于县委宣传部（文联主席）任上退休。为当地资深茶文化研究工作者。

唐潮十二坊

谭兵 | 摄

唐

紫笋茶香越千年，一芽一叶总关情

陈美霞

顾渚紫笋，唐时名茶中数一数二，明代时因岕茶的兴起，又成为江南一枝独秀，清初尚且续贡，之后悄无声息地离开皇家，默默在山野里独自芬芳，甚至许多长兴人自己都不知道这里曾经是茶文化的中心。改革开放后，紫笋茶的重生被提上了日程，从前世到今生，有许多人为此奋斗，其中，王林福、吴建华堪称今生紫笋名优绿茶的开拓者。

一、闻说顾渚有嘉木

眼前的老人已届耄耋之年，因为刚生过一场病，身体显得更加虚弱。可是，当他听说我是来向他了解恢复长兴紫笋名茶的事，马上就两眼放光，打开了话匣子。那些尘封已久的往事，宛如眼前这杯紫笋茶的清香，袅袅而来。

老人名叫王林福，曾经担任过湖州市茶叶园艺协会理事长，也正是我一直寻访的长兴县紫笋名优绿茶的开拓者。1957 年，王林福从浙江农学院茶叶专修科毕业，分配到长兴农林水利局工作，负责茶叶技术工作。从那时起，他就与长兴紫笋茶结下了不解之缘，亲历了紫笋茶恢复制作、重新面世的全过程。

王林福是台州三门人，来长兴之前，从来没有听说过“紫笋茶”的名号。从事茶叶生产之后，他听说，长兴曾经有过一种名扬天下的茶叶——“紫笋茶”，不仅是有历史记载的较早的贡茶，也是进贡历史最长的贡茶。这一点，完全出乎王林福的意料。事实上，从事茶叶生产工作前，他对中国茶叶的了解其实不多，说起绿茶，最先想起的是西湖龙井，或者是洞庭碧螺春，以及信阳毛尖之类。“紫笋茶”的名号，他还是第一次听说。通过查阅文献资料，王林福对紫笋茶的前世有了大致的了解：紫笋茶产于长兴县城西北的顾渚山。唐朝时，茶圣陆羽在顾渚山置茶园，和好朋友皎然等种茶、品茗、吟诗，并撰写了世界上第一部茶学专著《茶经》，其中明确指出：“紫者上，绿者次；笋者上，牙者次。”据说，正是陆羽的推荐，公元770年，紫笋茶被列为贡茶，为了保证供应，朝廷在顾渚建立了贡茶院。从那时起，一直到清初，长达800多年，紫笋茶一直被列为贡茶。自清顺治三年（1646）长兴知县刘天运“豁役免解”以来，紫笋茶逐渐式微，就连当年盛极一时的贡茶院，也仅剩下几段断墙残垣。到新中国成立时，紫笋茶制作工艺失传已经三百多年了。长兴本地人大多不了解紫笋茶，只有少数人知道顾渚紫笋茶是进贡皇室的“奢侈品”。

了解到这些，年轻的王林福心里久久不能平静：原来，长兴的茶文化在中国茶文化史上曾经留下了璀璨的一页，当年，茶圣陆羽在这里完成了流传千古的《茶经》，使长兴成为中国茶文化的圣地。而如今，大多数长兴人却不知道“紫笋茶”为何物，真让人扼腕叹息！叹息之余，王林福很快陷入沉思：紫笋茶失传已经三百多年，还有没有可能恢复呢？

王林福决定，首先开展调查研究。他花了大量时间，深入水口顾渚一带开展实地考察，走遍了那里的山林，对那里的地形、土壤、茶叶种植和采制等情况进行了详细的考察和了解。经过深入调查，王林福基本摸清了水口茶叶的家底，掌握了大量第一手材料。他发现，水口一带农户种茶、炒制茶叶的不少，但是普遍栽种数量少，茶叶品质参差不齐，相对而言，叙坞岕、狮坞岕的茶品质较好。

“阳崖阴林，紫者上，绿者次；笋者上，牙者次；叶卷上，叶舒次。”在那段时间里，王林福的脑海中经常浮现出《茶经》中的这些句子，走遍了顾渚的山山水水，“紫笋茶”这一千年贡茶的大致形象已经在他心里生了根。夜深人静时，他真希望能梦回唐朝：亲眼看看茶圣陆羽和顾渚的村民怎样种茶，贡茶院的匠人们怎样制茶，还有运送贡茶的山路上络绎不绝的人流，再去看看皇宫里皇帝和妃嫔们品鉴紫笋茶时开心的笑容……只可惜，一千多年后，他在油灯下苦思冥想，一筹莫展。

时光荏苒，岁月不再。转眼间，王林福已经在农业局工作了将近二十年，幸运的是，关心长兴紫笋茶传承发展的，不只是王林福一个人。省茶叶公司的庄晚芳等专家，时任县供销社土特产公司茶叶主评的周火生，都在为恢复紫笋名茶奔走呼吁。

庄晚芳，是我国著名的茶学家、茶学教育家、茶叶栽培专家，我国茶树栽培学科的奠基人之一。毕生从事茶学教育与科学研究，培养了大批茶学人才。他对

收获的喜悦
曹文汉 | 摄

长兴紫笋茶有非常深入的了解，深知这一品牌的价值。因此，早在20世纪70年代，他就向长兴有关部门建议：一定要尽快恢复“紫笋茶”这一历史名茶。

中华人民共和国成立前周火生曾经在茶行当过伙计，对长兴茶叶的生产情况熟稔于心。在茶行当伙计时，泗安乡绅大户金家、钦家曾多次委托他采购水口顾渚产的细芽茶。到供销社工作后，他多次到水口顾渚山区调查茶叶生产，后来因“文革”爆发，这项工作被迫中止。

到了“文革”后期，恢复名茶生产再度提上议事日程。浙江省茶叶公司的唐立新、庄晚芳和嘉兴地区茶叶公司的金国兴都积极支持长兴恢复紫笋茶的生产。1976年，省茶叶公司还专门下拨2万元经费，支持此项工作。有了省市主管部门和领导专家的支持，周火生带领井玉林、严加林、张民权等来到水口顾渚大队，全面启动紫笋茶的恢复工作。他们修通了到叙坞岕的山路，划分了茶叶采摘区，还与生产队签订了合同。

一切准备就绪，周火生他们撸起袖子，迈出了试制紫笋茶的第一步。他们把实验基地选在了大队书记汪火清家，还专门建造了炒制紫笋茶的灶台。俗话说：万事开头难。紫笋茶的制作工艺毕竟已经失传300多年，又没有相关的文献资料。茶叶采摘的规格、炒制的温度和火候、摊青时间和厚度、烘制手法等一系列问题都没有解决，想要恢复这一千年名茶，谈何容易！ 1976年和1977年，周火生他们两次试制紧笋茶，最终都未能取得成功。两次遭遇失败的周火生，有些气馁了。

一时间，恢复紫笋茶的事，似乎进入了死胡同。

1978年，庄晚芳教授在浙江富阳主持召开了全省茶叶协会第一次学术讨论会。据说是因为庄教授曾经在某本杂志上看到过王林福写的一篇有关长兴紫笋茶的论文，也听说过他为了恢复紫笋茶所做的种种努力，就点名要王林福参加。会议开始前，庄教授专门找到王林福，嘱咐他：“你要把长兴紫笋茶恢复起来啊！”会议结束后，庄教授又一次拉住他的手：“一定要恢复起来！一定要恢复起来！”望着眼前这位古稀之年的国内茶学泰斗，握着他苍老却又有力的双手，王林福感到自己肩上的担子好重好重。他暗暗下定决心：一定要把紫笋茶恢复起来！一定不能辜负庄教授的殷切期盼！

二、千年贡茶重问世

参加完全省茶叶协会第一次学术讨论会，王林福马上着手开始恢复紫笋茶的工作。

“众人拾柴火焰高。”王林福想，要恢复紫笋名茶，单靠一个部门、少数人的参与是不够的，一定要集中大家的智慧，集思广益方能成事。于是，他向上级部门请示，就在水口组织召开紫笋茶恢复工作攻关会议。除了县内的农业局、供销社等部门的相关人员之外，他还请来浙江省和嘉兴地区的茶叶专家唐立新、金国兴。会议的重点，是认真总结周火生他们两次试制失败的教训，共同商议制定恢复紫笋茶的多项制度和标准。

经过深入分析，大家达成了共识：紫笋茶的制作，不能照搬烘青毛峰、碧螺春、龙井茶等名茶的制作工艺，应该采用“半烘半炒”的独特炒制方法，以保持其叶芽完整、条索紧裹的特点。会上还提出了具体的改进措施：首先，炒制茶叶铁锅，从斜锅改为平锅，因为平锅受热均匀，不容易炒焦，可以保证茶叶翠绿的色泽；其次，为保持成茶色绿，摊青的厚度为5～6厘米，时间不超过6小时；烘茶时，用纱布衬填，防止碎屑掉入火盆燃烧，产生焦味。明确了摊青、杀青、翻炒、理条、烘干五大工艺规范动作和制作标准。这次会议还统一了鲜叶的采摘标准：一芽一叶初展。制定了茶叶的等级和收购价，茶叶分为三个等级，分别确定7元、8元和9元每斤[*]的收购价。县农业局和供销社分工合作，农业局负责技术攻关，供销社主抓茶叶销售，随时掌握市场对茶叶的需求；农业局组织技术力量，制定

[*] 斤为非法定计量单位，1斤=500克。——编者注

茶叶标准，供销社主抓质量。各部门共同努力把茶叶做好，恢复紫笋茶。

在王林福看来，这次会议的成功召开，对长兴紫笋茶恢复工作起到了至关重要的作用。

会议一结束，王林福就带领相关部门的技术人员再度深入顾渚大队，重新踏勘了紫笋茶的采摘区，重点是斫射岕的叙坞岕、包家荡、罗家三个生产队。他亲自指导茶农以“一芽一叶”的标准采摘茶叶。其实，早在1957年，王林福就建议茶农按照这个标准采摘。可是，按照“一芽一叶”的标准采摘，采摘效率低，茶农收益差。想要说服大家，根本就不可能。出台茶叶等级标准和不同收购价格以后，茶农们感到有利可图，这个工作就好做多了。再加上王林福耐心劝导茶农：只有严格按要求才能做出高品质的名茶，才能带来更大的效益，大家一定要这样采摘才有利益。他还说服了顾渚生产大队：凡是按“一芽一叶”要求采摘的，都可以记发一定量的工分作为奖励。这样一来，茶农的积极性就更高了，茶叶的品质也越来越好。

采摘标准的问题解决了，新的问题又接踵而至：茶叶摘下来之后，在什么地方摊青？杀青的火候如何把握？烘茶的火力多大才合适？翻炒应该到什么程度才恰到好处？没有现成的经验可以借鉴，王林福他们只能一边制作，一边总结经验。其间不知道经历多少次失败！

有一天，王林福在顾渚大队收到了一筐茶叶，据说是村民从乱石山的野生茶树上采来的。王林福一看，基本上都是一芽一叶，芽粗壮，呈紫红色的笋芽状，绝对是难得一见的上等的好茶叶！王林福非常高兴，他马上借来老乡家做饭铁锅，清洗得干干净净后，亲自动手炒制。经过精心炒制，王林福试制的第一锅紫笋茶出炉了：茶叶弥漫着清香，沁人心脾，遗憾的是外形不美观，一些茶叶还炒焦了，行家一品，感觉口味也不是很纯正，大家都觉得：这的确是上好的紫笋茶，可惜没有炒制好……

王林福老人说，这一刻，他真正体会到了1976年和1977年周火生两次试制紫笋茶失败后的那种难言的苦涩和落寞。

但是，王林福没有气馁，更没有放弃。幸运的是，王林福赶上了好时候：长兴县领导十分重视紫笋茶的恢复工作，专门成立紫笋茶试制工作组，王林福、金国兴、周火生是主要成员。试制组里还有一个叫吴建华，是浙江农业大学茶学专业的高才生。毕业后，因为成绩优异而留校任教茶树栽培课程。可是，他热爱茶叶事业，因此毅然放弃教职来到茶乡长兴种茶。这个一脸坚毅的年轻人，注定将会在长兴的茶文化史上留下浓墨重彩的一笔。

1979 年春天，又是一个采茶季。试制组的全体人员投入到了紧张的工作之中。茶叶开采那天，一大早，王林福和同事们来到顾渚，走家串户给乡亲们讲解采茶要求和方法，再三提醒大家，一定要坚持“一芽一叶”。采摘开始后，他和同事们就背着茶篓在茶叶地里穿梭，进行现场指导。傍晚，他们一一检查收购来的茶叶，严格把好原材料关。晚饭过后，又亲自动手炒制茶叶，常常要忙到翌日凌晨。为了全身心投入紫笋茶试制工作，王林福索性带上铺盖，住到了茶叶生产基地，一住就是一个月。这样一来，家里的重担，就全都压在妻子的身上。为此，他一直感到十分愧疚。

为了确保取得成功，王林福和伙伴们认真总结以前失败的教训，从采摘、摊青到炒制、包装，每一道工序都一丝不苟，力求外形、色泽、香味、口感都做到最好。这次精心试制的 14 斤春茶，都与去年失败的那批茶叶有天壤之别。他信心百倍，请来省里的专家品鉴。专家们对这批茶叶给予了高度评价。有了专家的肯定，王林福他们更是信心百倍。

1979 年 4 月 14 日，首批刚刚炒制完成的紫笋茶运抵浙江省茶叶公司。打开包装，一股清馨的兰香扑鼻而来，绿如翠玉、白毫微显、条索紧直的茶叶就呈现在专家们面前。仅仅这么一亮相，重获新生的紫笋茶就赢得了满堂彩！经开水沏泡，一芽一叶，浮浮沉沉，绿脚云垂，汤色清朗，嫩绿明亮。呷一口，甘醇鲜爽，齿颊留芳。不由得让人想起诗僧皎然的诗句：“素瓷雪色缥沫香，何

1979 年长潮张岭茶场摘茶
长兴县档案馆提供

1979 年长潮张岭茶场制茶
长兴县档案馆提供

1979 年长潮张岭茶场炒茶
长兴县档案馆提供

似诸仙琼蕊浆。”专家一致认为：紫笋茶色、香、味、形俱佳，堪称茶中极品！大家高度赞赏长兴为恢复紫笋茶这一千年贡茶取得的巨大成功，同时认为，应该扩大紫笋茶的知名度，使千年“贡茶”深入民心。省茶叶公司当即决定将部分紫笋茶分成小包装，在杭城试销。4月24日，《浙江日报》在头版刊出《千年贡茶重问世——长兴紫笋茶在杭试销》的消息。消息传出，杭城居民纷纷排队竞购，成为一道靓丽的风景。据说，一位老太太慕名要喝皇帝喝过的紫笋茶，连续排了三次队才买到。

听说长兴成功恢复了千年贡茶紫笋茶，江苏省著名茶叶专家张志成将信将疑，他坚持要亲眼看一看，亲口尝一尝。于是就专程赶到水口，走进叙坞岕。看着满山翠绿的茶树，饮着醇香清亮的茶汤，他连连点头：“真是百闻不如一见啊！这才是真正的紫笋茶，真香！”

不久，浙江省开展名优茶评选活动，重获新生的紫笋茶第一次盛装登场。“形状紧直带扁，芽嫩绿明亮，色绿润，回味甘，香气清高，品质优异，风格独特。”评委们对紫笋茶可谓不吝赞美之词。初次亮相的紫笋茶就征服了全体评委，把浙江省名优茶的奖杯捧回了长兴。消息传回长兴，王林福、周火生、吴建华他们欣喜若狂，奔走相告。“终于成功了！”所有的付出，此刻都得到了最好的回报。

1985年，由中国茶叶学会和农牧渔业部共同举办的全国名茶评比会在六朝古都——江苏南京举行，会上评出了11个名茶，紫笋茶名列其中。此后，长兴紫笋茶连续四年获得“全国名茶”称号。从此，长兴紫笋茶正式跻身全国名茶的行列。1986年，长兴被农业部评为全国名茶基地。

付出了多少心血和精力，王林福没有算过，但是看着眼前这些金灿灿的奖杯，他由衷地欣慰：自己没有辜负庄教授的教诲和嘱托，没有辜负长兴父老乡亲的厚望。

如果说，1978年，辞去浙江农业大学的教职、离开繁华的杭州来到长兴时，吴建华还曾经多少有点顾虑，那么，此时此刻，他全部的感受就是一个词：庆幸。

他庆幸亲自参与了恢复千年贡茶紫笋茶这样一件必将载入中国茶叶史册的盛事！作为长兴茶叶事业的一名新人，他决心用自己的所学，为紫笋茶的发扬光大尽自己最大的努力。

三、江山代有才人出

与王林福历经二十年艰辛终于实现恢复紫笋名茶的夙愿相比，吴建华常常觉得惊喜来得如此之快。算起来，他是王林福的同门师弟，也是浙江农大茶叶专业的高才生，毕业后留校任教。留在省城，专业对口，曾经被很多同学艳羡。

出乎大家意料的是，1978 年，他不顾母校挽留，毅然离开杭州落户长兴。那是因为他的内心深处一直有一个梦，那也是他的导师庄晚芳教授的梦：恢复紫笋茶！他一直记得庄老师对他说过的话：长兴紫笋茶，那是自古出了名的，我们有义务恢复它啊！

正所谓：天时地利人和。吴建华是真正的躬逢盛事。他来到长兴时，正赶上长兴恢复紫笋茶的攻坚阶段，他也顺利进入了试制工作的核心团队。1979 年春，吴建华来到顾渚村，投入了大山的怀抱，投入了一望无际的翠绿茶园。从此，也开启了他的华彩人生。

1979 年，紫笋茶试制成功，同年被评为浙江省名优茶，次年荣登全国名茶之列，短短几年间，收获诸多荣誉，刮起了一股“紫笋茶”旋风。当身边的同事们沉浸在成功的喜悦中时，吴建华依旧保持着清醒的头脑。他知道，试制成功、赢得荣誉固然可喜，但是想要使紫笋茶发扬光大、重现千年贡茶的繁荣景象，要让紫笋茶进入千家万户，要把紫笋茶打造成长兴的一张金名片，还有太多事要去做。

顾渚山是中国茶文化的发祥地，茶圣陆羽曾在这里种茶、采茶、品茶，研究茶事，写就旷世巨著《茶经》。陆羽何以如此痴迷顾渚的山、水、茶？紫笋茶之所以名扬天下，到底优在哪里，名在何处？这些问题，困扰着吴建华，他想要弄个明白。于是，吴建华头戴斗笠，脚穿草鞋，背上干粮和测量计算仪器，在当地农民的带领下，每天走村串户、翻山越岭，开始了深入细致的调查。这次调查持续了数年之久，吴建华的足迹遍及水口的顾渚、北川、江排、茅山、坞头山和煤山的尚儒、和平的霞雾山、长潮的张岭，实地寻访、踏勘野生紫笋茶树 9.7 万多株。全部严格按照省农业厅的标准逐一测量和记录。同时，通过挖土取样化验、采样对比，掌握了紫笋茶生长独特的地理条件、土壤特点、气候环境等大量第一手资料。

长兴本地有句民谚："高山出好茶。"顾渚山西倚天目，东濒太湖，终年云雾

丰收乐章
陈鲜忠｜摄

缭绕，雨量充沛，空气清新。这里的土壤结构很独特，土壤松软、透气，俗称“香灰土”，常年堆积的腐叶是茶树丰富的有机肥料，非常利于茶树成长。加上紫笋茶大都生长在海拔 200 米的高处，这里生态环境保护得很好，优越的自然环境形成了绝佳的生态系统，这里有大量坚硬的瓢虫，是茶树害虫的天敌，因此紫笋茶几乎不受病虫害的困扰。正是这样得天独厚的自然环境，孕育了这世间珍贵的紫笋茶。

作为一个接受过现代茶学知识专门训练的专业人士，吴建华对紫笋茶的营养价值有浓厚兴趣。于是，他把紫笋茶叶送到母校浙江农业大学进行切片检测，在显微镜下，紫笋茶的叶片栅栏组织很薄，海绵组织很厚。经过检测，茶叶富含多种氨基酸和多胺类物质，尤其是硒含量远高于其他同类茶叶。看来，紫笋茶能成为名茶，绝不仅仅是因为皇帝喜欢饮用，而是有科学依据的。这些检测结果和调查报告后来发表在《中国茶人》和《茶博览》杂志上，《茶博览》还特意为长兴紫笋茶做了一期专栏。

对紫笋茶有了全新的深刻认知后，吴建华更加珍爱这一茶中珍品，也更加热爱自己的种茶事业。他与县气象站的同志一起把百叶箱搬进张岭茶场的百亩*茶叶基地，聘请专职记录员每天定时对当地的气温、地湿 、湿度、光照进行详细、认真的记录，一记就是三年！紫笋茶生长的任何一个细微变化，都被吴建华他们记录下来，并进行了科学的分析。这对于茶树的科学种植、茶叶品质的提高，起到了不可估量的作用。

在长兴县委、县政府的高度重视下，王林福、吴建华这样的茶人不懈努力之下，紫笋茶不仅重见天日，茶叶品质也越来越好，种植面积日益扩大。进入 21 世纪后，长兴县把茶叶生产作为全县现代农业的主导产业来抓，重中之重则是推广紫笋茶，还在全县确立了 30 个紫笋名茶生产基地。紫笋茶名茶迎来了最好的发展

---

* 亩为非法定计量单位，1 亩 =1/15 公顷。——编者注

机遇。到 2008 年，紫笋名茶已发展到 3.5 万亩，年产茶叶 300 多吨，并涌现出“顾渚”“张岭”“桃花岕”等多个紫笋茶品牌,市场如火如荼。带动了经济的发展,也促进了茶农增产增收。

为了确保紫笋茶的品质，在农业局党委的领导带领下，吴建华等茶叶专家，专门组成了 7 个督查小组，分片、分乡镇、包茶场（厂）对 50 多个茶场的采摘、炒制等工序进行定点不定期的督促检查，努力提高茶叶质量。他们还通过举办技术培训、斗茶会以及名茶评比等活动，提高茶农的质量意识、品牌意识。

“斗茶会是我们为了提升茶叶品质设计的一项有趣的活动”，吴建华说。尽管十多年过去了，吴建华还清楚地记得 2006 年 3 月 24 日的那次斗茶会。看着茶老板们在“斗茶会”上比来比去，面红耳赤地争执彼此茶叶的优缺点，他在一旁乐开了怀：“茶场平时忙于生产，很少交流，不了解其他茶场的茶叶生产和品质情况。斗茶会可以让茶老板们彼此交流，找出自己与别人的差距，进而提升品质。这样一来，紫笋茶的整体品质就提高了。”

在吴建华他们这些新一代茶人的努力下,紫笋茶散发出迷人的魅力。1990 年,在农业部举办的中国国际农博会上获名牌产品称号，在北京的第二、三、四届中国国际茶业博览会获得金奖。至此，紫笋茶在省级以上的国际茶博览会上已连续获得十六项金奖。

吴建华清楚地记得，在一次国际茶博会上，不仅组委会对长兴县的茶叶评价很高，许多参加展会的业内人士围着长兴的展台索要紫笋茶资料的热闹场景。在品尝过紫笋茶后，大家一致认为形色香味俱佳，的确不同凡响。紫笋茶的名号，越来越响亮。

1996 年，吴建华接替师兄王林福，出任紫笋名茶公司总经理。2006 年，他又想着要恢复唐代紫笋茶的真身——“紫笋饼茶”。当时，雅静茶艺楼的创办者杨亚静正在研制恢复紫笋饼茶，已基本成功。2007 年，在吴建华的大力支持和指导下，紫笋饼茶终于回归了历史舞台。2020 年 4 月 1 日，长兴紫笋茶文化节暨纪念紫笋茶进贡1250周年活动在水口大唐贡茶院隆重举行。祭祀陆羽、大唐宫廷茶礼、宋代点茶、现代冲泡等茶艺表演，通过现场直播，传向世界各地。2021年4月11日，“千年紫笋西安行”，来到陕西历史博物馆，开展唐茶文化交流会；联合西北国际茶城，举办长兴紫笋茶文化巡礼暨千年贡茶（西安）发布会。紫笋茶，真的再现了盛唐气象！

如今，吴建华已经退休，可以颐养天年了。不过，虽然卸下了茶叶公司经理、县茶叶协会副会长秘书长的重担，他的心却始终牵挂着紫笋茶，还在为紫笋茶培

大唐宫廷茶礼
杨亚静 | 摄

养后继人才发光发热。

令他感到欣慰的是，经过他们的不懈努力，紫笋茶市场越做越大，不仅销往全国各地，还大量外销日本、新加坡、美国等国，前几年还和“立顿”公司开展合作，进一步拓展国际市场……

如今，漫步大唐贡茶院，抬头看，只见群山巍巍；俯首听，山间碧水淙淙。满山茶树翠绿醉人，美丽乡村鸡犬相闻。好一幅山水长卷！此情此景，让王林福和吴建华同时想起那个一直为恢复紫笋茶奔走呼吁的茶人、他们的恩师庄晚芳教授，得知紫笋茶成功恢复的喜讯后，庄老曾赋《紫笋茶》诗一首：

史载贡茶唐最先，顾渚紫笋冠芳妍。
境亭胜会留人念，绿蕊纤纤今胜前。

顾渚有幸！紫笋有幸！

作者简介 陈美霞，笔名云冉冉（飞云冉冉），浙江省作协会员，作品在《诗刊》《星星诗刊》《诗选刊》《诗歌月刊》《十月》等刊物上发表，选入多部选集，多次在全国诗歌散文大赛中获奖，曾获得“第七届大别山十佳诗人”称号。

体验

应天祥 | 摄

一片叶子的品质

张子影

水口

那个地方名字叫做“水口”。

这个名字一唤出来，天然就有一种水汽氤氲的味道。而那样一个水灵出色女子的故事，便在这水汽氤氲的地方，被慢慢地讲起。

哥哥把弹弓再一次稳稳地瞄准后，停了半晌，泥砣的弹丸却迟迟没有射出。天气晴好，对面树上的板栗也看得清清楚楚，只是，身边没有响起如昔的喝彩，他回头看，他的妹妹，那个垂着两条辫子的小姑娘，并没有像以往一样雀跃着跟在身边。

哥哥在山坡中的一片碧绿中找到她时，她正坐在山石上，若有所思般地遥望远处的山，手指无意识地绕着她的发辫。

哥哥伸开手，掌心躺着几颗板栗果实，那是那个年代里做兄长的他能给予疼爱的小妹最好零食。平素她是要笑逐颜开的，但今天，她看也不看，兀自对着远处的山说：那边是什么？

哥哥说：那是顾渚山。

我问你山的那边是什么？

还是山呗。做哥哥的心无城府地说。他不明白，小小年纪的妹妹为何要做如此发问。

几十年后，回忆起这个片段，杨亚静说，其实她也并不知道，当年的那个望着远处起伏山峦的自己，心里到底期待什么。

关于童年和少年所有的记忆，杨亚静说了一句很简洁却经典的话。她说：

我是闻着水口的茶香长大的。

茶艺师杨亚静是湖州长兴人，出生在水口。父亲自七十年代起任职供销社主任。别看职务不算高，但在那个计划经济物质严重匮乏的年代，这是让人很有些艳羡的职位。

茶在中国是有千年以上历史的，对于爱茶的国人来说，开门七件事，对于长兴人来说，茶是每天醒来后的第一件大事。供销社有一个重要的功能是采购销售茶叶，20 世纪 80 年代之前，在差不多长达 20 余年的时间内，供销社是人们能够买茶的唯一去处。

高中毕业，像那个时期大多数的年轻人一样，杨亚静招工进了供销社系统，分配在下属公司“长兴土特产公司”。因为年纪小，领导安排她去门市部站柜台，专门卖茶叶。

虽然天天与茶叶打交道，但杨亚静真正认识茶，还是在那个春天。

父亲在水口顾渚的朋友，带着和她同龄的女儿阿惠来到她家拜访父亲，并且带来了生长在自家顾渚山上，自己亲手做的茶叶，冲泡后茶香四溢，一下子就把杨亚静紧紧地吸引住了，就相约去朋友家采茶做茶。因当时顾渚山还没有通车，车只能开到水口，她们二人搭上一辆拖拉机，在摇晃的嘭嘭声里开进顾渚山。

到了父亲朋友家，已经傍晚，山里凉凉的空气，让她贪婪地呼吸着，第二天两人各戴着一顶草帽就出门了，阿惠还拎着一只小板凳，是为她准备的。

那是个迷人的春日，小风轻吹，天上云层不薄不厚，似晴非晴的样子，她跟着阿惠，走过一段山村小路，进入山间。

那一片茶山。

那一片扑面而来的绿。

紫笋茶盛会

长兴县农业农村局提供

那是一片山间的天然古茶园，阿惠的身影在沿坡而上的株株茶树间出没。她学着她的样子采摘茶叶，细细辨识芽尖的成色。待太阳转西她们下山时，两人综合了一下所得：差不多有一斤多鲜叶的样子。望着小提筐里鲜嫩美丽的芽叶，她的惊喜无以名状。那一株株纤弱的嫩芽，碧绿中微带紫色，楚楚动人。

这欣喜还没有完结。吃过晚饭，开始炒茶。山里经常停电，那天也正好停电，阿惠点起煤油灯，伯父伯母开始教她们炒茶。锅的温度一点点升高，茶叶在锅中翻炒，发出噼里啪啦的响声，按照行内人的说法，这个过程叫作：杀青。其后，要理条、揉捻，最后放在烘焙上烘干。

满屋茶香。

那个香，把我简直醉倒过去了。杨亚静说。

多少年过去了，杨亚静还是无法忘怀那个茶香醉人的夜晚。

“她们家住的是很普通的乡下的房子，泥墙泥地，与我在县政府大院家的住房完全不能比，但是，那个晚上，我睡得太香了，太沉了。我觉得这间房子太美好了。”

这个茶香弥漫的醉人的夜晚永远留驻在杨亚静的心里。这一年是1981年，杨亚静18岁，也是她参加工作的第一年。从此每年的春天，她都会调休去顾渚山采茶、制茶。

对茶叶的爱好从此缔结在她心里。每天上班后,她第一件事是先泡好一杯茶。

其实当年供销社出售的茶叶就只有一种炒青茶，普通的1元多点。另一种标为“一级”，每斤的价格是3.62元。算是非常、非常贵了。茶叶都是来自长兴本地的。

20世纪80年代初期的长兴人大多还记得长兴土特产公司门市里那个站在柜台里的修长纤弱的小姑娘，门市部的门脸很普通，一支一支的日光灯照着，照亮了这个小小柜台，也照亮了她青春的面孔。她轻言细语地介绍茶品，十指纤纤地包茶叶，末了，收了钱，会对所有的客人启齿一笑。那是些美好的日子，宁静，清澈，香气弥漫。无忧无虑。

顾渚

顾渚是山名。顾渚是爱茶人的骄傲。

爱茶人无不知陆羽，知陆羽就知顾渚。

命运总是在人们不经意间，表现出它的不可思议性，它能给予人的艰辛与磨折，杨亚静在她近知天命的时节才知晓。长兴土特产公司门市上那个巧笑倩兮的好看女子，突然有一天，就再不见了身影。门市连同公司的大门，都关上了。

1999年，杨亚静下岗了。

起初，杨亚静对于下岗这件事的反应，并不像其他人那样激烈。她是个聪慧敏感的女子，其实，从前几年开始，对于土特产公司经营状况的担忧就早已经存在了。所以，通知到达的那天，她很坦然，甚至长出了一口气：这件迟早要发生的事情，如同那只头顶上的靴子，终于掉下来了。同事之中，很多人哭了。杨亚静没有哭。这个外柔内刚的姑娘知道，区区些许眼泪于事无补。她用看上去平静的神情迅速办理好了一切。她拿到的全部钱是：14 000 元。这是她自 1981 年进入供销社，到 1999 年下岗，整整 17 年买断工龄的全部收入。

直到她捏着那笔薄薄的钱回到家，面对父亲忧虑的眼神，看着刚刚上小学的儿子，她才突然明白：自己从此，是一个没有单位，没有收入的人了。年届 30 多，这个岁数于女人是尴尬的，不算大，但绝对不再年轻。她仿佛是被突然扔进大海里的一条鱼，看似世界阔大，却全无头绪，今后的日子如何游走，全在个人了。她此时才恍然发现，活了这么大，居然一无所长，连养活自己的本领也没有。儿子已经上小学，爱人的单位也处于风雨飘摇中。下岗后的杨亚静经历了一段起伏不平的日子后，调整好心态，开始走上了创业之路。她坚信，自己下岗后，是另一种生活的开始，只要自己努力，一定会活得更加精彩。看到年迈的父母对她生活的担忧，以及培养渐渐长大的儿子所需的费用时，她暗下决心，一定要好好努力，只有自己生活好了，父母才不会担心，这也是对父母最大的孝顺。儿子是自己生命的延续，一定要好好培养他成为一个对社会、对家庭有担当的人。

因无资金扶持，又无创业经验，借贷了近十万的初期创业以失败而告终。但是，杨亚静是个不服输的女子。她好强，更自尊，她十分努力，也够用心，每天很忙很累，但是同时，她也开始迷茫，开始怀疑自己的能力，一颗心像是天天揪紧着悬在半空里，哪哪儿都靠不上岸。

直到有一天，她因事路过顾渚，一片茶山扑面而来。

那一片茶山。

那一片扑面而来的绿。

漫山遍野的茶树以一如既往的温存和安详迎接她。她像被子弹击中一般立即刹住了脚，站在那片茶山前，蹲下身来采下一片绿芽，所有关于茶叶的记忆在那

《饮茶歌诮崔石使君》
章庆文 | 书

一刻都复活了，那颤抖在小提篮中的片片嫩芽，翻滚在热锅中的茶叶，那阵阵弥漫而出的醉人茶香……她的心，在那一刻变得柔软，舒展，熨帖。

她突然热泪盈眶。她恍然大悟：在长兴，守着顾渚山，还有什么是比茶叶更贴心的事物呢？从此，她放下了所有其他的创业想法，专心致志地要做好茶这一行。

现在我们要说长兴。还有长兴的顾渚山。

长兴是中国茶文化的发祥地之一，境内的顾渚山海拔 355 米，清同治《湖州府志》载："夫概顾其渚次，原隰平衍，可谓都邑之所。顾渚山景色，今崖谷林薄之中，多产茶茗，以充岁贡。"《寰宇记》载："山夹于斫射、悬臼两岕（谷）之间，西靠大山，东向太湖，气候温和湿润，土壤肥厚，山阴处多云雾，宜茶叶生长。"唐代湖州刺史张文规称："茶生其间，尤为绝品。""茶圣"陆羽多年游历后最后定居在湖州，写就了我国第一部茶叶专著——《茶经》。在中国茶文化史上，陆羽的茶学、茶艺、茶道思想，以及他所著的《茶经》，是一个划时代的标志。

杨亚静开始做茶。一个女子面对命运的抗争从此开始。

供销社培养起来的老一代爱茶人还在，他们大多开始进入老年，成为茶叶的主要消耗群体。新一代如杨亚静般的青年人已长大了，渐成饮茶生力军。这一时期品了大半辈子茶的父亲正好退休赋闲在家，于是父亲义务做了女儿的创业导师，教会她如何脚踏实地办企业。杨亚静是在茶堆里长大的，她从供销社到土特产公司的那十多年的班不是白上的，她识茶，认茶，也懂茶，从父辈那里承袭多年的优质茶浸润，杨亚静建立起了良好的品位。没过多久，也没有费太多的周折，杨亚静就建起了自己的茶叶产销链。每年春天是采茶的时节，茶农们争着把自家的好茶送到她的铺子上。她有了固定的客户，她的周围渐渐有了固定的茶友，不忙的时节，她与她的朋友们一起，聚在顾渚山下，喝茶，聊天。看着孩子在清风原野上奔跑。

生活仿佛从此走向了正轨。人生如果就此到顶，倒也算得上心满意足。但杨亚静不是个只满足安逸的人。当年那个指着远方的山峦向哥哥询问的小姑娘长大了，内心里对外面世界的向往再一次令她不甘平静。她要把家乡的好茶介绍给更多的人。

她首先想到的是开放中的大上海。

说干就干。她拿出全部积蓄，约了朋友径直去了上海。一番考察选择，看中了一个还算满意的地方，在 2001 年的春天，开了一家茶行，一番精心装修装饰后，赶在春茶上市时节开业了，按着上海人的习惯，茶行取了一个讨乖的名字："浙江茶行"。没想到，开业第一天，上海人精致的审美文化就给了她当头一棒。

第一个进来的是个中年男人，把店内陈设的种种茶仔仔细细看过一遍，又问过一遍后，才操着上海腔，慢声细气地说：我买龙井。

杨亚静很高兴，用她美丽的微笑面对这第一个客人：好的，您要多少？

上海男人伸出一根手指，慢声细气地说：侬给我称一两。

杨亚静有点吃惊，她不太相信地看着他，问道：您要多少？

男人说：一两。

杨亚静连问了三遍，这个上海男人的回答都一样，最后一次回答时，他显然是有些生气了，而杨亚静的反应是——“我差点晕过去！”

从小到大，杨亚静都知道，在她的家乡，水口，长兴，甚至整个湖州，人们每天早晨起来就要泡好一杯茶，每天早晚茶不离手。当地人在每年的这个时节春茶下来的时候，就会买好一年用的茶，进了茶铺，一次买上五斤十斤是太正常不过的事情了。可是这高楼大厦林立的上海，一个男人进了茶铺居然只买一两茶，这简直太匪夷所思了。

杨亚静哑然了，她耐着性子包了一两茶，男人有些不快地提着走了。

那一天一个两个陆陆续续的，先后来了十几拨客人，杨亚静说得口干舌燥，到了晚上打烊的时候一盘点，总共才卖掉了不到一斤茶。

这一日，一个相熟的客人带了几位茶友来访，杨亚静泡茶亲自招待。一个客人张嘴就问：你们有铁观音吗？

杨亚静哑然了，她听不懂，她想，自己居然不知道，还有名字叫作“铁观音”的茶。

朋友看出了她的窘，就打圆场说，客随主便，我们听亚静安排好了。亚静介绍一下你们长兴的好茶。

众人坐下来。杨亚静说：长兴是出贡茶的地方。看着客人不停地点头，杨亚静笑着说，顾渚山脉的紫笋茶，可是我们长兴人的骄傲。

历史上长兴出过的好茶很多啊！杨亚静点着手指数着唐代贡茶、明代岕茶，以及现代名茶。看着客人不停地点头，杨亚静继续说：我们长兴品茶有三绝：紫砂壶、金沙泉、紫笋茶。我们长兴的茶是陆羽笔下的顾渚第一，此茶就产于我的家乡长兴县水口乡顾渚山一带，是我们长兴人的骄傲。长兴紫笋茶是唐代的贡茶，而且在1979年恢复名优茶后，80年代多次获得全国十大名茶之一。杨亚静说。

中韩茶友会
邹黎 | 摄

客人中的另一位，一直微笑沉默不语。听到这里，客人突然说：

紫笋茶在唐代应该是饼形状的，可是，工艺已经失传了。

紫笋不仅是茶，紫笋是一段历史，更是一种文化和精神。客人又说。你应该去参加茶艺师培训，客人建议她说。

那个夜晚杨亚静失眠了。月光照进她小小的房间，四下精心摆放的各种茶具茶叶器物，在夜色里静静吐露清氛，她意识到，自以为喝了十几年茶的人，其实对于茶知识、茶文化及茶技术的了解和掌握实在只是冰山一角。

紫笋

2001 年 10 月间，杨亚静转让了上海的茶行，打点行装回了长兴。然后又离开长兴，去了杭州、宜兴、北京，她放下生意，师从中国茶艺界诸大师，学习茶艺。生存于她，已经是退而求其次的，她决定重新开始另一种茶艺人生——不再仅仅是为稻粱谋。

2002 年 10 月，她报名参加了中国茶叶博物馆茶艺师培训，在这个茶艺师的摇篮中迈开了学习茶艺的第一步。培训期间，她掌握了中国茶文化发展史、中国六大茶类以及如何泡好一杯茶。凭着对茶的热爱和努力学习的精神，她顺利地考取了中级茶艺师。培训结束后的第二天，她跑到了宜兴，买了一套茶具，专门练习铁观音的冲泡方法。

第二年，她考取了高级茶艺师。经过几年的学习加实践，茶系理论烂熟于心，茶经历史深入浅出，茶艺操作亦开始步入臻境。

考取高级茶艺师后，回到长兴，她开了一家“雅静茶艺楼”。茶楼全部田园设计，一应装潢全部绿色，竹林、藤蔓，父亲亲笔书写的八块“名茶简介”的牌匾，分挂在各个包间。此时，“雅静茶艺楼”名噪一方。

2005 年，她又一次走进中国茶叶博物馆，参加茶艺技师的培训，在培训期间，再一次地听到紫笋饼茶的辉煌历史。因此，除了品茶、鉴茶、制茶、泡茶，她还在默默地决定一件事：一定要研制复原紫笋饼茶的加工工艺。

长兴顾渚山由于优越的自然环境和良好的土质条件，早在数千年前已孕育出人间稀世珍品——紫笋茶，陆羽《茶经》曰：“茶之笋者 ，生烂石沃土，长四五寸，若微蕨始抽，凌露采也。”顾渚紫笋，因其鲜茶芽叶微紫，嫩叶背卷似笋壳，故而得名。经过“茶圣”陆羽的推荐，被列为唐代贡品，自唐朝广德年间开始以团茶进贡，至明朝洪武八年“罢贡”，并改制条形散茶，前后历史 600 余年。从中唐始，顾渚山已经是皇帝的“御茶园”。宰相李吉甫撰《元和郡县图志》中载：“贞元以后，每岁以进奉顾山紫笋茶，役工三万，累月方毕。”诠释了唐代贡茶的盛况。

听说杨亚静要研究恢复紫笋茶饼，业内人士大吃一惊，好朋友们推心置腹地说：这可是失传多年的技艺，你能恢复吗？别折腾了，守着你的“雅静”和你的名气多好，小心骑虎难下，坏了名声，失了声誉。她不反驳，不激动，只是淡淡一笑。朋友走了，她继续她的研究。

她又一次戴上了草帽，走遍了长兴顾渚山脉的山山水水，终于找到一片满意的茶山，这是真正“藏在深闺人未知”的处女地，连路都不通，附近的茶农采茶，全部是徒步进入山间。她脱去所有的绫罗绸缎，每天素衣布服，一顶大草帽，随着茶农们一起上山，除草，间苗，采茶芽。几十里的山路，每天来回，脸庞晒得通红。收来的茶，她亲自晾晒，揉捻，焙炒……

她给她的紫笋茶取名“香叶嫩芽”，她认为有芽有叶才是好茶。

当年的紫笋茶在唐代贡茶中居于何等地位，从唐文宗时重臣韦处厚的诗句可见一斑，诗云：“顾渚吴商绝，蒙山蜀信稀。”意思是紫笋茶被“中枢”掌控，而曾被陆羽评为全国第一的“蒙顶茶”，已退居到皇宫里很少有人问起。所以，在唐代贡茶中，紫笋茶处于“至尊”的地位。但到了明末清初，紫笋茶逐渐消失。几百年来，不乏有识之士悉心钻研，但一直未能如愿。现在，一介女流杨亚静的独自探索，在行内人看来，可谓是令人心惊的雄心宏大。

比起行云流水般美丽与优雅的茶艺表演，制茶与制作茶饼的历程堪称煎熬艰辛与艰难。紫笋茶饼失传已久，从茶具模具的选择到制作流程过程都无据可查。一本《茶经》杨亚静不知翻了多少遍，还不时打电话或者上门，向诸位茶界大师求教。

就说这个拍模成型的过程吧，起初完全不知道要拍成什么样——拍紧了茶叶闷住了，拍松了茶叶散了，这松紧程度只在手掌里的体会，没人能道出准确的量值。一个烘焙周期是一周左右，这一周的时间里她就守着她的茶，日夜无休地盯着，实在困顿了就打个盹，才睡着又惊醒，醒来后第一件事就是跳起来去看她的茶饼。没有人知道，杨亚静经过了多少失败。那些个夜不能寐的夜晚，她每每面对因失败而破碎的石臼，累得眼泪都流不出来，一张姣好的花容面，熬成了夜婆状。

那些夜以继日的日子里，而对茶炉她偶尔的神驰竟是看到了当年，那个坐在田野地里，遥望远方的小姑娘。

山的那边是什么呢?

2007 年春天，她终于成功研制出了大唐贡茶——紫笋饼茶，并复原了大唐煎茶法。同年 12 月，她与朋友合作创办了长兴丰收园茶叶专业合作社，在十里古银杏长廊，也就是唐代贡茶区“伏翼涧”承包和开发了几百亩茶园。

2008 年，大唐贡茶院重建后隆重开业，一排排紫笋饼茶摆放在醒目的位置。这一天人流如织，人们听说紫笋饼茶重出江湖，人人趋之若鹜，争相一睹为快。在贡茶院，他们终于见到，那些一两一饼的饼茶，沉静而低调地据守在特制的盒子里。

许多茶人居然热泪盈眶。

凤辇寻春半醉归，仙蛾进水御帘开。

牡丹花笑金钿动，传奏吴兴紫笋来。

《湖州贡焙新茶》

杨金土 | 书

《茶经》中紫笋贡茶加工工艺

长兴县文化馆提供

一　采之

二　蒸之

三　捣之

四　拍之

五　焙之

六　穿之

七　封之

茶之干矣

《茶经·三之造》：“……晴采之、蒸之、捣之、拍之、焙之、穿之、封之，茶之干矣。”

2008年3月底，杨亚静做的十片紫笋小饼茶进京，在拍卖会上，10片总重不过350克的茶饼拍得5.3万人民币。在茶界引起轰动。之后，杨亚静创办的长兴丰收园茶叶专业合作社注册了“大岕峰”商标，并提出了合作社的宗旨，即“做老百姓喝得起的放心茶”。“大岕峰”牌紫笋茶连续四年获得浙江省绿茶博览会金奖，连续四年获得长兴县紫笋茶王赛金奖，靠的就是从茶园管理到加工工艺质量关的严格把控。

春天

杨亚静的茶室，四季如春。

如今端坐在亚静茶艺工作室的她，沉静而优美地取茶，冲汤，碗中茶叶或淡绿清澈，或沱红如翡，香醇甘爽，回味生津。她淡然地聊天，听歌，与朋友们闲话天南地北。同样是天南地北的客人，不远千里，来到这里，只为她的一杯茶。

不管在外头的名声多么响亮，杨亚静只专注她面前的一杯茶。

春天是采茶的时节。

很少有人像她一样那么属意春天。春天是她的全部，在春天里，她特别焦急，特别激动，特别希冀却又特别心平气和。因为她要把每一片茶都做到最好。

春天的天气如同孩子的脸，阴晴不定，她每天都盼着天晴，这样采下来的茶，色香味俱全。

春茶季，每天早晨，杨亚静的工作就是审评前一天采摘加工好的茶叶，从干茶的外形、汤色、香气、滋味、叶底五大因子，评定每一款茶，寻找出茶的优劣，并定价。她只是想给每一位喜欢她的茶的朋友们，提供一杯真正的好茶，这是她的境界。

你看到的茶叶是这个春天发出来的，但它的树枝，树干和树根在地下，在山间经历了多少岁月风雨，才在这个春天孕生出了一片茶叶。这每一泡茶汤里，浸透了自然经年的积蓄。

在紫笋持久留香的回味里，她说：我所有的努力和坚持都是值得的。

> 不羡黄金罍，不羡白玉杯，
> 不羡朝入省，不羡暮登台；
> 千羡万羡西江水，曾向竟陵城下来。

拥有春天的杨亚静是一个幸福的人。

拥有了春天的杨亚静是幸福的，她让长兴的茶再一次从顾渚山走出去，走向了山外。如果说，茶里有长兴人的神，这紫笋就系着长兴人的魂。

她是曾经被社会前进的大潮挤下轨道的人，她曾经是被时代无情搁置一边的人，但是在这片叶子上，她找回了自己的位置。

从长兴回来我迷上了紫笋茶。紫笋不仅仅是茶。

每一片叶子都含着长兴人的品质。

作者简介 张子影，空军政治工作部专业作家。中国作家协会会员，中国电视剧编剧工作委员会会员，中国诗歌协会会员，中国报告文学学会会员，巴金文学院终身签约作家。
已出版小说集《女兵一号》、诗歌集《一朵云响亮地飘动》、长篇纪实文学《大上海沦陷》《守望光明》、长篇报告文学《飞越驼峰》《走向文明》等，影视剧《新女驸马》《我爱芳邻》等四百余集。在《人民文学》《中国作家》等各种杂志报纸发表中短篇小说及诗歌散文作品数百万字。

雪落深山
陈鲜忠 | 摄

茶人中坚力量：俯身，一枚青叶的执着

戴国华

自2017年以来，长兴县人民政府每年举办“紫笋茶王争霸赛”，涌现出一批优秀的茶企、茶人。应茶文化研究会之请，我走访了其中的几位，他们对于茶叶的执着，深深打动了我。

林瑞满：躬身引领，精彩蝶变

在徽州庄，不论男女老少，只要你说起老书记林瑞满，大家都会赞不绝口，不由自主地点起赞来。

林瑞满对于徽州庄的百姓来说，无异于是领头雁。2002年，43岁的林瑞满成了徽州庄村的党总支书记，当时的徽州庄山多、水田少，村民仅靠种番薯为生，收入低，居住散，出行不便。

上任后，他带领全村通过重点培育茶叶、苗木、杨梅、毛竹等特色产业，走高效生态农业之路，经过几年的不懈努力，全村经济得到了快速发展，95%以上的村民都住进了楼房，昔日的穷困山村精彩蝶变，变成了有名的小康村、富裕村。

林瑞满始终把“村强民富”作为自己的奋斗目标，全心全意为村民群众谋发展，得到了大家的肯定，也为自己赢得了荣誉。2004年，他被评为长兴县唯一一位浙江省为民好书记。

水口地区历来有种植茶叶的习惯，唐代的时候，紫笋茶还被作为皇家贡茶进贡，茶叶栽培历史悠久，茶文化繁盛。

而徽州庄，一个美丽的小山村，娴静地镶嵌在水口乡苍翠茂密的群山之中，当地的百姓每家每户也会房前屋后、山间地头零散地种上几株茶树。不过，由于品种老化，粗放式的种植模式，2000年前后，这里的紫笋茶寂寂无闻，毫无市场竞争力，所产的茶叶只供自家享用。

这番光景，林瑞满是看在眼里、急在心里，20世纪70年代，他曾创办长兴徽州庄茶厂，对茶叶种植、加工、销售有着丰富的经验。如今当上了村党总支书记，他觉得是时候想想办法，为老百姓在茶产业发展上寻求突破。

正好，几年前，长兴县已经把茶叶生产列为主导产业，政策有支持，发展有需要，这是一个很好的契机，“机会总是会光顾有准备的头脑”，而林瑞满很好地把握住了这次发展的节奏命脉。

要增强茶叶的市场竞争力，首要任务就是改良茶叶的品种。林瑞满当机立断，率先在自己承包的100多亩茶园做起了试验，他冒着损失三年左右经济效益的风险，以常人不及的勇气把100亩茶树全部挖掉，更换新品种，潜心研制长兴本土紫笋茶。“我与浙江大学合作，用专业技术改良茶树品种，效益比原来翻了几倍。”林瑞满说。

试验成功后，茶树品种改良很快在全村得到推广。到2004年底，徽州庄共改造茶园面积300亩，新种茶树200亩。改良了品种，剩下的就是制作工艺的难题了。手工制茶一直是当地茶农的传统工艺，而家家户户自己做的茶没有统一的标准，干茶的外形千差万别。

“我们的茶叶到市场上跟人家比较，就是好吃不好看。”林瑞满如是说。于是，林瑞满通过提高收购价，直接向茶农收购紫笋茶鲜叶，由他采用手工机械结合的方式统一加工，用手工操作保证口味不变，以机械操作保证外形美观，这大大提高了茶叶的品质和卖相，提高了村民的积极性。

随后，林瑞满又牵头引进先进设备，在原本亏本的村办茶厂基础上成立了长兴大唐贡茶有限公司，大力打造徽州庄紫笋茶的茶叶品牌，“高品质＋新技术＋专业化”，使得徽州庄茶产业发展的劲头更足、势头更茂。

2009 年，徽州庄的茶叶基地已经扩大到了 2 000 多亩，“通过品牌宣传及县里统一的推广，精品紫笋茶卖到了 1 600 元 / 斤。”林瑞满说，随着大唐贡茶院的复建完工，长兴紫笋茶的知名度再度攀升，茶叶的价格也在逐年提高。

2012 年，林瑞满负责的长兴大唐贡茶有限公司初步建立了长兴县无公害绿色有机茶精品茶园示范基地，并连续多年被农业农村部和中国农科院认证为国家级绿色食品和有机茶生产基地。2014 年，公司所属茶园面积达到 550 亩，带动

大唐紫笋

何世宏 | 摄

村民逾 1 000 户，全村种植面积 5 000 余亩，全年加工销售成品茶 200 多吨，其中紫笋名茶近 10 吨，机制毛尖茶近 200 吨，此外，还有红茶、红碎茶、绿碎茶等种类产出。

林瑞满全心带领村民增收致富、发展村级集体经济、建设美丽村庄，以身作则、带头表率、躬身引领，赢得了村民的信赖和一致好评，2013 年，村党组织换届的时候，他获得满票连任当选。

2014 年，林瑞满投入 100 万元上马了一条清洁化名茶生产流水线，“有了这条生产线，加工茶叶比原来可以节省三分之二的人力，而且效率也会相应提高。”

林瑞满知道，在中央“八项规定”的影响下，高端礼茶的价格将会继续下调，但是茶叶的整体销量不会有太大的影响，特别是中档茶叶，是老百姓日常生活的必需品，销量在某种意义上可能会增大。

一直以来，紫笋茶的采摘都是讲究“一芽一叶”，而高档的明前茶甚至只摘取芽头进行炒制，价格堪比翡翠。

相对不动的茶产业和变动的茶叶市场，让茶农们不得不随着市场的波动进行自我调节。跟得上节奏的“盛”，跟不上步伐的“衰”，自古都是这个道理。“不论是包装还是加工，或者是管理方面，我们都在走‘节俭风’。”林瑞满说。

他开始“自降身份”，降低了只要“一芽”或者“一芽一叶”的苛刻要求，专注于中档茶叶的制作，同时在包装上也摒弃了原有的高档礼盒，换上了简易包装盒，却是很符合大众百姓的消费需求。

中华茶文化源远流长，其生命力和能带动的经济效益不可估量，但是，茶文化的发展要以扎实可靠的茶叶产品为基础，首先是茶叶的品质、安全和健康，继而才会升华到愉悦的精神享受上来，只有明白了这些道理，茶企业也才能更多地获得经济回报，身兼长兴县茶叶协会副会长的林瑞满深谙此道。

2020 年，对于长兴紫笋茶来说，随着近年来知名度的提升和茶企生产水平的提高，价格也随之“水涨船高”，价格上涨的幅度基本能和减产导致的损失拉平。

林瑞满的长兴大唐贡茶有限公司采取“茶企＋茶农”的发展模式，以“收购价略高于市场价”来收取茶农采摘的青叶，以期达到助农增收的目的。林瑞满说：“我们今年收紫笋茶青叶，200元/千克的青叶收了15天，特级紫笋茶最高可以卖到6 000元/千克。”

林瑞满对于长兴紫笋茶未来的发展前景也毫不担心，政策上有县农业农村局的大力支持，技术上有浙江大学、省市农业部门的专家指导，不断改进生产模式、规范茶园管理，尽量延迟后续品种开采上市的时间，延长长兴紫笋茶等名优茶的生产期，提高茶叶品质，提升生产效率。“我们的鸠坑群体种4月5日才开采，属于晚茶，也就是说紫笋茶的采摘期从3月上旬一直可以持续到5月上旬，整整两个月，把采摘期拉长了，我们就更有赚钱的商机。”

远眺大唐贡茶茶场，满山的茶树正在孕育新的生机。

“只要乡亲们能够富起来，村庄能够更加美丽，我苦点累点都没事。”林瑞满笑着说。

如今，在林瑞满的带领下，徽州庄的荒山早已变成了村民们发家致富的金山银山，茶叶、杨梅、苗木、毛竹、蔬菜等五大产业成了村里一张响亮的农业品牌，村民的人均年收入也逐年攀升，生活越来越滋润、美好。

郑福年：国遗传承，紫笋留香

曾见过郑福年师傅，枣红色的粗布对襟衣衫，身姿瘦削而灵动，谈吐如贮存多年的紫笋老茶，内敛、淳和。

曾见过郑福年师傅制茶，郑师傅制茶手法老练，稳中有变，行云流水，随心所欲。

几十年制茶的老底子，郑师傅熟悉每一枚青叶的特性，知道应该怎样去改造它，成就它，乃至是升华它。

紫笋茶制作技艺（绿茶散茶）

长兴县文化馆提供

第一步　采茶

第二步　分拣

第三步　摊青

第四步　杀青

第五步　回凉

第六步　初拣

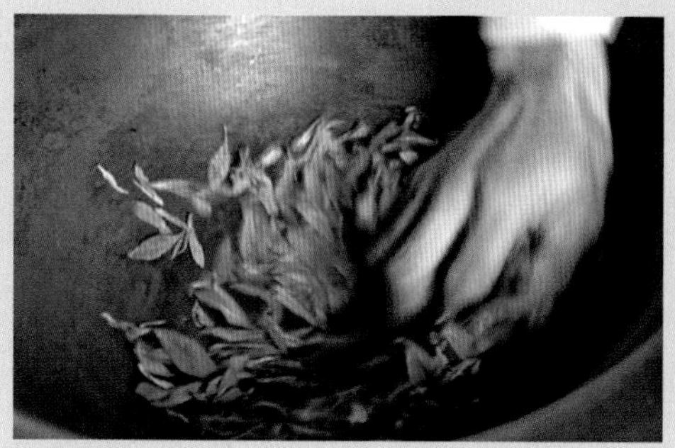

第七步　复炒

第八步　复回凉

第九步　复拣

第十步　初烘

第十一步　复烘

第十二步　贮香

第十三步　品验

第十四步　包装

仿佛郑福年就是一名导演，一枚枚青叶在手指间翻飞、雀跃、舞蹈，手与叶交融，叶与手相随，心灵相通，酣畅淋漓。好一场旷世“茶”之恋。

郑福年出生在长兴水口顾渚山脚下，顾渚山东临太湖、西倚天目，坡度平缓，植被丰富，土壤肥沃，富含有机质，适宜茶树生长。

顾渚山因茶而兴，因陆羽培植茶园、著作《茶经》而闻名遐迩，顾渚山的茶叶被称为“茶中极品”。陆羽在长兴慧眼识得此茶，推荐给皇帝，并于大历五年（770）正式成为贡茶。“紫笋”一名，也由《茶经》“紫者上”“笋者上”而得。

自然地，郑福年自幼就伴着缕缕茶香长大。

垂髫之年，他就跟随父辈上山采茶，徜徉草木间，浑身散发泥土和草叶的芳香，去结交每一枚青叶，去追寻一枚青叶的最高品质，从此就和“茶”结下了不解之缘。

以至于如今已是花甲之年的他，时常怀挂竹篓，腰间插把镰刀，肩扛锄头，提溜一个大茶壶，上山，成天和茶树做伴，俨然间，物我两忘，自在境界。

紫笋茶的手工制作技艺，郑福年最有发言权。受祖、父辈的影响、熏陶，16岁那年，他正式跟父母学做茶，从打下手到熟练掌握完备的一套紫笋茶的制作技艺，郑福年用了15年。作为长兴紫笋茶制作技艺第四代传承人，几十年来，郑福年不仅熟练掌握了现代紫笋炒青茶的制作技艺，还潜心研究《茶经》等旧典籍，恢复了古代特别是唐代时期茶饼的制作、创新蒸青紫笋（散形）工艺。

烘青、蒸青、茶饼、酵红、乌龙等不同制法郑福年烂熟于心，特别是根据古法反复研究出来的“蒸青”技艺，更是避免了传统炒制茶叶的烟火气，保持了紫笋茶原有的天然清香，更为自然熨帖。

郑福年说：“相对于现代机器制茶，手工制茶更为灵动，更有生气。”是的，手工茶，每一枚叶子都倾注了做茶人的心血，都会呈现出不同的风味和个性，都是有温度和性情的。

郑福年出新后的守旧，不是落后倒退，而是一种回归，去找回古朴与本真，是于人间烟火中探寻的诗意，是笑看繁华后的归隐，去接近最好的自己。

紫笋茶，这款历经唐宋、走过明清，进贡历史最长、制作规模最大、数量最多的贡茶，其制作技艺曾失传了三个多世纪。近代以来，经过一辈辈茶人孜孜不倦的钻研、试做、推翻、重来，终于复原了手工紫笋茶的制作技艺，并薪火相传至今。

郑福年手工制作紫笋茶也讲究机缘，追求完美。

每年的清明前一周到谷雨节气的某个清晨，天气微凉，东方鱼肚微白，郑福年上得山来，他深谙“晨则夜露未晞，茶芽斯润”的道理，趁露水刚刚隐退，采下一芽初展或者一芽一叶，此时的青叶最为饱满。

紫笋茶手工制作需要经过采摘、分拣、摊青、杀青、回凉、初拣、复炒、复回凉、复拣、初烘、复烘、贮香、品验、包装共14道工序。

而整个工艺中“杀青”无疑是最关键的一环，需要火候和炒制的默契配合，没有五六年是学不出师的。几十年来，郑福年靠着一双手去感受干湿度、闻茶香，练出了厚老茧，练就了“铁砂掌”。

郑福年精心手制的极品紫笋茶，其芽味细嫩，芽色带紫，芽形如笋，条索紧裹，沸水冲泡，芳香扑鼻，汤色清朗；茶叶舒展后，呈兰花状，观之楚楚诱人，尝之齿颊甘香，生津止渴，回味无穷。

精细的古法制茶的确会让人如痴如醉，而唐代的茶饼制作也颇具意趣。

茶饼制作，必须进行极为严苛的分拣，摊青，再放进木桶里蒸，这“桶”，形似古代一种蒸食的器具，唐朝人叫它“釜甑”。待蒸制完成，还得像捣草药一样，用特制的杵臼把茶叶一点点舂捣，直至细碎。一舂一捣，声音清脆，茶香迷人。

再用纱布小心盛着放进圆柱形的小模具里，用方锤子轻轻捶平、捶实，用绳子穿孔后，烘除水汽。烘，不可用明火，几根烧红的木炭就是最好的搭档，慢慢烘着，让茶叶的清香弥漫整间屋子……

做茶，关乎心情，每一次做茶都是新的等待、新的生命。在郑福年眼里，茶都是有生命的，因为喜欢，所以才能坚守。

他坚守的是一种因爱茶而不受诱惑的做茶人生！

这些年来，长兴县积极推广历史悠久的茶文化，将紫笋茶、传统制茶技艺、大唐贡茶院等特色品牌与乡村旅游结合，积极推动当地农民增收和乡村振兴。

这在老茶人郑福年的眼里，是十足的好事，“让百年手艺后继有人”是他最本源的想法。

一直以来，郑福年积极配合长兴县茶文化研究会、长兴县文化馆，开展丰富多彩的紫笋茶制作技艺传承和普及活动。县非物质文化遗产展示厅、大唐贡茶院、当地中小学都为郑福年设置紫笋茶制作技艺的展示区域，每年不定期组织部门、乡镇、学校等各个群体，活态地展示紫笋茶的古法制作精髓。

泱泱华夏，上下五千年历史，老祖宗用他们的智慧给我们留下了丰富多彩、弥足珍贵的文化遗产。作为一座建县 1 700 多年历史的古城，长兴埋藏着丰富多元的文化遗产。非遗传承人身为非物质文化遗产的守护者，正是他们的代代相传使得工匠精神得以延续。

“我希望更多年轻人去学习这个传统工艺，把我们的紫笋茶技艺发扬光大，传播我们长兴的传统文化。”郑福年说。

很幸运，郑福年所培养带领的一批徒弟们，已基本掌握手工制茶的技艺，能够将紫笋茶制作技艺传承并发扬光大。

2017 年，郑福年入选第五批国家级非物质文化遗产代表性项目代表性传承人。

生活在当下这个熙熙攘攘快节奏的时代，可以说，我们每个人都被奔涌向前的时代洪流所裹挟，任何人都无法置身事外。这个时代没有放牛娃闲情的牧笛声，没有河边嬉戏的打闹声，没有坐一轮藤椅享受月光，欣赏星空的雅致！

木心说，从前慢。其实“快”或者“慢”不仅仅是一种态度，更应该是一种生活方式，抑或是处事方式。

而郑福年师傅几十年如一日，追慢潮流，守初始心，立足传统，回归现代，以一颗茶人的匠心为我们留住了穿越千年的茶意。

胡国华：守正出新，历久弥香

张岭茶场，湖州紫笋茶的省级保护区，位于泗安镇长潮岕村海拔 260 ～ 500 米的山谷之中，云雾缭绕，年平均负氧离子含量超过了 1 万个 / 立方厘米。

茶场四围，群山怀抱、绵延起伏，绿水流淌、美不胜收，四季景色优美。特别是初春时节，古木森然，檫树花开，茶芽初绽，当阳光洒在张岭的山头，梦幻而幽远的画面令人难以忘怀。

张岭茶场远离人烟，山谷空旷而幽静，葱茏的植被使得“云雾出于山岫”，从而为茶叶的生长创造了绝好的条件。

很巧的是，此刻，我正在书房里写关于张岭，关于张岭茶场“掌舵人”胡国华的文字，而玻璃杯里的张岭紫笋茶正在开水间沉沉浮浮……习惯在写稿子的时候喝上一杯张岭紫笋茶已经好多年了，张岭的紫笋茶与别处略有不同，汁浓味醇，沁人心脾，有一股大自然独有的清香。

长兴，是紫笋贡茶的发源地，早在 1 200 多年前就已声名远播，一代代茶农躬耕劳作，造就了长兴紫笋茶业的辉煌发展。但是新中国成立初期，这种格局被一度打破，村民为追求经济效益，成片的茶园被毁，茶叶生产停滞不前。

很幸运，1979 年，长兴县委县政府把目光重新聚集到历史名茶——长兴紫笋茶的命运上，开始大面积恢复试种紫笋茶。

而恢复紫笋茶种植，长潮村（现长潮岕村，下同）先行了不止一步。

1975 年，为改变贫困村的现状，长潮村包括胡国华父亲在内的 9 位老农靠着锄头镰刀开山劈荒，在第二年的春天种下了近 200 亩的茶苗。经过辛勤的灌溉和照护，三年后，也就是 1979 年的春天，这块山青水绿、土地肥沃的宝地不负众望，长出了浅绿、细嫩的芽叶来。

采摘的嫩芽制成干茶，条索紧致、色泽翠绿、呈笋芽状，冲泡后更是汁水浓烈、口味醇厚，因山下有一太子庙，为寓意吉祥、连年丰产，村民把产于张岭的紫笋茶命名为“太子茶”。

1982 年，张岭茶“雄起”了，由于别的地方还在试种，而张岭的太子茶已经非常成熟，茶叶品质很稳定，县里推荐张岭茶代表长兴紫笋茶参加全国名茶大赛，一举成名，获得全国名茶的称号。自此张岭太子茶一路崛起，“茶客”闻名而来，一度供不应求。

供不应求的最后，就有小聪明，就是逐利，就开始替代、包装……危机如期降临。太子茶由盛而衰，村民们追悔莫及，才幡然醒悟，然而为时已晚。

张岭太子茶
梁奕建 | 摄

1987年，面对这种窘况，胡国华不愿父辈们苦心经营的茶场就这么衰败下去，他挺身而出，迎难而上，承包了这片茶场，并全身心地投入运营。从事企业工作的胡国华懂得管理、看得长远、自有主张，自此，张岭茶场迎来了“转机”，开始了漫漫的“复兴”之路。

1988年，我国著名的茶学家、茶树栽培专家、茶史和茶文化专家庄晚芳先生曾考察过张岭茶场，亲笔题写“古风胜景吟，紫笋震人心。政策创新绩，禅香圣味深”诗句，以此赞美张岭的茶山和这里出产的紫笋茶。

特别是1997年，长兴县把茶叶生产列为主导产业，拉开了紫笋茶的又一次产业革命。张岭茶场作为全县紫笋名茶开发的示范基地，有茶树800亩左右，胡国华带领村民，根据要求对茶园的发展进行统一规划，并将“太子茶”更名为紫笋茶。

胡国华在茶叶种植上有自己的一套想法，他没有一味地为了获得政府政策奖励，去全部改种新品种，而是保留了部分老茶树。相比于新品种上市时间早、附加值高的特点，他更倾向于“双重”发展。他说，老品种有老品种的优点，汁水浓、质地好，有特有的本土味道，而且采摘期更长，不能一概否定。

特别是一些“老饕”、老茶客，他们的口味已经习惯了老茶树的醇厚，不会随意改变喜好，只认这个味儿。

“茶叶有三季可采，我们只采春季的茶叶，这样虽然产量少，但是茶叶的质地好，味道浓，这也是我们为保存张岭茶场特有的醇味而做出的决定。以前茶场收两季茶的，1998年之后，就改收一季了。”胡国华说，为了保证质量，茶场制定了严格的责任制，从施肥到茶叶进仓，严把质量关。这种精细化的管理，使张岭茶始终呈现着自己独特的色、香、味、形。“张岭茶园海拔300米左右，环境清幽，无污染源，土质属乌沙土，气候温润，雨量充沛，适合茶叶生长。”

胡国华保留老茶树的“守正”与培育新品种的“出新”，和为人处世“敦行致远”的道理一样，这也让他的茶场发展走得更稳、更远。

茶叶要想卖得出价钱，除了品质之外，品牌的助推作用是关键。胡国华管理的张岭茶场即便是越来越多的其他茶树种代替了“原始群体”，但是他们仍然坚守最纯正的本土紫笋茶，坚守着最传统的制茶工艺。

胡国华主打绿色品牌，他们栽种的茶树，源自最早的野茶茶果，而高山种植，纯天然种植环境的营造，解了虫害之忧。山上的“原住民”是鸟，是虫子的天敌，免除了农药的使用。

而农户们最熟悉的油菜饼，则成了张岭茶场的上好肥料。“油菜饼，这个东西最好了，最天然了。”在胡国华的眼里，这些“老材料”才是地地道道的紫笋茶所需要的。

“比起市场上其他的紫笋茶品种，老品种的紫笋茶单从外观来看显得不是那么出彩，但一‘入水’，热水冲泡后，茶香和口感是不同的。”胡国华说。

这其实也是外在与内蕴的辩证关系。一直以来，张岭茶场 1 000 平方米的标准化茶叶加工厂房，坚持茶叶的手工加工工艺，他要用最老、最传统的紫笋茶打响绿色品牌，延续紫笋茶文化。

胡国华深谙茶叶的质量和品牌要齐头并进的道理，经过不懈的努力和苦心的经营，他注册了“张岭”牌紫笋茶商标。2013 年，在工商部门的协助下，“张岭牌”茶叶又被评为浙江省著名商标，有了这张金字招牌，紫笋茶的销路更好了，茶叶的订单接踵而至，开始翻番，这也成了胡国华等人最欣慰的事儿。

近年来，在胡国华的带动下，张岭茶叶品牌历久弥香，村民们的腰包全部鼓了起来，一起走在共同富裕的大道上……

2020 年，张岭茶场现有茶园面积 600 多亩，茶山阳崖阴林，烂石梯层，林茶相交，郁郁葱葱，长势罕茂。在胡国华的带领下，经过多年来的品种改良和茶园改造，茶叶的品质越来越好，市场竞争力越来越强，张岭茶叶的品牌知名度也越来越高。

莫仕琴：十年磨剑，守住青山

有的时候，缘分是一个很奇怪的东西，一次邂逅，一个擦肩，就有可能改变一个人一生的命运。

2007年的春天，春光烂漫，杂花生树，正是踏青的好时节。

莫仕琴随一位朋友上得山去，到茶山游玩。满山都是新绽的茶叶嫩芽，在阳光的照射下，晶莹剔透，如同翡翠般肥嫩的芽苞在微风中煞是好看。

呼吸着这满山的茶香，莫仕琴被深深地吸引了、触动了，脑海里有一个念头忽闪而过，就这样，一颗种子在她的心里默默地扎下了根。

不久后，莫仕琴就付诸了行动，接手了朋友的一处茶园，开启了她经年累月的“茶农”生涯。从2008年的茶产业“门外汉”一直做到了2018年的高级农艺师，几多困难、几多艰辛、几多收获，十年磨一剑，和茶叶结下了不解之缘。

创业初期，莫仕琴对茶叶了解不深，茶园如何管理，茶叶怎样加工，都是亦步亦趋。师傅说施肥就施肥，师傅说除虫就除虫；如何采摘、摊青、杀青、理条、烘干，按照师傅说的办。在头几年，她虽然学得用心，但总觉得缺少了理论的支撑，抓不到核心要点。后来，她抓住一切学习的机会，浙江大学茶学系、浙江农林大学、中华全国供销合作总社杭州茶叶研究所、中国茶叶博物馆、同行的茶园基地都留下了她孜孜求学的身影。而后，她在自己的茶园中，摸索出了一整套生态茶园管理的经验。在10年间，完成了一次蝶变。

要么不做，要做就要做好、做强！2008年底，莫仕琴的浙江长兴百岁爷茶业有限公司牵头，联合五家无论茶山的土壤条件、山坡朝向、海拔高度、茶树的树龄、栽培技术等都非常理想的茶厂成立了长兴百岁爷茶叶专业合作社，并出任理事长。

成立大会上，大家达成了一个共同的目标，那就是一切生产以“百岁爷”的高标准来要求，不符合的产品另外走市场，符合标准的茶叶，全部由浙江长兴百岁爷茶业有限公司销售。她要把“百岁爷”做成扎扎实实的全国知名茶叶品牌！

凭借茶叶在市场上的精准定位和新型网络销售模式，“百岁爷”走出了不同寻常之路。短短几年，合作社的规模就从 400 多亩扩展到了 1 000 多亩。

莫仕琴的长兴百岁爷茶业有限公司地处和平镇，当地紧邻安吉，茶叶种植上以白叶 1 号为主，几年来，凭着她的不懈努力，不仅学到了现有的种植、加工技术，还逐渐创新、开发新产品，使“百岁爷”成为“浙江省著名商标”“浙江省名牌产品”“绿色食品”，获得了“浙江省农业科技企业”称号。

为了做好茶叶的销售，莫仕琴经常到各地参加茶博会，多年下来在省外的名气也越来越大，开始销往山东、山西、上海等省市，年销售额超过了 1 000 万元。

生态茶园

任丽萍 | 摄

2014年，“百岁爷”茶业的销售量逐年提升，占据了理想的市场份额。“百岁爷”茶园的茶叶供不应求，每当采摘季，莫仕琴在销售自有公司基地产品的同时，都要向附近知根知底的茶农收购鲜叶或者成品，以便保证茶叶的品质和口碑，带动了周边高品质茶园的茶叶销售，为长兴和平白茶的推广、销售做出了贡献。

也就是那一年开始，做安吉白茶起家的莫仕琴开始把目光和精力转向紫笋茶，“百岁爷要想具备长久的生命力，必须要做好咱们长兴本土的紫笋茶。”“百岁爷”茶园都在海拔300米以上的山间，莫仕琴相信，凭借优质的茶叶，就一定能走好紫笋茶的发展路。2015年，莫仕琴就着手种植紫笋茶新品种——紫茶，并从紫笋茶群体种当中选育紫茶品种。她相信，长兴紫笋茶一定能走出一条新的阳光大道!

“目前，长兴的茶叶品种日渐优化，特别是上市时间提早和后加工品种的多样化，整个茶叶市场正朝着更健康的方向发展。”莫仕琴欣喜着这样的变化，作为长兴茶叶协会的副会长，她也肩负着带领长兴茶叶朝着做大做强的方向发展，“紫笋茶的市场还未完全打开，现在最重要的就是引导茶农向标准化、精品化发展，然后依托‘互联网＋’以及旅游业来打响长兴紫笋茶的品牌。”

长兴从源头抓好茶叶的品相质量，以精品带动茶企的发展，茶农的增收致富路指日可待。

莫仕琴是一个闲不住，思维灵活、善于“求变”的人，她不满足于太过平顺的茶叶生产、制作和销售，开始想起其他的“心思”来。

她试着研究茶树间的套种之道，积极投身茶山生态链，制作生态茶，2019年，她已经从套种中获得了较好的经济效益。

浙江长兴百岁爷茶业股份有限公司的400亩茶园位于霞幕山上，这里也是长兴茶叶有机栽培示范园区。漫步茶园，香樟树、腊梅树、果树和茶树交织，树上的鸟窝有人工搭建的也有鸟儿衔枝自建的，山间阵阵鸟鸣声让人心旷神怡。“因地制宜，适地适树”的套种效益在这里展现得淋漓尽致。

非掠夺式的种植经营方式，是百岁爷的种茶之道。这样的方式也体现在茶园管理上。茶园禁用化学农药及除草剂，采用人工除草；虫害也以物理防治为主，推行使用太阳能杀虫灯。

“要产出高品质的茶叶，保持同区域内作物的多样性非常重要。”莫仕琴说，腊梅树、果树等不仅能提升茶叶的香气，还有助于防治病虫害。值得一提的是，他们还专门研究出了茶叶新品种“暗香红韵”的腊梅花茶，将腊梅花与茶叶一同窨制，二者进行相互侵染，在保持紫笋茶为主料、主味不变的前提下，在茶叶中沁入腊梅花的芳香，上市后销量不错。

“单一的绿茶我们已经生产了成百上千年了，但是随着社会发展和市场需求的变化，扩大生产领域，研发新品种确实也是必然的趋势。”

2020年，和平镇茶园总面积8万余亩，涉及茶叶主体（农户）2 574家，全镇茶叶年总产值5.6亿，茶农净利润2.4亿元（按3 000元/亩计），是和平镇最大的农业主导产业。而莫仕琴带领的浙江长兴百岁爷茶业股份有限公司还正在负责参与创建国家茶叶绿色高产高效示范县项目，前路漫漫，前景广阔……

十多年来，莫仕琴因茶结缘而起，因茶业而兴，因茶梦而耐住了寂寞，守住了青山，书写了属于自己的生态茶园故事。她也从当初一往无前的雄心壮志慢慢转变，改变思想、拓展思路、开放眼界，想得更多的是多元发展、生态环境、绿水青山和共同富裕这些“最潮”的关键词。

作者简介 戴国华，浙江长兴人，曾在《青年文学》《星星》《绿洲》《诗歌月刊》《诗选刊》《青年作家》等刊物上发表作品。浙江省作家协会会员，长兴县作家协会主席团成员、副秘书长，省作协第三批“新荷计划”人才，出版有诗集《在江南，遇见你》，合集《一三一四》《箬溪风云》。

大唐贡茶院

许要武 | 摄

今生好年华　不负顾渚春

黄梅宝

有人说清明时节，是一片茶叶的最好年华。读书如品茶，这句子读起来像手捧一盏好茶，让人闻香心动。

我素来爱茶，有缘来到长兴安度此身，便尤怜紫笋。

是的，清明时节，也是一片紫笋的最好年华。若有雨水，在山野春天里，每一处茶园都有一种蓬勃的生机，那一颗颗刚冒头似乎还毛茸茸的嫩芽，又是谁的素手堪摘？

再怜惜，时节一到，也是要摘下来的，而且一日也不可等。只是，这一颗颗嫩芽被采摘下来，又仿佛是女孩儿的一次新嫁——切揉捻、烘焙炒、捣碎捶——此身交付，成凤成凰似乎全看未来造化。而这一切，千年茶都又是用怎样一双慧眼品味这一季又一季，一年又一年的茶事变迁，沧海桑田？

又是清明，一场关于紫笋茶的茶事雅集正在长兴大唐贡茶院举行。大清早，长兴所有与茶有关的企业商家都赶来了，在熙熙攘攘的人群中，装扮古色古香的茶仙子们在自己的展台前各就各位，有的手执茶壶，眉眼里全是盛唐风情，更有一位小仙女在通向陆羽阁的台阶上学春晚的“小彩旗”柔媚旋身，让一身淡绿色的纱裙飞舞成了一个绿色的梦。有抖音爱好者将它制作上传，画面点击看来，青竹茂密，高阁飞檐，仙乐舞姿，一时间真让人有梦回盛唐的幻觉。

是的，那幻觉里有茶香氤氲，最易让爱茶人沉湎。山野、楼阁、青竹、紫笋、暖阳、清风和被洗涤的光阴一起成为此刻感官的永恒。我不由冥想，盛唐风景茶事雅集又当如何？

紫笋自然还是眼前的紫笋，只是眼前这一群人换了服饰发冠，鞋履腰带，然后多了几分吟诗作赋、把酒迎风的洒脱儒雅？自然不是，历史长河滔滔而去，一切过往在时代的变幻之中都有着彼时、此刻不一样的独特风景。且看，便是这头顶上的无人机航拍和媒体直播——将千年紫笋的今世模样传递到了五湖四海未知角落——60万人次的雅集围观，也是古人所不能想和不敢想的。

自然也不仅仅如此，当主持人完成陆羽祭祀仪式直播沿台阶而下，又从层楼叠榭上的古风展台一个个直播介绍，到了茶乾坤展台，便是眼前一亮，这里的展品和紫笋茶的常形竟有一别千年的惊艳蜕变，不免让人一声喟叹：呀——，这竟也是紫笋？

让我们随着直播镜头看一看60万人围观的究竟看到了什么：

展台雪白，洁净的透明玻璃茶器，错落有致，有空着的，也有装着纯净水，柠檬片、鲜草莓、鲜牛奶的。边上是一只银色的雪克杯，明媚的阳光被玻璃器皿和雪克杯四散折射，几盒包装时尚的随易奶茶条呈伞形布开。它的前方，有三个白瓷小碟，装着翠绿和纯白的粉末，分别是紫笋抹茶、韩国幼砂糖和新西兰奶粉。展台一角，还有一盆碧绿的薄荷盆景衬得整个展台生机勃勃。一盏紫笋红茶已经备好泡开，嫣红的茶汤在圆形的玻璃茶器里香气蒸腾，一只随易品牌特有的蝶形LOGO卡在杯沿，色彩鲜艳，展翅欲飞，博人眼球。

看遍了盛唐国风古韵展台的主持人眼见着时尚与现代感凸显的布置，不由得惊讶万分，对着镜头说："我真没想到，一千年后，紫笋茶变成了今天这个模样。"

镜头对准了展台主人，他穿着白衬衫，打着黑色领结，笑盈盈开始操作。他先将纯净水、白瓷碟中的抹茶粉和幼砂糖一起放进了雪克杯中，开始摇动，那动作便是最让年轻人心醉的调酒师的耍酷。片刻之后，又将抹茶混悬液倒进一只玻璃杯，往镜头前移了移，镜头里满目翠生生的绿，他又将乳白的鲜牛奶徐徐倒进去——青山绿水的杯中天地骤然有道练白飞舞，让人不由得跟着心境摇曳——

“请，奶茶。抹茶奶茶。紫笋抹茶奶茶。”

主持人接过翠莹莹的杯子，一边品尝一边环视四周，说：“我怎么觉得手捧着的竟是这顾渚山的春天。”众人笑了。

“若你喜欢，还可以加柠檬、可以加鲜草莓。”展台主人又顺手摘了一片盆景里的叶子，“当然也可以加薄荷叶，个人口味不同，可以现调。”说罢，他又用备好的红茶汤同样制作了一杯红茶奶茶送给现场的观众品尝。他说：“如果你嫌这个调配过程麻烦，你看，”他拿起展台上散布的随易奶茶条，“这里有四个口味，已经按照最佳比例制作成品，只要用水一冲一泡，冷饮、热饮，休闲、伴餐，都很相宜，很受年轻人喜欢。”

茶乡盛事

李兴 | 摄

“真没想到千年之后，长兴有这一款时尚便捷，适合年轻人的口味的紫笋茶品。”主持人说。

“你不觉得这一款茶品还真应了那句‘吃茶去’吗？”人群中不知谁说了句。

“一点不错，抹茶在唐代兴起，茶经有云‘末之上者，其屑如细米’，又云‘碧粉飘尘非末也’，可见那时候，这个茶末还没到细碎如粉的状态。所以说，眼前这抹茶，与唐代的茶末还是完全不一样的。”

“粉碎程度不一样？”

主持人说：“是，也不是，这不一样全在现代科技，眼前的紫笋抹茶粉是经过超低温超音速气流式粉碎技术加工，超微茶粉加工技术曾是国家星火计划项目，而承担这项目研究与开发的是我们浙江茶乾坤食品股份有限公司。”

不愧为主持人，口若悬河，如数家珍。

展台主人不禁为他点赞，说：“我们公司除了今天大家看到的这款奶茶，还有多款茶品在国际市场畅销，众所周知，日本和欧盟市场对食品的质量要求苛刻，而我们的产品在那里的商超颇受顾客青睐。”

这一番交流让现场氛围到达高潮，围观者也似乎走过了千年紫笋茶的时光隧道，从远古走来，又耳目一新。紫笋茶今生的华丽转身让爱茶人感受深刻，而人们不禁也对制作紫笋今生茶品的茶企、茶人充满了好奇。

高位嫁接的“闲来问茶”

让我们把目光回到2008年的一个春天。山村的早晨，太阳还没有起来，薄薄的一片雾气若有若无地笼罩着，山坡上的小草和新生的嫩竹仿佛越发葱翠了，满山满陇的茶园更是新润如洗。

时候尚早，但山村的公路已经开始热闹起来。一位穿着时尚的小嫂子骑着电瓶车过来，岔道口，又有两辆车出来……不到三五分钟的时间，弯弯的乡村公路上汇就了一小队人马，车队过处，留下了她们银铃般的清脆的笑声，这笑声让整个山村都苏醒过来了，太阳也在东边的山头露出了脸。

她们的目的地是一样的——长兴茶乾坤食品有限公司。而此刻，她们不知道，简洁的宿舍内，董事长管爵杉和几位项目组的骨干为新项目生产线的第二次试机整整忙碌了一夜。也许，你想象不到，就是这样一个团队，在长兴的西北角，二界岭的小乡僻壤以自己坚韧的努力和独到的理念，书写着长兴茶产业史上特殊的一页：

生产线全部自行研制；短短两年时间就申请各项专利十多项；公司袋泡茶出口量位居全省第一；产品百分百出口的企业，在席卷全球金融危机的大背景下，依靠自身建立的外贸预警机制，成功地避免了汇率波动带来的损失；以其严格管理下的高品质产品，成为2007年浙江省在商贸事件中少数抗辩成功的企业之一。

这就是十年前的长兴茶乾坤食品有限公司，这家在长兴落户才两个年头的企业，其产品已远销日本、韩国、美国、加拿大、欧盟等几十个国家，有七百多家国外超市销售他们生产的产品。而十年后，这家公司依靠科技创新先后承担国家星火计划、省重大科技专项、省农业科技成果资金转化项目、市科技计划等多项科研项目。公司还通过了ISO 9001国际质量标准管理体系、FSSC 22000国际食品安全管理体系及美国、欧盟、日本、中国标准四大有机加工认证；建立了浙江省院士专家工作站，获得国家高新技术企业、浙江省农业科技企业、浙江省农业龙头企业、浙江省专利示范企业、浙江省农产品加工示范企业、浙江省清洁生产企业等多项荣誉。

“仁风暗结珠蓓蕾，先春抽出黄金芽”。茶是属于春天的，在一个阳光明媚的春日，我走进了这家小乡村里崛起的中国茶叶企业。二界岭是长兴茶叶的种植基地，茶叶也是村民传统的农副产品，种茶制茶卖茶祖祖辈辈代代相传，但如今，他们可能无法想象，这里种的茶、生产的茶有一天会让全世界几十个国家的人唇齿留香。而这一切都来源于一个人，一个高位嫁接的缘分，他叫管爵杉，微信名叫“闲来问茶”。

不如先搜索一下百度百科，看一看关于管爵杉的名片解读：管爵杉，浙江淳安人，1964年出生，浙江农业大学农学学士、北京大学工商管理硕士、高级经济师，曾任中国茶叶股份有限公司董事副总经理，兼任中国茶叶学会、中华茶人联谊会和中国茶叶流通协会常务理事。

如果时光倒逝，有谁会想到一位有着这样背景的业界知名人士，会一个猛子扎进了浙北最偏僻的一个小乡村来执掌茶乾坤呢？

2008年2月，时任中国茶叶股份有限公司董事、副总经理的管爵杉先生与长兴茶乾坤公司“一见钟情”。据他后来的回忆说，有了下海创业的念头后，选择浙江长兴作为起点，拨动心炫的是对《茶经》诞生地的向往、对茶圣陆羽的敬仰。那一年，经过长兴茶乾坤公司创始人张文华、张盛等人的一再邀约，这场合作创业考察之旅在短短几天之内就变成了铁板钉钉的“高位嫁接”。

茶经故里
曹世河 | 摄

当管爵杉回想做决定的那一刻，这个书卷气多于商人气的男人说，到长兴其实是回应心灵的“寻根之旅”。

作为一个茶人，当管爵杉第一次站在了世界茶文化的源头，站在顾渚山春风怀抱的皇家茶厂遗址前“梦回大唐”，脑海中浮现的是“时役工三万，工匠千余”的宏大场景，还有茶圣陆羽清灯孤影下奋笔的身影……而千年以后，重建的大唐贡茶院拔地而起，气势恢宏，抚今追昔，令人感慨万分。这个在“茶业圈”浸泡了 20 年的追梦人，在那一刹那如醍醐灌顶，“换一种活法”想法瞬间有了接地气的支撑——在长兴，就在这里！千年之后的茶圣故里，难道不应该诞生一个全国一流的茶叶明星企业吗?

管爵杉对茶有感情，对那个曾经培养他、成就他的“茶业圈”有感情，回京辞行虽有不舍，可心里已经没有了犹豫。他将自己的 QQ 以及后来的博客、微信均签名为“闲来问茶”，并备注：追根溯源，闲来问茶，梦想尚小，乾坤很大！

身为央企高管，毅然投奔名不见经传的山村小厂，管爵杉在他熟悉的那个有体制保障的“茶业圈”激起了波澜。贴心的好友纷纷提出不支持意见，话里话外无非“蛟龙终非池中物”——长兴茶乾坤公司对于他来说实在是太小了！一位一直对他栽培有加的老领导直截了当问他说：“别人下海早早准备了渡轮，而你腰间竟然连个小舢板也没有，也敢下海？”

腰间的小舢板？是的，不过他还是来了，从此，长兴茶乾坤公司便成了他心里的小舢板，他想把这小舢板建造为一艘巨轮，到了那一天，自己下海搏击便算是成功了。

管爵杉从小在淳安茶区长大，八岁便白天跟随母亲上山采茶，晚上跟父亲炒茶，对茶的感性认识，萌发成人生志趣，高考时他报了浙江农业大学的茶学系。1986 年管爵杉顺利毕业，因为成绩优秀，直接被外经贸部直属的中国土产畜产进出口总公司选中，进京就职，吃上了央企“皇粮”。

管爵杉就职的公司前身中国茶业公司成立于 1949 年，是新中国第一批国企。

在计划经济时代，他的职位按如今的说法是处于“顶层设计”位置。当年他所在的茶叶处有三大要务，制定出口政策、分配出口任务、负责国家间的贸易谈判，而很多时候，他的岗位直面茶产业国内、国际正面战场。工作第一年，他就跑遍全国出口茶基地，将数据收集分析变成了自己的特长。

1990 年，他参与中国茶叶史上最大的一宗茶贸易谈判，在莫斯科 25 天，他经受住了“谈不成别回来”的考验，一个合同 8 000 多万美元！这个合同的履约，几乎解决了当年全国中低档茶的销路，这 8 000 万美元也是新中国茶叶史上一笔迄今为止最大的茶叶外贸订单。而所有这一切，对于他个人来说，不仅是初出茅庐的本科毕业生完成了从理论到实践的融会贯通，也让他的专业眼光具备了放眼全球的战略纬度。

1993 年，管爵杉担任了特种茶科科长。所谓特种茶，指中国特有的茶，如乌龙、普洱、黄茶、白茶、花茶以及各种名茶。这个岗位，让他对中国茶业的了解更加专业。两年后，在历练中迅速成长起来的他被外派福建参加筹建泉州瑞龙茶叶有限公司，后任总经理，刚过而立之年的他正是意气风发，踌躇满志的时候。

福建筹建泉州瑞龙茶叶有限公司是以生产茶原料为主的中外合资企业，主要客户是“可口可乐”等世界饮料巨头。“客户是上帝”，短短三年，他创造了两个第一，自主研发了福建省第一条全自动乌龙茶加工生产线，在国内同行中第一个实施 ISO 9001 国际管理体系认证。

2000 年，管爵杉升任中国茶叶股份有限公司副总经理，并兼任福建省茶叶进出口公司总经理，36 岁的他成为当时福建省最年轻的省级公司总经理。

2005 年，管爵杉调回北京，一脚踏进了北大校门，在职攻读研究生。他是为了弥补心中的一个遗憾。五年前，他被北大录取，却被一个“忙”字拦在了中途。而这一次，他下定了决心，无论如何要完成学业。两年后，管爵杉如愿以偿获得硕士学位，并在毕业典礼上作为优秀毕业生代表站在北大大讲堂上发言。

在央企平台上，管爵杉有了更多的机会了解茶世界，“让世界了解中国茶、让中国茶走向世界”，他的足迹遍布美洲、欧洲、亚洲、非洲四大洲30多个茶叶消费国和产茶国，致力于中国茶文化的推广交流，在国外交流论坛会场、知名企业的培训室、街头的茶叶店中，都留下了他讲解中国茶的身影。

2007年3月27日，莫斯科。俄罗斯“中国年”活动“中国国家展”现场，时任国家主席胡锦涛和俄罗斯总统普京在“中茶”的展位前不约而同停下了脚步。当天，两国元首一起品茶的镜头出现在各国媒体头版头条上，“茶叶外交”一下子成了新闻焦点。展览结束时，所有的茶叶被莫斯科市民一抢而空。这是管爵杉最后一次代表“中茶”完成重大任务，也收获了无限风光。

2008年4月，管爵杉出任茶乾坤董事长。

管爵杉个性一向沉着稳重，但在第一次和二界岭乡党委政府领导见面时，他却大胆表了态：“茶乾坤现在是很小，但总有一天，我会让你们看到‘山窝窝里飞出了一只金凤凰’。”

单位小不怕，起点低不怕，只要有目标有毅力，他相信一切都可以改变。管爵杉心里迅速为茶乾坤梳理方向：一是目标放大，“茶乾坤”原来的含义是“茶叶天地”，他把“茶”作动词解，变成“以茶创世界”；二是管理提升，引入标准化、精细化管理；三是以科技创新立企；四是打造品牌，要把名茶做成名牌。事实证明，茶乾坤以后的成长，正在朝他设计的方向一步步迈进。

在当地，管爵杉很快结识了一帮爱茶的朋友，他的出现颠覆了朋友们对茶的认识。到了茶楼，他请喝茶，又不开口点茶，却从包里摸出一盒袋泡茶来，每人分一小袋，让茶室的服务员有些发蒙。袋泡茶？宾馆免费提供的那种难以下咽的茶？他却郑重宣布，“别小看了，每袋2克，价值一美元”。

2克？一美元？那500克就是250美元？众人惊讶之时，他已经在教服务员如何泡茶，待大家品尝完毕，他不无得意，说：“你以为我们喝的是茶吗？我们喝的是文化，是科技！”

他侃侃而谈：“茶为国饮，但只要你细心，就会发现现在90后、00后喝茶的却越来越少，这是为什么？现代生活节奏加快，新生代并非不喝茶，他们需要的是方便快捷和个性时尚，文化传承需要创新，所谓顺应时代才能引领世界。而创新，不是简单花样翻新，需要理念，理念决定品位。当下，我认为中国茶产业急需提升创新理念，最要紧是科技支撑，否则一个‘农残’问题就可以把整个茶产业整‘残废’。”

茶乾坤厂房在青山绿水间，虽在乡村却很是整洁宽敞，成品仓库内，飘满了茶叶特殊的香。要见识茶乾坤的科技支撑，你得像大夫进手术室那样被裹得严严实实，即便这样，也只能隔着车间玻璃看个热闹。但内行人一眼就看出了门道。茶乾坤的高洁净度茶叶生产线达到了国际先进水平。为此，专家主动牵线，在茶乾坤建立了中国农大研究生实践基地。

管爵杉出手不凡。

2009年，茶乾坤公司搭建创新团队，投入近千万元启动了茶叶洁净化精深加工项目研究，与中国茶科所、浙工大建立科技“联姻”，并聘请了日本无糖茶饮料发明人山本隆士、品质专家西尾道博，国内学科带头人杨庆华博士和林智博士等一大批智囊。短短两年，茶乾坤不仅自主研发了先进的生产线，而且以爆发式的速度向国外推出了自主品牌的各类袋泡茶、茶原料系列产品，成功坐上了袋泡茶出口量浙江第一的交椅。

初出道的小厂能突破国际绿色贸易壁垒，茶乾坤让业内和政府相关部门刮目相看，曾担任浙江省科协副主席隗斌贤先生，在一次考察中十分精辟地总结了茶乾坤的科技创新能力：“小茶叶、大智慧”。茶乾坤的业绩同样引起了茶业泰斗陈宗懋院士的关注。

2010年，年近80高龄的陈宗懋院士兴致勃勃来到了长兴与管爵杉促膝长谈，两个追梦人碰撞出了梦想的火花。茶乾坤在业内率先创设了院士专家工作站，将“源头控制、全程清洁、产品追溯”由概念变成了现实，先后创建了省级农业科技研发中心，所承担的国家星火计划、省重大科技专项等一系列科研项目

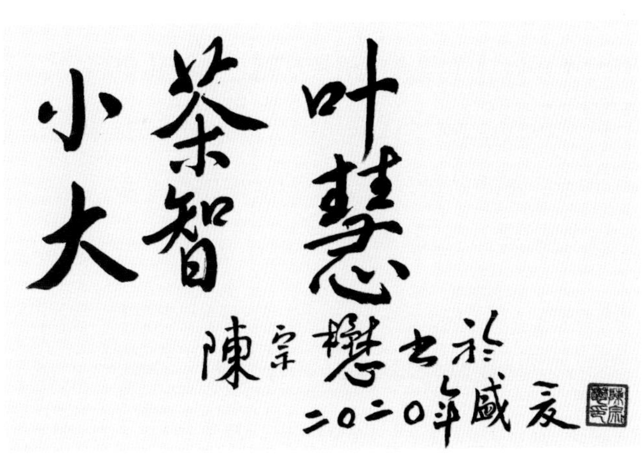

《小茶叶　大智慧》
陈宗懋 | 书

开花结果。

随后，茶乾坤的基地版图迅速扩大，不仅在长兴建立了 2 000 亩“标准版”出口茶备案基地，并将“标准”复制到设在福建、安徽、云南、湖北、广西、江苏等地，并先后通过了国内、国际最严格的有机茶加工认证。管爵杉也先后被评为湖州市先进科技工作者、长兴县十佳创新人才。

2013 年，茶乾坤“从单一的茶加工向多元高端发展”迈出新步伐，引进的浙江大学王岳飞博士及其团队入选“南太湖精英计划”，成立随易茶叶科技有限公司，主攻超微茶粉系列开发，茶叶变身为高端时尚食品。

同时，管爵杉采用“高位嫁接”理念，与两家世界 500 强企业和多家国外上市公司展开了合作，先后开发各类袋泡茶、健康茶、花草茶以及具有自主配方的茶饮料原料等 40 多个品种，80％的产品销往日本、美国及欧盟，进入国外近万家超市，其中袋泡茶出口居国内同行前列。这些产品让茶乾坤站在了茶产业科技前沿，获国家专利 50 多项，其中发明专利就有 10 多项。

如今茶乾坤的茶品琳琅满目，让我们回到本文开头那一杯芳香馥郁的紫笋抹茶奶茶吧。超微茶粉是这杯奶茶的基本原料之一，而这种超微茶粉的出现被广泛应用于食品、药品、化工等行业，大大拓展了茶叶的利用空间，也重点解决了中国茶仅仅采摘春季制作名优茶的资源浪费问题，经济价值巨大。

“茶为神草，浑身是宝，传统名优茶只是茶资源利用的一部分。随着科技进步，茶叶深加工具有十分广阔的前景，在这个领域谁先走一步，谁就有话语权，作为茶圣故里，我们决不能落后。”管爵杉的内心已经有了把茶乾坤做成国内一流的茶叶深加工企业的决心。

2014年对茶乾坤具有里程碑意义。开春这天，管爵杉来到大唐贡茶院，一个人站在陆羽的塑像前，又一次强烈感受到了春风里让人沉醉的茶香。或许，茶圣早已明了他的想法。几个月后，管爵杉将茶乾坤的名字写在了“新三板”上。媒体这样报道：来自《茶经》诞生之地的茶乾坤，成为浙江第一家、全国第二家在“新三板”挂牌上市的茶业企业。

资本为企业插上了腾飞的翅膀，这些年，众多客户特意上门考察，主动要求谈合作，银行锦上添花，主动提高了授信额度。

管爵杉颇为感慨地为我们回忆了一个细节。企业起步初期，因为资金紧张，公司财务经理资历不深，在贷款过程中经常“求爷爷告奶奶”，委屈了免不了回到办公室哭鼻子，管爵杉看见却安慰她说：“别哭，总有一天，我要让你成为长兴掌握流动资金最充裕的财务经理，到时候银行一定会主动找上门。”现在，这一天终于到来了。上市后，茶乾坤募集资金1个多亿迅速到位，人才引进、设备提档、产品升级、品牌推广，迈开了大步。

采访即将结束，管爵杉兴奋地为我打开了一个宝盒，里面竟是陈宗懋院士刚刚快递过来的两幅墨宝：“小茶叶，大智慧”“闲来问茶”。看得出来，陈院士对管爵杉在茶世界的闯劲充满赞许和期待。

是啊，茶叶虽小，乾坤却大。我特别想知道，眼前这个越来越忙的追梦人，还有工夫“闲来问茶”吗？他笑了，说：“在我心里，这个‘闲’是静，是静下心来的意思，而‘问’是探索、求索的意思。世上几乎所有东西都是忙出来的，唯独文化是闲出来的，陆羽耗费毕生精力‘闲’出一部《茶经》，才有了茶文化的起源，才有了茶产业的底蕴；‘闲’是茶人的特质，把自己热爱的事业当作文化来做，再忙，也有了‘闲’的境界。”

管爵杉一席话，让我终于也品出了杯中茶的真味道。一点不错，在我看来，一个“闲”字说的一种境界——闲时所爱才是本真，闲时常思才是心中梦想。

这些年，茶乾坤在国外市场的认知度上升很快，一位日本客户曾把茶乾坤的“随易”比作“立顿”，其实，在管爵杉心中，中国茶品牌加起来比不上英国一个立顿，至今还是中国茶界的尴尬。作为湖州茶产业协会会长的管爵杉，一直在业内极力倡导改变有名茶无名牌的状况，用文化与科技铸造品牌，用品牌来影响中国，影响世界。

为了实现这个目标，茶乾坤公司抓住机遇，用雄厚的资本开展跨省、跨领域的投资并购，2017 年江苏茶乾坤挂牌，2019 年投资杭州忆江南。

2020，庚子风云。国内国际市场风云突变，许多企业其中也包括茶叶企业处于风险的旋涡之中，作为一家以外贸起家的茶叶企业，浙江茶乾坤食品股份公司已经具备充分的实力在风浪中搏击。

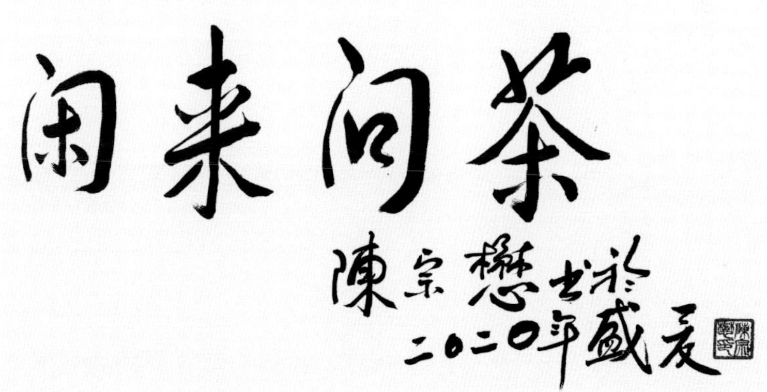

《闲来问茶》
陈宗懋 | 书

管爵杉说："当年的小舢板已经成长，但离一艘乘风破浪的巨轮还差得很远。不过，为了毕生钟爱的茶叶事业，我愿意付出一切努力。"

永远在路上的"紫笋茶姐姐"

毫无疑问，茶乾坤已经成为长兴这片茶叶热土的企业标杆，然而说到它我们始终不能忘记一个人，她便是公司创始人之一张文华。

我认识张文华应该是三十年前的事了，那时候，她还是长兴电厂的一名团干，一名喜欢写着风花雪月文章、喜欢拍摄风物美图的文艺女青年。喜欢旅行的她，特意为自己取了"在路上"的QQ名，所有认识张文华的人都知道，在她的心里似乎有着永远也用不完的热情，永远也走不完的地方，永远也说不完的风景，而我们也总愿意围着她做一个安静的倾听者，感受她的激情与奋进。

然而，谁也不知道，这样一名文艺女青年，却会因一次机缘巧合，和做企业挂上钩。2005年，她下决心放弃国有上市公司的铁饭碗，开始了永远"在路上"的创业。张文华告诉我，茶乾坤落户长兴，是一个由偶然引发的必然的故事。

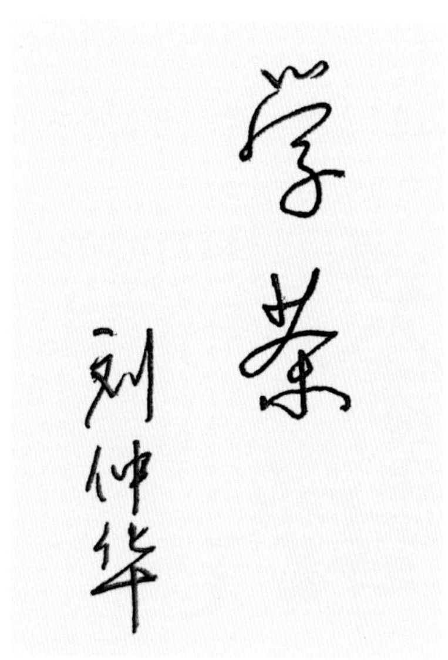

《学茶》
刘仲华 | 书

2002年，在经历了一次失败的考研后，时年36岁的张文华终于通过了入学考试和英语二轮加试，成为香港理工大学和浙江大学联合培养的第一批双语学位的硕士研究生。一个班40个人，来自四面八方，但他们都有同样的一个求知与创业的梦想，长兴茶乾坤食品有限公司的另一位创始人——总经理张盛和来自长兴的张文华就这样相识了。在班级里，张文华热情爽朗的性格很受同学们欢迎，她平时的小说散文和摄影作品经常被同学们传阅。

一天课间，对茶事情有独钟的张盛在张文华电脑里看到了一张长兴美丽的茶园图片，十分惊叹。了解了长兴的茶文化历史底蕴后，他当即提议不如合作在长兴办一个茶叶深加工企业。虽然，当时这个提议并没有被立刻付诸行动，却在同样喜欢茶的张文华心里埋下了一粒“春天的种子”。

2004 年 11 月，当时已在临安办了一家茶叶加工厂的张盛，再一次来到长兴看望老同学张文华。张盛在临安租赁的厂房面临拆迁，他想换个地方谋求更大的发展，这时候，在余杭农业开发区负责招商工作的同学已为他提供了系列化的优惠条件，但他还是惦记着长兴那片美丽的茶园，决定再来长兴一看。

重情义的张文华深受感动，她立刻带着张盛看了长兴很多的乡镇，其中就有当时的二界岭乡，时任二界岭乡党委书记的钱舜尧迅速捕捉到了这个可以为乡镇经济发展带来希望的机会，他立即赶到杭州找到张盛开展洽谈。

2006 年 12 月，长兴茶乾坤食品有限公司成立，一期工程具备年生产袋泡茶 1 800 吨生产能力，产品定位出口外贸，有各类袋泡茶、乌龙茶、绿茶、花茶、普洱茶、花草干制品茶等三十多个品种。这一年，也许张文华不会想到她“孵下的这个蛋”竟然是个凤凰蛋，飞出窝的是一只美丽的金凤凰。

是的，对于茶圣故里来说，有这样一只金凤凰才有未来新千年之韵的支撑。从这一点来说，张文华对于长兴茶叶事业的贡献已经足够载入史册。

张文华的祖籍在江苏，可她出生在长兴，也可以说是地地道道的长兴人。张文华从小学业优秀，博览群书，对文化已经有了特殊的敏感性，长兴紫笋茶地域文化标志也早早印在了她的脑海里。有人说，文化总是在潜移默化中影响着一个人的行为，说起来张文华自己也不记得何年何月开始，她已经深深爱上了“一本书一杯茶”的美好时光。她把家安在长兴的茶叶弄，颇有商业头脑的她对紫笋茶的生产与销售关注与日俱增。

她清楚地记得，1982 年，长兴紫笋茶首次参加全国名茶评比，获国家级名茶证书。但当地茶产业并没有因此“蒸蒸日上”，供需关系变化使得做茶卖茶的人越来越少，许多茶叶加工的老手艺一度面临失传。她就暗地里想，长兴是陆羽写《茶经》的地方，长兴的紫笋茶是作贡最久的“贡茶”，大唐贡茶院都在这边，这么好的茶叶怎么能卖不出去呢！

有了这个疑问，张文华心底里总在寻找一个答案。

终于有一天，这个答案有了。但这个答案深深地刺痛了她敏感的心。那是在一个茶乡的旅游景点，一群外国游客兴致勃勃地观看了中国茶手工制作全过程，制茶师傅的纯朴、手法的老道和茶叶炒制过程中的清香让他们迷醉，并伸出大拇指直呼“OK”，但表演结束，没有一位外国游客愿意尝一口新泡的茶汤，也没有一位愿意掏钱买一份茶叶带回国。

懂英文的她在与外国友人私下交谈中明白了一切，他们不认为在露天环境下，

美在其中

许要武 | 摄

如此手工制作的茶能安全地进入他们的肠胃，换句话说，他们嫌脏！同样如此，在她参加的一次国际性博览会上，众多外国人欣赏完美轮美奂的中国茶艺表演，高呼“OK”“OK”后，却把大批的订单给了日本，给了俄罗斯。

时代在发展,一切传统的弊端也必定会跟着时代的脚步更迭替代。长兴紫笋，品牌响亮，但作为传统名优茶，其销售能力却远远滞后。可销路问题直接影响了茶叶种植的经济效益，也直接挫伤了茶叶种植户的生产积极性。

紫笋茶的未来应该走向哪里?

进入 21 世纪，人们对纯天然、无污染饮品的需求稳步增长，然而，在过去的很长一段时间内，国际市场上，中国茶的软肋是品质，而更准确的说法是卫生品质。

张文华说：“作为国家传统生产行业，加工设备陈旧、加工卫生管理意识差，有害微生物和重金属污染，已成为茶叶产业链中的致命伤！而茶叶的卫生质量安全问题已成为遏制现代中国茶产业发展的瓶颈。这样的现象，虽然我们可以从传统文化背景找到根源和答案，但我们没有理由也没有可能让市场为此妥协。我们作为瞄准国际市场的新生的现代化企业应该而且必须有这样的自省。”

事实上，时代在进步，要让传统名优茶走上国际市场，其制作工艺和包装符合国际市场的需要是一条必须要走的路。

2007 年，在茶乾坤高洁净化车间里，第一包独立包装 2 克的紫笋茶问世，这品相让看惯了大包装的长兴人有些吃惊。

这样的紫笋，包装成本增加，市场能接受吗?

市场很快给出了答案，独立包装，一包一泡，干净卫生，尤其是品相高端，作为伴手茶礼，风雅名贵之气更盛！若是家用冰箱储藏或者旅游出行携带，这样的小包装取用便捷，携带随意，也具有独特的优势。千年贡茶这款来自茶圣故里，包装独特的茶也作为一份特殊的礼物被送到了联合国教文总署。

就这样，做有特殊标识的“身份证”茶叶，这个理念在张文华的心里已经悄悄萌生，于是，“公司＋基地＋农户”的可追寻模式也开始在茶乾坤应用。然而，这一切都不是一个刚刚起步的小企业能承担和承受的。

身为董事长的张文华已经感到力不从心。她开始动员二位股东去引进资本，寻找更好的领头雁。这时候这个浑身充满着文艺气息的张文华格外的理性，在董事会上，她很清醒地说：我的性格做董事长，在企业创业初期是非常好的。但企业到了快速发展阶段，就一定要一个更专业、更宏观的人来把舵！

也许是冥冥之中的缘分，她在一位朋友处得知了一个消息，安溪铁观音集团正在竭力邀请当时还在中茶公司任职的管爵杉先生去担任要职。他要下海？若是消息确切，茶乾坤也可以去争一争！朋友听她一说，便笑了，说：“张总，茶乾坤实在是太小了，和安溪铁观音争，怕是没戏。”

“那怕什么，即使失败，争过了，便不后悔！”

说干就干，张文华的个性里永远写着三个字：不服输。她动用一切人脉关系，以最快的速度联系上了管总。她的态度也非常诚恳：“管总，我们企业刚刚起步，目前还给不了您高薪，但您来茶乾坤，您就是这个新企业的设计师。你来当董事长，我给您当副手。”

董事长主动让贤的气度，给不了高薪的真诚，最终打动了管爵杉的心，他选择了茶乾坤。而从董事长位置上真的退下来的副董事长张文华也毫不松懈，她将更多的精力倾注在紫笋茶的开发推广上，主持完成了长兴紫笋茶进上海世博会、茶乾坤院士工作站、茶乾坤创新团队等一系列工作。2006—2012 年，张文华负责的茶乾坤牌紫笋名茶三次获得了中绿杯金奖，二次中茶杯金奖。

一个茶乾坤的故事注定是说不完在路上的“紫笋茶姐姐”的创业故事的。

2014 年，当茶乾坤有管爵杉作为领头雁展翅高飞，张文华却悄然退出了茶乾坤的高管团队，只保留了第四大股东的身份。她在一个山沟沟开始了新的创业旅程，硬生生把一个荒凉的山涧开发成了一个充满诗情画意的绿野仙踪。

绿野仙踪・漫筑度假村是一个集住宿、用餐、娱乐和休闲于一体的综合性旅游度假村。作为她的老朋友，我被她拉着去看荒地，被她拉着去看奠基，被她拉着去看结顶，当然，更多的时候是喝着她泡的紫笋茶，听她风风火火的曲折故事。当她终于将长兴城郊一个荒山涧变成梦幻角，再次拉着我去享受她的成果，我的心里着实为她的一路拼搏一路风景惊叹。

在这个梦幻角里，张文华利用自然资源整理，在专家指导下出了一个美丽的茶种资源库，并和陈院士团队一起完成了几个科研项目，推出了一条茶旅结合的旅游线路。不知道的以为张文华想让外来休闲旅游的游客体验了茶圣故里亲手采摘制作紫笋茶的乐趣，可知道的都明白，张文华的心里藏着一个永远也放不下的紫笋茶情结。

在绿野仙踪·漫筑，张文华不仅用紫笋茶作为原料制作出了不少餐桌上的美味佳肴，还打出了紫笋名优茶新品牌，制订了两个茶叶方面的企标，而隶属于绿野仙踪的“紫源唐贡”牌紫笋茶又三次获得了中绿杯和中茶杯的金奖，并在2016年获得了全国茶王赛金奖。许多朋友都开玩笑说她是得奖专业户，而我知道，她只是比常人付出了多得多的努力与汗水。

那些年，早已拥有高级农艺师、国家级审评师等一系列技术技能职称的张文华，除了继续自己的专业学习外，还担任了浙江农艺师学院的创业导师和长兴县青年创业导师。作为一名市政协委员和县政协常委，几年来在市县二级政协会议上完成了与茶有关的提案7项。从2018年开始，她把重点放在了传、帮、带上，完成了茶叶公益茶讲座12场；指导茶专业本科生7名完成了毕业论文，同时3年来培养审评和茶艺人才128人。

且走且行，一路风景。经过几年努力，绿野仙踪·漫筑初具规模，被一家企业相中全资收购，张文华功成身退，这一次，她心中已经有了下一步的蓝图——她想把自己的专业知识和技术创新上、产品研发上的体会和更多人分享，专注茶文化交流和传播继续与茶为伍，做一个身上带着自然清香的女子。

这次创业，张文华身边多了几个可爱的年轻人，其中一个便是她儿子杨盛旻。

杨盛旻大学毕业后在宁波一家上市公司担任网页设计师，收入比较可观。从小耳濡目染母亲的茶文化情结，已经初具社会经验的他听从了母亲的召唤，回到家乡长兴，和三个小伙伴一起，在专家团队的指导下开启了一段紫笋茶的今生之旅。

年轻的创业者给了张文华一颗年轻的心，她带着这批年轻人，为四川木里研发了红雪茶和白雪茶两款茶，并为木里设计了第一个标准化包装车间。她也乐于借助年轻人的观点，在产品开发和包装上进行了积极创新，短短几年，湖州茶源科技有限公司先后开发了紫笋小红柑、口红茶、调味花茶等多种新产品，同时自行设计包装。其中，以本地紫笋红茶为原料制作的紫笋小红柑，上架仅 4 个月，就达到了 100 万元的销售额，深受市场欢迎。

几年里，茶源科技的紫笋小红柑和传统紫笋茶，在中绿杯、中茶杯及国际名茶赛和茶王赛中获奖无数，张文华的儿子也被评为湖州市大学生创业典型，其他

紫笋茶号高铁出发

陈鲜忠 | 摄

几位年轻人也都拿到了高级审评师或高级评茶员的技能职称，这个年轻的公司，完成了四项企业标准的制定和多个专利的申请，成为紫笋茶传统产业里的新秀。

我们都说，天底下的母亲都长着一颗同样的心，那就是愿意将自己认为最好的东西给孩子。张文华将自己爱了一辈子的茶叶事业给了自己的孩子和他的小伙伴们，这其中的意味可谓深长。

如今，初出茅庐的茶二代已经开始慢慢成长，就像长兴紫笋，千年万代需要的是不断传承和创新。回想起来，这些年，我和张文华见面的机会慢慢减少了，除了公司活忙时人手不够，她偶尔会打电话让我们前去帮忙，我真的不忍心主动去打扰她，让她腾出时间为我亲手泡一壶她制作的紫笋茶。但这丝毫不影响我对她的关注，因为，在电视新闻永远会有她的新消息，比如被评为道德模范、三八红旗手，比如去全国各类茶界赛事里任评委，比如茶品获奖、比如网络直播、比如审评和茶艺培训，比如开发了一款紫笋系列月饼等。

就在本文即将校对付印的2021年的清明节，张文华在县委、县政府的支持下，再次刮起了紫笋茶文化宣传的“超级旋风——千年紫笋西安行”。紫笋茶王出行，一路盛装一路华彩，国内二十多家主流媒体作了跟踪报道，而作为活动主策划和主执行官，张文华所付出的努力是常人所不能做到的。

结识张文华三十年，我始终不明白她身上永远也用不竭的能量来自何方，但我明白，人一辈子所谓的成绩与荣耀，都来自脚踏实地的奋斗。

如果奋斗累了，坐下来，静静地品尝一杯紫笋茶，然后重新出发，去走完最完美、最没有遗憾的今生之旅。

作者简介 黄梅宝，笔名梅宝，浙江诸暨人。长兴县茶文化研究会理事、浙江省作家协会会员、浙江省戏剧家协会会员，从事文学创作多年，代表作品长篇小说《戏梦人生：元曲大家臧懋循》，现供职于长兴县卫生健康局。

青春遇到茶　草木也放光

周秀明

三十而已，四十不到，这样的年纪绝对人生黄金期，梦境中的诗和远方，无不色彩斑斓。而冠之于"茶人新秀"的这一群体，则犹如漫山茶丛中清新馥郁的花朵，每个花瓣都诗意盎然，生机勃发。以顾渚山为背景，面朝南太湖，初入茶界的这一代又会在历史时空中演绎怎样的故事，留下怎样一张合影呢？

张小红：一片心香玉山果

近两年连续获长兴县"茶王赛"金奖，2019捧回"中茶杯"第九届国际鼎承茶王赛特别金奖，2020年又一口气将湖州市第六届"陆羽杯"金奖、中国茶叶流通学会第十届"中绿杯"金奖和"中茶杯"第十届国际鼎承茶王赛绿茶类金奖三大奖杯收入囊中，"呵！玉山果不得了，长兴茶界杀出一匹黑马呀！"赞叹声将一位频频获奖的茶人新秀推到众人眼前，她就是长兴玉山果生态农业开发中心负责人张小红。

80后的小红与茶结缘，纯属人生转角遇到爱。那是2006年春天，跌入情感低谷的她决定换个步伐，开始新生活。因为之前业余兼职与小姐妹合伙开茶叶店，她进货时知道李家巷镇龙华蚕种场边有一片茶园产的茶味道极好，特别畅销。这年春天，她又一次来到龙华蚕种场，得知茶园边有一处山林转让，她脑中灵光一

茶树山魅影

邹宏辉｜摄

闪，何不租下这片山自己种茶呢？既然山脚下的茶园能出好茶，山上种也许更好吧。刚巧，在蚕种场工作的朋友老丁，也想自己创业，两人一拍即合，决定合作投资开山种茶。初生牛犊不怕虎，加上当时政策好，茶树苗也便宜，他们把承包的500多亩山林一下子全部开垦出来种上了茶苗。凭着年轻好学和满腔热情，他们按书本上学到的知识，结合同行介绍的经验，保留山上原有的大树，并在新开出的山道两旁种下行道树，防止水土流失，保持生态平衡。一切朝着蓝图设想进展顺利，不料，希望的新芽刚冒尖，2008年初的一场大雪，差点让头一年栽种的茶苗全军覆没。补种茶苗时，小红尝试着在茶园套种香榧和木瓜，心想，万一茶树种不活，果树兴许能挣钱。她给农场取名“玉山果生态农业开发中心”，“玉山果”是香榧的俗名。显然，她最初寄予这片山地的愿望只是养活自己。回忆起当初那段投入大，又暂时没收成的日子，小红说，那几年最怕过年，因为没现金，买不起礼物，包不出红包，只好选择外出旅行过年，假装很浪漫，其实真无奈。尽管如此，共同的理想信念和价值观，让她和老丁始终坚持生态化种植，人工除草，少用杀虫剂，不用化肥。同行们的茶山三年就见效益了，她的茶山还是草比茶树高，连采茶大妈都笑话她：“你这是种茶呀还是种草呀！”后来，春季产茶了，为了节约开支，两个人通宵达旦连轴转，白天采下的鲜叶，必须当晚做好当晚卖掉。有一天晚上冒着倾盆大雨送新茶去市场，在高速公路上车胎爆了，只能在紧急停车带换轮胎，真是又急又怕又无助。一次又一次的有惊无险，一趟又一趟的准时无误，一年又一年的平稳质量，小红渐渐和客户建立起相互信任，达成稳定合作关系。

“时序更迭，春华秋实”，转眼10多年过去，稚嫩而乡土气的“玉山果”渐渐出落成婷婷玉立的“湖州市农业龙头企业”，并带动周边茶叶种植户100多户，让他们得到实惠。在山上摸爬滚打时间长了，小红发现这片山地紧靠碧岩，山顶高，大树参天，泉水潭多，终年不枯，植物品种丰富，还有许多中草药。于是，日子稍微好过一点，又花重金把连着茶山的一片毛竹林承包下来。朋友们说她发

玉山果茶园
长兴县农业农村局提供

疯，她却有自己的想法："房子都买了难道还差个车库钱？"事实证明，这是智慧的选择，表面看竹林没什么收成，但对茶山来说，这片竹林相当于一架天然屏风，能有效抵挡北面吹来的寒流，隔阻外来病虫害，让茶山的小环境小气候更加有利茶叶生长。2010—2016年，她陆续引入鸠坑早、黄叶茶、黄金叶、黄金芽等品种，经过试种培育长势良好，经济效益显著上升。闲暇时翻阅书本，慢慢得知自己真是运气好，人生路上一跤跌到名茶窝里了。原来，她脚下这片茶山位于长兴境内第二高峰弁山的西北面一条支脉，生态环境极佳。雄峙于太湖南岸的弁山，素称"吴兴富山水，弁为众峰尊"。风光旖旎，名胜古迹颇多。山南的温山，属弁山一峰，因山有温泉而得名。陆羽在《茶经》里记载：乌程温山出御荈。史书称："早在晋至南北朝时期，温山一带生产的茶叶就已经作为皇室的御用贡品。'温山御荈'是浙江最早的贡茶，也是全国最早的贡茶之一，距今已有1 700多年的历史。”小红做梦都没想到自己的茶山竟然与历史名茶“温山御荈”是“近邻”！循着“温山御荈”的词条再去查阅史书，她恍然大悟：因温山坞谷中长年生长着成片的参天大树，林间荫蔽遮日，水气升腾，云雾缭绕，漫射光十分丰富。加上区位优势与气候特征，得天独厚的生态环境成就了历史名茶。想到自己茶山也是“松杉成荫，玉涧石潭，清泉甘洌”，还有各种果树花香，这样的好地方必定能出好茶！小红对自己的茶山信心更足了，基地管理也更加科学。这时又机缘巧合结识了国家级茶叶审评师张文华，帮她找出茶叶制作存在的薄弱环节，让她明白一杯好茶的诞生，原料好是基础，做工好是关键。之前她千辛万苦种出的好茶，一部分直接卖青叶，一部分请师傅做好批发到茶叶市场，不光利润薄，而且无品牌效应。在张文华的引导帮助下，小红又一次使出开荒种茶的劲，转战于浙江农科院、浙江农林大学和县职业技能中心，不断充电学习补短板，考取高级茶艺师、高级茶叶加工工等多个证书，真正成长为农村优秀实用人才，做出来的茶越来越上档次。资深茶人杜使恩为张小红题诗一首：“紫光琼露碧岩风，催发嫩凉千万丛。一片心香玉山果，笑言茶界女儿红。”

2018 年开始，“玉山果”的茶从批量大袋论斤秤，上升到精品包装论克卖，还有了属于自己的品牌，成为绿茶博览会上的明星产品。除了传统春茶，小红还利用春后期的鲜叶制作发酵红茶，并跟供应商合作，开发出深受消费者青睐和专家好评的紫笋小红柑。茶果套种技术项目也得到浙江省农业厅的肯定与推广。读着玉山果茶包装上那句“一山一格物，一茶一致知”，我相信弁山脚下结茶缘的张小红，已经从大自然获得灵性，从一杯茶顿悟人生。

杨骥云：机器换人茶二代

联系采访杨骥云，正逢高温酷暑，他说近期每天一大早都要上山除草，茶山管理不能脱节，不可松劲。先发张今年春天航拍的照片给我看看，感受一下茶场全貌。换个角度俯瞰和平镇基隆坞茶场，果然奇妙，如果把四周重峦叠嶂，云雾缭绕的群山看成一只巨大的碧玉盆，基隆坞茶场就像盆中珍宝，树林、竹林、果树和茶叶错落有致，相互交织，光彩夺目。而蜿蜒曲折于山脊上的盘山道路，恰似系在盆边的缎带，全凭主人自由收放。如果把茶场想象成茶仙摁在大地上的掌印，那一垄垄排列整齐的茶树，又仿佛茶仙指尖的螺纹，随阳光变幻折射出无数密码……

听杨骥云讲述茶山管理经历，能清晰地感受到这位刚到而立之年的"茶二代"，已经甘愿把最美的青春年华挥洒在这片神奇而美丽的茶山了，"机器换人"的源动力吸引着他不断尝试破解科技的金锁。

20年前，父亲杨强华看中和平镇吴村极佳的自然生态环境，毅然买下400多亩荒山，成立基隆坞茶场，在当地率先种下白叶一号茶苗。经过10多年辛勤耕耘，探索前进，基隆坞茶场发展为全县规模较大的白茶和紫笋茶重要生产示范基地，被列为浙江省示范茶厂、省级特色优势农产品生产基地。规模化、标准化生产出来的"霞幕山"牌白茶，蝉联2009年、2010年"长兴名茶评比"第一名，并多次获得"中茶杯""陆羽杯"等国家和省、市级名茶评比金、银奖。

高中时代就跟着父亲上山劳作的杨骥云，内心最敬佩的不是父亲的吃苦耐劳精神，而是父亲敢为人先的勇气和科技兴茶的理念。他记得，自己家的茶山是全县最早安装轨道车运送肥料的。当年，农机厂主动上门来推销，鼓动他父亲杨强华试用轨道车，其实大家心里都捏把汗。不光是茶山坡陡，安全性有待实践检验，仅投资轨道也是一大笔开支。始终坚持不使用普通有机肥的杨强华，想到每年要冒着高温将菜饼和栏肥肩挑背扛上茶山，还是决定做"第一个吃螃蟹的人"。第一年投资6万元，安装了2条轨道，后来渐渐增加到7条500米长的轨道，每车单程可运送肥料250～400千克。原先靠人工运肥，10天的工作量，用轨道车，4天就完成了，劳动效率大大提高。小小轨道车让杨骥云初尝了科技进步"机器换人"的甜头。

2012年，杨骥云大学毕业，再三思考，选择回家接父亲的班，立志做一个时代新农民，科技茶二代。在秉承父亲那条“自然生态、循环发展、非掠夺式种植经营”底线的同时，杨骥云想得最多的是如何“机器换人”，既保证茶叶品质密码牢牢掌控在自己手中，又让传统农业插上科学技术的翅膀。2016年，他看到有同行使用“植保无人机”打药除虫，一打听，这架“小飞机”可神了，不但能降低喷洒农药的成本，而且能节省时间大大提高农药喷洒效率。10千克的机型，一台无人机抵得上30个人工作业。2人一组配合操作，每天可完成120～150亩，而用传统肩背式喷雾机，每人一天最多完成4亩多点。“每个架次4～5亩地的打药效率，绝对是人力所不及的。要是我能自己买架无人机，植保高峰期再也不用为找人难发愁了。”儿子朴实的言语和向往的眼神，让开明的父亲迅速理清思路：“机器换人”将是现代农业发展的一个趋势，茶二代们必须依托科技进步，

科技进茶园
曹世河 | 摄

掌握“讲效率，降成本，增效益”的新本领，才有可能登上新高峰，开拓新征程。在父亲全力支持下，2017 年，他首先请来杭州西湖龙井茶场的专业“植保机”团队到自己茶山试喷，成功率极高。2018 年得知安吉县有培训班，马上报名参加学习，取得植保无人机飞手证书，并花 5 万多元买回一架大疆 MG-1P 植保无人机。第一次与堂兄一起操控无人机起飞时，他激动得对着群山大喊：长兴的茶农插上科技翅膀啦，我们飞起来啦……

2020 年是杨骥云接手茶场管理的第九年，也是最艰难的一年。因新冠疫情的冲击，一些隐藏的管理漏洞显现。特别是抢摘“头茶”那些日子，一边是茶芽一天天往上蹿，一边是疫情阻挡外地采茶工步伐。春季早茶，“早采三天是个宝，晚采三天便是草。”招工难，用工贵，父子俩心急如焚。幸亏茶场新引进的自动加料炒茶流水线及时启用，提升了炒茶效率，降低了人工成本。采茶旺季，茶场每天要炒制四五百斤干茶。同样分量的鲜叶，人工炒需要 17 ～ 18 人，机器炒只要 5 ～ 6 人。同时，炒制干茶售卖，一来可以控制茶叶品质，稳定老客户，二来可以延长茶叶销售期，卖出好价钱。尤其像今年的行情下，机器换人降成本，总体上收益率还算令人满意。

新增的防疫成本给杨骥云上了一堂管理课，促使他更多地关注科技信息。有报道称，疫情稳定后，最早复工复产的是机器换人的行业和岗位。展望未来，随着人工智能的快速发展，更多聪明工具会被发明和运用。杨骥云已经在畅想，有朝一日采茶叶机器人取代大妈大婶和小姐姐们批量上山，春天的基隆坞茶场又该是怎样的画面呢?

杨晟旻：创业初尝茶滋味

1992 年出生的杨晟旻，是茶人新秀代表中年龄最小的一位。虽然创业时间不长，却已在大大小小的展会、比赛上斩金获银，青春梦想散发出别样茶香。他的茶缘，来自国家级茶叶审评师妈妈的熏陶。“茶迷妈妈”张文华是浙江茶乾坤食品股份有限公司创始人之一，潜移默化的影响力无心插柳，不知什么时候起，杨晟旻对妈妈收藏的各种茶产生强烈好奇心，到妈妈茶桌前品一杯香茗，慢慢变成亲子时光、假日序曲。

大学毕业后，杨晟旻先是凭着自己的才能，应聘在宁波一家上市公司担任网页设计师。论收入应该属于比较可观一类，只是漂泊的状态总让他觉得这不是自己想要的生活。一次偶然机会，他了解到家乡长兴有很好的大学生创业扶持政策，便萌生了回乡创业的想法。2016 年底，他辞职回到长兴，与人合伙创办青鸟科技有限公司。一年中，市场经济的跌宕起伏，创业初期的各种磨合，让他经历了前所未遇的问题和挑战，也逐渐清晰了与茶为伍的奋斗方向。2018 年初，他在妈妈的支持下，整合茶叶生产、加工和市场营销等资源，创立湖州茶源科技有限公司。妈妈和他有个约定：“只领航一阵子，后面搏击长空要靠他自己飞。”敢于独立创业的年轻人，视角和思维方式总是出乎寻常，他率领小伙伴首先呈现给消费者的是花茶、果茶、冷泡茶等一系列新概念产品。他说：现代社会生活节奏快，处于人生奋斗期的年轻人喝茶，最看重的还是便捷和健美。什么水温、克数、茶具选择、茶席布置等这些，还是留待有了空闲、上了年纪再慢慢捣鼓吧。

2018 年金秋，他带着新概念茶产品到第 11 届中国义乌国际森林产品博览会展出。与来自全国各大茶叶主展区的近百家茶企同室斗香，最初的想法只是争取一个观摩学习的机会，试一试新概念茶产品的市场认可度。没想到敏感的央视记者一下子从琳琅满目的茶展区发现了他和他的茶产品。在美女茶艺师姐姐云集的展会上，帅气小鲜肉被多看一眼并不意外，重点是央视记者的镜头，聚焦的是那些让人耳目一新的小包装新概念茶。周边展位的资深茶商们见央视主动采访茶源科技，边围观边议论：“传统茶太‘老气’，不受年轻人待见，任何行业都需要链条延展、推陈出新呀！”首次亮相就入主流媒体法眼，杨晟旻自然内心窃喜，小小地嘚瑟了一番后，鼓足干劲连续开发出雪梨红茶、茉莉绿茶、玫瑰薄荷、蜜桃乌龙等 12 款调味茶，并且发挥自己的美术特长，给每款茶都用心设计一件时尚有格调的外衣，增强产品辨识度。精美的外形、丰富的口感、自由的搭配、实惠的价格，使这组调味茶很快成为公司主打产品，赢得消费者青睐。思维敏捷的杨晟旻迅速为自己设计的包装申请了专利，摆上淘宝货架。

传统茶注入年轻元素后，公司淘宝店也是订单不断，顺丰的快递小哥几乎每天都要往返茶源科技多趟。特别值得一提的是，12 款调味茶中，除蜜桃乌龙和桂香乌龙，其余 10 款都是以长兴本地产紫笋红茶和紫笋绿茶作为基底茶推广，成功破解了春茶产销的季节性模式，大大延长了紫笋茶的销售周期，让当地有限的资源发挥出更大效益。周边地区多家老字号品牌食品公司也选中茶源科技的特

木龙岕茶园
陈鲜忠 | 摄

色调味茶，与粽子、月饼等传统美食组合，市场反馈甚佳。

创办公司之前，杨晟旻做过市场调研，注意到有报道称："英国茶品牌立顿的一年产值可达到中国 7 万多家茶厂总产值的 2/3。中国有 1/4 人口喝茶，茶叶每年人均消费 1. 2 千克，但是年龄主要集中在 35 岁以上。""能否开发更多迎合当代年轻人口感和饮用方式的茶呢？"杨晟旻的脑海里冒出一个创业课题。他也觉察到，随着大众健康意识的增强，科学知识的普及，近年来，从超市到街头，越来越多茶饮品悄然替代可乐雪碧之类碳酸饮料被年轻人接受。如果这支消费的主力军都爱上喝茶，市场前景该何等宽广！？说到产品开发，杨晟旻坦言，很多时候想法可以海阔天空，但真正落实必须有技术支撑和有利可图。去年，公司一度结合客户想法试生产"口红茶""星期茶""景区无人柜员机茶"等充满时尚元素的茶品，最终因制作包装成本太高、口感难控制而作罢。这也让他好好反思了一番：创业道路千万条，市场买账第一条。若俘获不了消费者的味蕾，鼓不起自己钱包，一切都是空谈。

茶源科技务实的根基上长着一枚网红之"柑"。让杨晟旻尝到了茶之喜悦。有一阵，市场追捧普洱茶，被装进迷你型小柑皮后，拿在掌心很可爱，闻着清香扑鼻，而且小球球一颗一泡很方便，小袋装也很便携，但是试喝后又觉得"小青柑"的口味年轻人较难接受，主要是喝不惯普洱茶。于是突发奇想："把本地产的紫笋红茶放进小柑皮，味道会不会更适合年轻人呢？"经过反复试验，最后跟广东新会陈皮供应商合作，诞生了神奇的紫笋小红柑，其柑皮香气怡人，茶中果味较浓，清甜回甘，清神醒脑。换个喝法的紫笋红茶迅速走红，上架仅 4 个月，就达到了 100 多万元的销售额。2020 年，有专利护驾的"紫笋小红柑"被推荐为浙江省优秀非遗旅游商品。

深耕年轻人市场的过程中，杨晟旻结识了一批"全球通"的老外茶商。2019 年 4 月，他牵头组织德国和瑞士籍茶商来长兴寻茶问道，面对面深入交流茶产品、茶文化后，双方愉快达成合作项目。送走老外茶商，杨晟旻又去武夷山走访原料客户，这枚神奇树叶给予的全新体验与味蕾刺激，让他觉得无论是公司的产品开发，还是个人的茶知识都亟待补充、刷新。“无奋斗、不青春”。不久，浙江省六大茶类鉴评班的教室里，多了一位渴望爱茶更懂茶的90后新学员。最近，听说他在繁忙的学习和工作之余，又拿出了《设计空间》一书的初稿，将自己设计创作的作品整合出版，只是他创业路上的花絮，茶香、茶味正深深吸引他不断探索前行。

潘影：拿起放下一杯茶

一位刚到而立之年，怀揣北京工商大学财政学硕士学位，就职于长兴县某机关单位，却转身脱下众人艳羡的制服，收纳起一路奋斗的过往，将自己的未来托付给一杯茶。那得需要多大勇气呀？工作与茶原本并不矛盾，兼而得之不是更好吗？见到潘影之前，一连串问题在我心中打转。走进她的工作室，端坐于一张简洁个性的茶桌前，未等她开口，我似乎已有所悟：喜欢一种东西，即使捂住嘴巴，也会从眼睛里跑出来。

潘影是江西上饶人，童年时代对茶并没有什么概念。2010年9月，还在上大学的她应男朋友邀请到长兴玩，第一次见到杨亚静老师，便与这位气质优雅的国家一级茶艺师准婆婆十分投缘。尤其看着杨老师专注地冲泡一杯茶时，那种由内而外散发的魅力，充满激情地讲述紫笋茶故事时，那种眼里闪着光的快乐，茶世界的大门，在不知不觉的续杯中悄然打开，深深吸引她跨入、探究、品味……后来，她去北京工商大学读研，北方气候干燥，杨老师就给她寄各种茶。说不清是因为爱的滋润，还是茶的功效，总之，潘影的皮肤就是格外水嫩。佳茗伴佳人，润物细无声，一杯茶从精神到物质的初始化，在心照不宣的默契中顺利完成，潘影的茶缘，由此而结。

嫁到长兴的潘影，第一份工作是在县里某事业单位，之后又考上了公务员。

天资聪慧的她工作能力出色，人缘关系极好，一切都顺风顺水。然而，性格活泼，不安于现状的潘影，更喜欢让生活充满无数可能性。而这时，与婆婆杨老师朝夕相处时间也久了，在茶海里浮浮沉沉几十年的杨老师，身上散发着特有的魅力，时常会有一些处理日常小问题的大智慧，不经意间如茶香溢出，让潘影无比崇拜与着迷。2018 年 2 月，她听从内心的呼唤，毅然决定辞职，从“一眼能看到底”的模式化生活中突围出来，接手长兴茗源茶文化传播有限公司，加入长兴县茶文化研究会团队，正式走入茶的世界。她说，三十而立，立的是内心最坚定的声音，以及远方无比清晰的方向。选择与茶相伴，与有趣的灵魂相伴，不是一时冲动，她知道这拿起与放下的分量。

把爱好变成工作，听起来很诱人，其实美丽的外表包裹着荆棘，需要旷日持久的功力去化解。首先是工作本领必须从头学起，执业资格必须考证。其次，没

以茶会友
徐红英 | 摄

有了每月定期到卡的工资，生活费用全靠自己挣。虽然有婆婆老师手把手教，边带娃边学艺的她也属于刻苦耐劳，但第一次上场考茶艺师，她还是感觉比考公务员时心慌。事后反思，她想明白了，那是因为自己的口才好于手艺，文化知识好于实操技能。调整好状态，发挥出优势，自己一定可以突破的。经过两年多时间的实践历练，她终于如愿取得国家二级茶艺师、高级评茶员资格，真正走到了茶文化传播推广的第一线。大唐贡茶院亲子学堂上，她引领孩子们在茶香氤氲的时空里，学习专注、体会凝视，通过一杯茶的礼仪，表孝心，懂礼貌。水口乡成人文化技术学校讲坛上，她深入浅出讲解茶道仪规，茶与健康，致力于培养长兴茶艺师专业队伍。带着“一杯茶”走进社区，她排行长兴县首届“能者为师——寻找社区好老师”说课比赛第一名。代表长兴茶艺师队外出参赛，她获得浙江省茶艺师职业技能大赛“一等奖”和“浙江省技术能手”称号，捧回全国茶艺师技能大赛“银奖”。

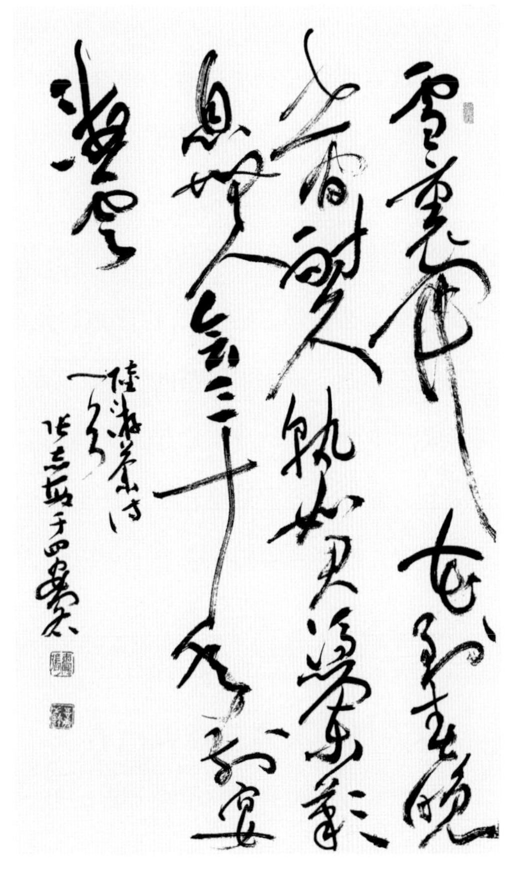

陆游《山茶》诗

张志敏 | 书

充实而忙碌的日子，让潘影真切体会到自己生长在一个好时代，遇到一个好老师。一朵云去推动另一朵云，茶可以让生活变得更美好。有年轻和激情这两大资本兜底，眼前的茶席就是她抒写人生的全新舞台。她说，每一个拥有强大气场的人，都有一颗简单的心。心无旁骛泡茶，心平气和评茶，是她每天的功课。目前公司重点围绕“茶文化普及和传播”的主题，承担茶艺培训，茶会活动策划、组织等业务，下一步还会发展“茶游学”“茶体验”“茶修”等活动。

挤出一切可能的时间学习提升，是她力求精彩呈现的“茶之源”。2020 年，她又来到杭州，参加了中国农业科学院茶叶研究所培训班，听专家讲解茶理论知识，分享茶艺美学，传授茶的智慧。她的工作室有一面墙的博古架，上面已有 30 多个主人杯，据说每个杯子里都收藏着一个与茶有关的故事，人、室、茶交织而成的生活味道，全在拿起放下的瞬间。虚位以待的那些空格，主人杯还在来的路上。她说，当下眼里只有三杯茶：一杯用来解渴，一杯试着优雅，还有一杯慢慢悟道、修心。不知未来自己可以步入怎样的臻境，喝到怎样的人生至味？

林瑞炀：蒸煮一壶顾渚春

在千军万马往前冲的年轻人队伍里，一身布衣提着茶壶往回走，多少显得有些另类。然而，当你真正静下心来，听林瑞炀细述复原“顾渚紫笋”的故事，你会发现，茶养的青年自带不一样的光泽，丝毫感觉不到别扭与做作。

出生于 1982 年的林瑞炀，属于“茶三代”。他的家就住在水口乡，这里早年几乎家家户户都靠茶吃饭，以茶谋生。他的祖父和父亲都是当地有名的茶匠，爷爷林朝旺，曾经是湖州市第一家红茶厂——“红庙茶厂”的做茶工。爸爸林立冲也做茶，每年春天做好茶，自己挑着竹篮到街口，等着收茶人来收。惯常的日子通篇平静，也许熟视无睹，也许年少不知，反正 30 岁之前，林瑞炀浑然不觉身处茶乡有啥特别，既没听说过陆羽《茶经》，也不明白“大唐贡茶”为何物。甚至从母亲口里听到的“紫笋茶”发音只是“子孙茶”。自从高中毕业后，他一直在外地工作，后来在江苏常州做生意，偶然结识一位来自四川的茶企老板，说他们那里的“峨眉雪芽”可比肩长兴产的“顾渚紫笋”。南宋文学家陆游

品茗三绝茶艺表演

王玉雷丨摄

诗云："雪芽近自峨眉得，不减红囊顾渚春。"顾渚紫笋"青翠芳馨，嗅之醉人，啜之赏心"，早在唐代便被茶圣陆羽论为"茶中第一"，荐为贡品，是上品贡茶中的"老前辈"。四川老板的话犹如一声春雷，一下子把林瑞炀震醒了。惊奇、汗颜、惋惜，各种复杂情绪交织在一起："明明自家门口有宝，何必在外苦苦闯荡！"林瑞炀内心升腾起一股强烈的使命召唤。一旦心被驱动，回家的步伐变得毫不犹豫。2013年，他循着紫笋茶香回到老家水口乡，先开办农家乐并创立长兴林家铺子食品有限公司，解决生计问题。空闲时间全部用来研读茶书经典和拜师学艺，最初的想法是"努力做出一款新式绿茶来，破解紫笋茶不好卖的瓶颈。"那几年，由于种种因素掺杂，紫笋茶在市场竞争中发展得并不好，初学制茶的林瑞炀更无法判断这款历史名茶难销的症结所在。某天，他在书中看到唐代的一种蒸青技艺，正琢磨着如何试试，一个名字叫张中义的河南人闯进他的视线。张中义因为痴爱"顾渚紫笋"，从千里之外赶来水口，并在此成家落户，常年在这里研究紫笋茶。林瑞炀和他交谈畅快，想法不谋而合：用传统"蒸青"工艺复原"顾渚紫笋"！让天下茶人喝到真正的"茶中之茶"品到"味中之味"。

好茶要从好原料入手。《茶经》记载："上者生烂石，中者生砾壤，下者生黄土。"

林瑞炀对照书本所述，四处打听寻租顾渚山区的古茶树。真是天道酬勤，今世有缘，他的好朋友祁敏杰家祖上就有一处古茶山，位于明月峡，山上的古茶树最早的距今有近百年历史。经实地踏勘，山谷里草木茂盛，烂石满坡，丛丛簇簇的野生茶树，自由散漫地生长在岩石缝隙里，茶树的根系在碎石中裸露出来，与藤蔓杂草缠绕着，和人工栽种的茶园有明显区别。沿山谷往上攀登，还能看到生机勃勃的野生茶树，一直延续到山峰高处。这里的山场环境完全达到："山坡顶上阳崖阴林，石烂成土，茶树荒瘦近于野，合乎茶经上茶之选。"于是乎好友拜茶"结盟"，接下来就是潜心研制工作。这时的林瑞炀，已经初步完成从茶人小白到入行的蜕变，高级茶艺师，中级评茶员，三级制茶工，浙江省农民高级技师，一摞小本本支撑起化梦想为现实的桥梁。无数个日日夜夜，一次次试法"唐法蒸青"工艺。在紫笋茶的加工过程中，高温杀青是关键环节。常见的炒茶技术虽然成熟，但在市场竞争中却难以展现紫笋茶的优势。林瑞炀改进唐代古法，用蒸箱处理绿茶青叶，不仅让成品风味别具特色，也将紫笋茶的保质期从过去的一年左右延长到了五年以上。终于，功夫不负有心人，他成功了。采用"唐法蒸青"制作的"顾渚紫笋"，香高汤润，馥郁甘爽，且久泡不苦涩。若配以当地金沙泉水，味极清甜，甚至有"醍醐"感，让人如饮甘露。2018年3月28日，中央电视台《消费主张》栏目走进水口，"茶三代"林瑞炀复原"顾渚紫笋"的新闻一经播出，他家定价5 800元/500克的头批"顾渚紫笋"，迅速被全国各地茶客预订一空。利用"蒸青"工艺，林瑞炀使亩产10～12千克干茶的产茶率，提升至25～27千克，且平均价格翻了好几番。

生长在古茶山上的老茶树，根系发达，杂花生树，自由自在，基本不用管，不施肥，不施农药，一年只采一次春茶。热闹的茶季过后，林瑞炀把更多的心思放到了弘扬传承茶文化，保护开发古紫笋茶项目上。他说，中国茶文化博大精深，源远流长。有幸取得一瓢，已是全家世代惜茶的造化。自己当下只想把唐代煮茶法弄明白，让来长兴顾渚山朝圣陆羽的茶人，喝上一杯别的地方喝不到的好茶。

2020 年 4 月，他应聘到大唐贡茶院担任茶事总监，从林掌柜变身林总监，林瑞炀施展才能的平台与空间大不一样了，自己也深感肩负的责任使命更重。如今，他正忙着依托大唐贡茶院，整合推出茶旅跨界融合的新项目，引导更多年轻人爱上一壶中国茶，让家乡的紫笋茶走得更远。采访结束，回望大唐贡茶院那一瞬间，我仿佛听到一支陶笛吹着宗次郎的“故乡原风景”穿越而来，清新悠扬的天籁之音，环绕着、伴随着林瑞炀一步步登上陆羽阁，去蒸煮一壶旷世风雅的顾渚春。

作者简介 周秀明，女，笔名西窗，湖州市作协会员、长兴县茶文化研究会副秘书长、茶艺师。从事过企业政工、新闻、文艺工作。芳华已过，童心依然。喜欢茶艺、花艺、旅行、阅读。宠辱不惊，看庭前花开花落；去留无意，望天空云卷云舒。学会放下，懂得从容。愿在本真生活中收集和分享快乐小浪花，智慧小贝壳。

倚溪侵岭多高树
夸酒书旗有小楼
惊起鸳鸯岂无恨
一双飞去却回头

录唐杜牧入茶山下题水口草市绝句

戊戌秋月周国富

来水口，心自由

吴 瓒

心月孤圆，每个人心中都有一轮清凉的月亮以抵世间喧嚣纷扰；茶接天地，每一口茶皆是一剂甘露可涤人间忧烦恼热。在水口，有品茗三绝，有明月清风，便能邂逅自在。

从长兴县城到水口要翻过一座陈母岭，岭上有一块界碑，是龙山与水口交界标志，一面是“水口茶文化景区”，另一面是水口的旅游广告词“来水口，心自由。”过界碑后，道路两旁松风竹影，就能让人感到脚下的路正通往心中那自由的世界。水口之名，源于从顾渚山流下来的金沙溪到此出口，与河水汇合，东入太湖。早在唐代，水口草市因贡茶院的贡事而久负盛名。

江南地区，以水路居多，当时水口是个据要路津。修贡期间大批人马进山出山，特别是从湖州来的官船，都要在水口渡口埠头登岸，换乘轿子或骑马进驻顾渚山，顾渚山的紫笋茶贡茶和金沙贡泉，除急程茶外也都从水口走水路运往京都。居于周围的山民客旅日常用品在此交易往来。除茶业外，其他行业也风生水起，这也是修贡产生的繁荣景象。

晚唐时，大诗人杜牧进山前，看到溪水碧绿澄清，两岸茂林修竹，各色酒楼掩映其中，船只画舫来往如梭。在水口一上岸就兴奋不已，即兴作诗《入茶山下题水口草市》：倚溪侵岭多高树，夸酒书旗有小楼。惊起鸳鸯岂无恨，一双飞去却回头。为今人带来扑面的唐风，随同而来的好友李郢立吟绝句一首《自水口入

《入茶山下题水口草市》
唐·杜牧　周国富 | 书

茶山》相和，素描了一幅红衣女孩们相依相偎，含羞笑看横鞭吟诗的新太守的画面。

水口集镇由顾渚山而名，亦由顾渚山而成。时至今日，人们还是谈顾渚山必及水口，顾渚山茶文化圣地的冠冕一直荫庇着水口这方山清水秀之地。

千年草市　云淡风轻

水口，这座千年小集镇，自有笃定闲适的气质。金沙溪等溪流穿街向东，街面上各有一桥，走在金沙桥上，或是徜徉在紫花涧、清漾涧边绿道上，有郑愁予的诗情，也有徐志摩康桥下的青荇和柔波。乡政府坐镇在最北面，大院外就能感受到周围参天大树的阴凉舒适，可以仰望着大树走进这座天然氧吧里，黛瓦白墙的三进新、老办公楼，两旁满地鲜花，墙边一排幽篁修竹，西面过一石小桥是一座郁郁葱葱的花园。洁净、清新、亲民的氛围，使得很多上海游客下了大巴，在门口张望。在这样的绿色区域里办公，烦恼消得快，幸福指数自然高。

水口老街是必须走一走的，现已改名紫笋街，长度仅剩300米左右，街面狭小，旧模样还在，最适合一两个朋友步行或骑一辆老式自行车，街北面的房屋大多是1949年前建的，两边商铺还是木门面，大部分是手工艺店铺，近些年套上了紫红色的店牌，增添些许喜气，底子还是显沧桑，有怀旧风，照相馆、修锁配钥匙处、旧式剃头铺，都是新街上没有的；竹匠劈篾打竹篮、做箩筐，木匠锯刨榫卯打桌椅、箍桶盆，早饭店里老面手工馒头飘着纯麦的香气……这样的手艺活在家庭作坊里费时费力，赚不了多少钱，现代人在网上一淘，会有更多类似的精致物品。老手艺人却放不下自己的技艺，依然在水口老街上坚持着，自然会有好奇心重或是怀旧寻乡愁的游客驻足久视，甚至蹲在门槛边和店主人聊这些手艺及往事。走到街道最东端有一栋保存完好的二层老楼，十分醒目，全由青砖砌成，外墙没有粉刷过，经过岁月的洗礼，斑驳着民国时期建筑遗风，实际上这幢楼是新中国成立后二轻公司水口经理处的办公楼房，是水口手工业企业“竹器社”的社址，是当年这街上最为气派的一幢楼。东面的墙壁清晰可见“毛主席是我们心中的红太阳”大幅标语，倒映在“古镇桥”下静静流淌的河水里，诉说着当年繁荣兴盛的激情岁月。

站在“古镇桥”上，会发现桥下河水澄清晶莹，沙石素净可见，两旁堤岸错落有致，时不时有人走下河埠淘米洗衣，苍翠的绿树掩映下，河道弯进树林中，消失在幽远的鸟语声里，很容易让人猜想，这是不是见证了一千二百多年紫笋贡茶兴衰的那条主河道？

对岸有醒目的黄色建筑，墙上有“南无阿弥陀佛”字样，是一座小庙，极其清净一幢小楼，中间有一方小天井，最里面供奉着伽蓝菩萨像，也就是关帝圣像，

茶叶弄的咏叹调

曹世河 | 摄

寺庙里不常见僧人，初一、十五都会有远近信众和商贾们来上香、祈福。若是平日里来，那两位负责打理的老阿姨，会亲切地沏上一杯紫笋绿茶，用水口方言讲述关帝如何成为伽蓝菩萨的故事以及老街上的那些尘封往事。

遗憾的是传说中老街上的木楼茶馆消失得没有痕迹，一直寻回到明清文化街，紫花街等，也都不见踪影，一个以紫笋贡茶闻名的集市除了卖茶叶的店，居然没有茶室、茶馆、茶肆或茶舍，任何一个可以休闲喝茶的去处，也没有打着“茶室”幌子的棋牌室，倒也清静淳朴。

街面上的居民们介绍说：水口街茶文化气息最浓郁的地方是在上吉街66号，就在竺境茶语的对面，也就是水口乡的成校内，有喝茶很讲究的地方，那里有老大的茶桌，很多小茶盅，经常有成群的仙女模样的人出入，里面有学茶艺的，还有学做紫砂壶的，常常有领导带人进去参观，成校是对外开放的，我们也都可以想去就去。

沿着上吉街向南，和着水口居民的节奏，慢悠悠地走到街的尽头，可以看到一幢精致的小楼，映入眼帘的是墙面上各式的宣传文字和金色的奖牌，院墙外也挂着几块木式牌额，都各有韵味，散发着浓郁的文化气息。校园里有一处绿意盎然的小园子，木亭子和一架紫藤花各据一方，亭子下摆放着四季的兰草，幽幽地发着香，仔细闻去，还有隐隐茶香，沁人心脾。

走进小楼，一间宽敞明亮的大厅，南面半墙画着巨幅“陆羽问茶”图。校内共有五间教室，多功能大教室，呈放着学员的紫砂雕刻作品，紫砂实训室里布着33方特制的桌子，桌上有序地放着十来件工具，最南面是紫砂展厅，兼着会议厅作用；二楼一间茶艺实训室，30个座位，原木色的格调，方正、清静，雅致；隔壁是一间翰墨飘香的书画室。三楼设有计算机房和文化站的紫笋茶非遗展厅及阅览室。

紫砂展厅里，陈列着紫砂培训教师、长兴县茶文化研究会理事吴伟华的紫笋壶和部分优秀学员的紫砂作品，熠熠灯光之下，紫砂壶、挂盘、画筒、方瓶，每一件作品以各自的样式、形态展示作者的功力和独特的匠心，使参观的人充分领略紫玉金砂的意蕴和魅力。东面墙上挂有吴伟华大师创作的大幅国画——“顾渚风光”。茶香源处，是一张四米左右长的整木茶桌间，古典温文的赵珍校长，长兴县茶文化研究会副秘书长，身着一袭长袍、绾着的发髻上别着一枝木簪，优雅地边冲泡着紫笋红茶，边将水口成校的茶文化特色向来客娓娓道来。

2014 年 7 月，在上级部门的大力支持下，水口正式启动“紫笋茶文化体验”项目，开展紫笋茶文化特色技能培训和体验活动。经赵校长的努力，邀请到非遗传承人——杨亚静老师、紫砂壶制作大师——吴伟华先生为主的省内外专家教师团队，深入开展紫笋茶制作技艺、茶艺师、评茶员、紫砂壶制作、紫砂雕刻、国画等技能培训活动和体验活动。

只因茶缘，相遇美好。在茶艺系列课程里，学员们由科学地泡一杯更好喝的茶，到走进茶的文化历史，练习茶人礼仪，逐渐深入茶艺的世界，体会茶道“清、敬、和、美”意境达到精神上的洗礼。杨老师和她的团队及来自省内外客座讲师的茶界大咖，亦师亦友地带领学员们沏茶品茶奉茶，插花布席，修德习礼，无论学员初心是为求职谋生，或为修身养性，皆能在茶艺培训中因赏一荷茶叶，煮一壶好水，冲一杯好茶，得一缕香魂，平衡日常烟火中的俗气，值一生去回味。

相比之下，紫砂壶制作更磨人心性，一人一桌，一块泥，一个人和泥之间的对话，每一期都是一个月的课程，需要苦练敲泥片、拍身筒、明针光壶等，几乎每一道工序上都需要练到一心专注，能产生时光飞逝的错觉，才算找到感觉，如果心浮气躁，就会觉得枯燥乏味，如坐针毡。吴大师不顾自己多年的痼疾，坚持不计报酬地悉心指导学员，手把手教学，学员们在吴大师的言传身教和相互鼓励下，从开始只是怀着儿时捏泥巴的兴趣进门，到中间的迎难而上，最后学得停不下来，紫砂壶制作技艺、紫砂雕刻技艺、国画与紫砂艺术……一门门课程，一级级深造直到技师级别。

手执一把秦权壶，揽一缕紫笋茶香。赵珍校长用自己制、自己刻的紫砂壶和品茗杯，用金沙泉水冲泡自己采、自己炒的紫笋茶。远道而来的客人，呷一口“芳香甘洌”，听一席茶话，茶香从舌尖上渐渐抵达内心深处，化漾出无边的诗意来。

翻阅学校“紫笋茶传人”开发的《紫笋茶乡，人文重地》《紫笋茶艺》《紫砂工艺》等乡土教材，观看“紫笋茶艺人”“紫笋茶天使”们展示《品茗三绝》《大唐宫廷茶礼》《石瓢壶的制作》等视频课程，来访者们在由衷赞叹学校严谨治学的同时，也感受到了学校强大的专业师资力量。

赵校长介绍说，迄今为止，在学校举办的82期紫笋茶文化技能培训中，近2 300名学员在这里学到了一技之长，其中，中级工340人，高级工232人，技师73人。学员获国家及省级奖项和荣誉80余项，湖州市工艺美术大师2位，国家工艺美术师23位。近百名学员加入了长兴县茶文化研究会和县紫砂协会。为茶企、农家乐、茶楼和紫砂工作室等单位培训和输送了大批高技能人才。

学校邀请了省内外茶文化专家组成“紫笋茶传人”队伍，又在茶艺表演、茶

石鼓文紫砂盘

赵珍 | 刻

知识讲解、紫砂制作等方面表现突出的学员中组建了“紫笋茶艺人”“紫笋茶天使”技术骨干队伍，这三支志愿者队伍广泛开展紫笋茶文化传播活动：在社区，借助各村文化礼堂，通过“文化点餐制”、文化走亲、乡村春晚、文化送教等活动指导村民学习茶与健康、茶叶的分类与贮存、常用泡茶方法等知识；在县茶文化研究会的带领下，志愿者以茶讲坛的形式走进人大、政协等十余家机关企事业单位，普及紫笋茶文化简史、赏读《茶经》、指导常用红、绿茶的泡法；走进学校，为孩子们开设“茶学堂”“茶社团”，通过轻松、活泼的少儿茶艺体验课来指导学习茶礼、了解茶知识；针对农家乐、民宿的业主群体，以互动形式宣传紫笋贡茶的故事，指导泡茶技巧及如何向游客宣传紫笋茶文化的方法。

《山泉煎茶有怀》

赵珍 | 书

学校的三支队伍主动参与和承担起县内外各类茶文化展示交流，如“传奇中国节·清明”祭祀茶圣陆羽大典，叩开茶文化之门——长兴“品茗三绝”全民传播活动，前往西湖区、桐乡市开展“紫笋对话龙井”“紫笋茶与杭白菊交流活动”，县茶文化节，县全民终身学习周，县文化产业招商推介会等活动中做精彩演出。在学校的推动下，紫笋茶文化走出水口、走出长兴，来到北京、上海、杭州等大都市，向来自香港、澳门、台湾的同胞和英国、美国、法国、韩国、

2017年长兴·西湖文化走亲专场演出
王玉雷 | 摄

日本、意大利、肯尼亚、埃塞俄比亚等国家的国际友人展示中华民族源远流长的传统文化。

为更好地服务文旅融合，学校技术骨干们，一方面指导社区居民成立了紫笋茶社、紫砂社团、南方嘉木游学社团，反哺社会，活跃在各种活动中，成为传播紫笋茶文化的生力军。另一方面科学地构建一条紫笋茶文化体验路径，引领市民和游客通过“学·品·游·享”（学紫笋茶文化、品紫笋茶艺术、游紫笋茶古道、享紫笋茶成果），自觉、主动地去体验紫笋茶文化的魅力。

六年来，在学校的精心组织下，参加紫笋茶文化体验的居民达三万余人，涌现出一大批茶业人才，为长兴茶文化特色产业发展储备了人才力量。

学校的培训受到了国家、省、市、县各级领导和专家的高度重视和关心，同时也吸引了省市县兄弟学校、社会各界人士前来参观、学习交流，港澳同胞以及法国、意大利、英国、韩国等国际友人也慕名前来参观、体验。培训也吸引了各大媒体的聚焦。《人民日报》《光明日报》《中国青年报》《新华社》《中新社》等报刊、媒体、网站对学校特色培训进行了专访或报道。

品味水口，总要乘一枚紫笋茶，顺着金沙溪涧在千年草市上走一程，捋一段中唐时期刺史弃舟进山前的繁华前事，漂一回寻常百姓与茶共生的素年锦时……水口的每一滴茶水都是唐风遗韵，不仅适合旧时的月夜，更是引渡无数茶人乡愁的舟。

千年水口，也就一壶紫笋茶的光景。顾渚的一山春色在她的肩膀上开始苏醒，物华天宝的一味香茗再次启程，崭新、鲜亮地飘出茶史，所到之处，山水安宁，人心如月。

顾渚山水　遗世乡愁

春秋时期，吴王阖闾的弟弟夫概是历史上顾渚山的第一位游客，他惊叹于顾渚山形地貌的气势之优胜："顾其渚次，原隰平衍，可谓都邑之所。"留下一个想要居住的念想，顾渚山就此冠名，蜕去溟蒙的过往，现出江南山水中少有的王家贵气。

第二位当数西楚霸王项羽，因战事在顾渚山里得到了庇护，作了休整，顾渚山为其保留饮泉沐浴的"霸王潭"，四季汩汩涌动着极其清凉甘冽之水，两千多年来不改周围山野的面貌，潭边紫笋茶散落于竹林山径之间，随时采一枚茶芽，都会有饱满坚挺的绛紫英气。

陆羽游历顾渚山应该是来酬前世茶缘的。只有陆羽走遍顾渚山的每一道岕、饮遍每一眼泉水，为山写记，只有陆羽深研过每一丛茶木，真正懂得这座山的灵魂，为茶立名。陆羽以一人之心力与顾渚山对话，品出一部旷世《茶经》，开皇家贡茶先河，顾渚山自此拥有八百多年的贡茶史，屹立于中国茶文化圣地之位，接受古今中外茶人及茶文化爱好者的朝拜。

贡茶院院门开开合合 800 多年，顾渚山中几十位唐代督茶刺史中，张文规等

7位刺史的摩崖石刻至今依稀可辨。境会亭、仰高亭、披云亭、清风楼、木瓜堂及金沙、枕流、息躬、忘归亭……在山林竹茶间隐隐约约，同样撒落的更多的是历代文人有关顾渚紫笋的茶诗茶文茶事，皎然、钱起、袁高、裴汶、白居易、张文规、杜牧、陆龟蒙、皮日休、苏轼、陆游……后人信手拈来，诗沁茶香，咀嚼回味，也能心驰神往，涤烦疗渴。

在顾渚山的四季里，总能使人归化于春天的童话。

怀古祭圣贡茶院

万物复苏，春光明媚。顾渚山上第一声被惊醒的鸟鸣开始，直到幽谷里云雾中漫射着阳光，照透阳崖阴林的茶园，采茶人采撷完叶芽上的春机月色，浑身漾着茶香，背篓下山送到贡茶院，进行制茶，贡茶院是一座以茶叶的形式保存春天的工厂。

如今，重建的大唐贡茶院是紫笋贡茶的历史博物馆。整个建筑群位于顾渚山虎头岩，顺山势而建。全木仿唐风格，拙朴壮观，院寺内殿廊栏扉古朴素雅，楼台阁檐峥嵘雄伟，庭院里绿化，自然无华，月台、栈桥、连廊等以江南独有的干栏式架空构造，不仅利于保护遗址的地形原貌，还增添了空间的层次感，使整个建筑群更为空灵超然浑然是一座历尽岁月沧桑，与顾渚山水同呼吸、共吐纳的千年古院寺。

走进大门，迎面就是层层台阶直通高耸的中院陆羽阁。耳边是春天独有清灵欢快而幽远的鸟鸣声，沿着高阔坡缓的石、木质台阶一步步登向陆羽阁，自有一种恭敬心油然而生，匾额上“陆羽阁”的三个大字由时任中国国际茶文化研究会会长刘枫先生亲自题写。陆羽阁分四层，底层可以看到形象逼真、栩栩如生的宫廷茶宴等场景，以点带面展示大唐茶文化全面繁盛时期的辉煌。第二层由铜雕、书画和游戏等形式展示宫廷茶宴盛况与茶农制茶轶事，以及陆羽《茶经》的内容。

第三层展示了陆羽的生平事迹。登上最高层，四面通透空灵，3米多高陆羽铜像坐北朝南，一手持卷，一手举着茶叶，仔细观察着。铜像背面有16根铜柱，正面是《茶经》中“茶之源”的内容，背面所刻的是《陆文学自传》的选段。铜像前设有功德箱，上面供着茶与香。礼拜供茶讫，凭栏四顾，三面环山，峰峦叠嶂，茂林修竹，层层叠叠，一派苍翠，俯瞰整个大唐贡茶院的春日全貌，高低错落，气势恢宏，震撼人心。顾渚山村、水口平原，县城高楼，尽收眼底，临高望远，顿时思接千载，神游八荒。清风习习，闭目感之，似有天籁，静谧灵动，内心升起一种前所未有的安宁和祥和。

下了陆羽阁，走在全是原木的台阶上，有种皇家的豪奢感。沿廊行到御羁园，游客在此可入室盘腿而坐，观看茶道、茶艺等表演，以茶道的形式品一杯金沙泉水泡的紫笋茶，俨然体验了一回中唐时期王公贵族的茶生活，“兰香味甘，齿颊留爽，口感浓郁”。仿佛喝入的是整个春天的生机。茶毕起身，折入桑苎台，桑苎台是东长廊的南端起点，目前设为游客购物处，以经营紫笋茶、紫砂壶等茶文化产品为主的湖州特色商品。桑苎台的对面是鸿渐楼，里面设置的是紫笋茶展览馆，馆内展示有实物、图片与文字等，仿佛穿越时空隧道，置身于历代茶文化生活中，领略到唐代贡茶院为宫廷制造紫笋饼茶的工艺、现代紫笋茶的加工程序，了解贡茶知识、品茗三绝以及茶艺的流传过程。行走间，往远处看，透过唐潮十二坊的建筑，西侧就是史书上“顾渚贡茶院侧，有碧泉涌沙，灿若金星”的金沙泉所在处。贡茶院的北面是吉祥寺，“吉祥寺”三个金色楷书大字，是由时任中国佛教协会会长一诚法师题写。吉祥寺供奉的是文殊菩萨，又叫妙吉祥菩萨。殿内展示文殊菩萨的生平和历代高僧通过吃茶悟禅的典故。两边楹联“涧流功德水煮茶常闻狮子吼　天雨曼陀花品茗且读般若经”阐述着“茶禅一味”义理。

过吉祥寺就进入西长廊的北端，此处也有一敞开式品茗室，“大唐贡茶——紫笋茶饼”的茶香充盈在山风气息里，闻着茶香由北向南阅读二十八刺史生平和他们的摩崖石刻，走进六个广为言传的茶事典故里，不知不觉就到了栈桥相接处的一间简约的休息室，古色古香的布置，里面有舒适的凳子，还有春日的暖阳落在游人背上，以陆羽为主角的电影《茶恋》定时循环放映着。

靠近西廊南端的燕乐园内经营茶餐，开展茶事活动。

停驻在大唐贡茶院门口，聆听“院长”林瑞炀对贡茶院的愿景规划，十分期待大唐贡茶院的品牌紫笋茶系列问世。回首这座散发着厚重的历史光辉的博物馆，仿佛看到了中华文明的一条小支脉在贯穿古今，无论从大唐贡茶的历史文化内容，还是这建筑群本身的艺术魅力，或是这座山的自然仙气，吸引人们一再体验、一再品味这千年茶香的顾渚春。

秋巡茶山登古道

到了橙黄橘绿的秋季，正好登爬古茶山和贡茶古道。顾渚的古茶山主要分布在明月峡、斫射岕，方（桑）坞岕等 5 个山岕里，千年来面貌和面积无多大变化。茶农一年只采一季，斫老留新，不施肥，不打农药，始终保持明清以来传统的采制方法，所以紫笋茶没有古茶树，只有古茶园。徒步上明月峡，在难行中体会到茶农的辛苦和古代袁高、陆龟蒙等官员、文人的悲悯情怀。溪涧两侧的烂石中和阴林下随处可见漫不经心生长着的茶树，经过一个夏季的休养，春徂后剩下的嫩芽已长成暗绿的老叶，霜降前后，每株茶树上的花都已自开自落起来了，白瓣围边，中间鹅黄的花蕊满满当当，小巧、洁净、素雅。正是茶经中写到那样“花如白蔷薇”，开花早的，树下已有飞谢下来的花瓣，洁白如雪，惹人爱怜。茶树上还有不少茶果子，这是去年的茶花谢后长成的。倚竹而歇，拣石而坐，深深呼吸山上饱含负氧离子的空气，感受茶林一体的生态自然，体会人与茶的心灵交融，可以真正地回归大自然。山中古道吸引着许多户外运动爱好者，也不乏在水口作深度体验的茶人、学者。目前有 7 条古道，分别是贡茶古道、慈云古道、九龙山古道、飞云古道、石门古道、黄龙古道、古茶山古道。其中，金山村自大唐贡茶开始的急程

穿越茶园
严旭洪 | 摄

茶速运的廿三湾外岗古道，也就是到境会亭的那一段。悬臼岕往上有一条慈云山古道，从南山到江排村的山路，另外叙坞岕上也有一条古山路。每一条古道，每一块古老的石头都藏着山、茶与人的故事。拄着登山杖攀走在被岁月打磨得泛光的石头路上，沿着依稀可见的印记想象它的原貌，很多路段经年累月被水流冲刷已经没有石头，露出裸土，也有需要砍去杂树藤蔓才能通行的部分，汗流浃背地在古道上行走。沿途可见到摩崖石刻，石像生，旧村落残墙断瓦和屋基，让人怀古抚今；依然的苍翠松竹山景里只有野菊杂草小花小果子才显秋色，偶尔一条小溪的湍湍水流声让人十分惊喜。一程山路一程歌。在古道上，感受当年急程茶的压力与速度，感受先人生活的艰难不易，映射出一道道时光剪影，可以感悟到历史沧桑和时代变迁。站在高处歇脚眺望，松风竹海的水口依然青翠如夏，最鲜艳的是公路上红黄蓝三色的琼玛卡若线，彩虹一样绕在水口的山水之间。隐约在山里的人家，是当代的世外桃源，自然、时尚、平和而美妙。感恩当下！

闻钟冬谒寿圣寺

在水口，晨钟暮鼓，铃铎清音，总会触动世人心弦。水瘦山寒时节，古寿圣寺的佛教黄，最能让人升起暖意。山门前一堵汉白玉墙上镌刻着金色的大字“古寿圣寺”，背面是佛教中最基础、最核心的一部《般若波罗蜜多心经》。山门是木石结构，粗壮的圆木，汉白玉的柱础和莲花顶，简约而典雅。

由天王殿入内，两侧是吉祥寮和如意寮，正前方中轴线上依次是大雄宝殿和三圣殿、七如来殿。东西配殿则有伽蓝殿、地藏菩萨殿，暨钟楼与鼓楼。大雄宝殿东侧有连廊与圆成弘法楼相接，弘法楼二楼是华严三圣殿，供奉着毗卢遮那佛和文殊菩萨、普贤菩萨，两侧墙壁上供着千尊琉璃佛像，下面两排书柜，供奉大藏经。整个大殿金碧辉煌、庄严殊胜。各殿、堂内常有佛事法务，僧人缁素诵经

寿圣寺
许要武 | 摄

念佛，抑扬顿挫，目不斜视。善男信女站在门槛外合十礼拜，络绎不绝。楼下设有客堂及斋堂。沿走廊向北是供着观音菩萨的大悲殿，殿外有鼓形石桌、凳可以供人们享受冬日负暄之趣，近处还有一方方正的仿古石质水池，一丛睡莲正在水中冬眠。再过去就是标着“六度波罗蜜”：布施、持戒、忍辱、精进、禅定、般若的六尊沙弥石雕，憨态可掬，又不失庄严肃静。他们背后是一座假山，两侧石缝里长着茂盛的南天竹，枝叶扶疏间一嘟噜一嘟噜的果子，鲜亮得像红珊瑚一样，显得格外喜庆吉祥。

假山后面就是传说中的千年古银杏树中雌株（母子树群），与三圣殿西侧的雄株遥遥相对。过了立冬，就是两尊圣树大开法筵、宣讲法意的日子。一袭流金黄袍，美得那么纯粹，那么尊贵，那么不可思议，每一片扇形叶子都已修行圆满，闪动金光，呈涅槃之像。湛蓝的晴空下，举头仰望这两位金身圣者，他们曾见皎然、见陆羽，今天也见你见我……无限的遐思带来内心无尽的敬意、赞叹、喜悦……虔诚聆听银杏树吐纳古今的恢宏，那穿越时空的浩然正气正在我们的一呼一吸间回荡。一阵风一场雨，甚至无风无雨的某一刻，都是良辰吉时，晶莹剔透的金叶子或轻盈翻飞，或随雨而降，如天女散花、如大澍法雨，散落在枯山水的池子里，铺陈在古墙前草地上，金灿灿的一片、一层、一堆。手执一枚扇叶，仔细端详的纹路，尝试参悟生命密码，生死之道。忘我的刹那仿佛就是一瞬的禅定，身临其境，被震慑被征服，心地澄明的一刻，感受心灵的洗礼。

到了隆冬，下雪天的洁净和空寂与寺院最相和。一片片洁白的雪花飞扬在古朴静谧的寺院，三圣殿旁有一方民国时期的黑色《重建寿圣寺三圣殿碑记》顶着一撮白雪，幽幽有腊梅花香，旁边太湖石上的兰花伸着绿色长叶，指向一扇小圆门，两边门廊柱上有绿色的对联：人间明月常如此，身外浮云何足道。门上又有红色佛偈春联，读诵间，若是吱呀一声，有身穿黄色僧袍的法师进出，合十作礼之时，算是遇到最好的禅意。门外，一片白茫茫大地，门内，廊檐挂着红灯笼，左边庭院里腊梅花正开得兴盛，雪落在桂树和广玉兰上，长成了别样洁白硕大的花朵，树下架着两张摇椅，台阶下的千年古井的井沿上也顶一圈白雪，井内泉水清澈如璧。这古色古香的一切景致都在白雪的披覆下，显得生机盎然。七如来殿前高悬先方丈圆成老和尚 91 岁时写的“福寿无量”，其侧与此相映的是“佛身成就”及“花香散处”匾额。晨钟暮鼓里，香云梵呗中，一片雪，一朵花即是无上妙谛。最有幸的是，能遇到大和尚释界隆，长兴县茶文化研究会的副会长，喝一杯他亲自泡的暖暖的禅茶，听他说说皎然与陆羽的故事，再静观落雪的静谧、听松竹下雪的声音，在自己内心素白的世界里走一程，心量就不一样了。

如果有机缘能随法师们登上九层宝塔，一览人间琉璃世界，那真是可遇不可求的幸事。

“春有百花秋有月，夏有凉风东有雪，若无闲事挂心头，便是人间好时节。”寿圣寺的佛光和水口山川的灵气，以一枚枚紫笋茶，吸引着有缘人跋山涉水而来，在似水流年里，滋润出恬淡飘然的气质。

慢煮一壶　紫笋时光

顾渚山近而不俗，远而不疏。有缘来水口顾渚的，大概都是前世闻过紫笋茶香的人。

1993 年，一个叫吴瑞安的上海游客，洞悉了顾渚山水可以疗养身心的茶性，自筹 30 余万元资金，在顾渚村创办“申兴养老服务中心”，1997 年开始接待老年人入住，从此顾渚村“农家乐”逐步发展壮大起来。当地老百姓把具有里程碑意义的人物称为“最亲外地游客吴瑞安”。

二十多年来，很多年长的游客见证了水口乡的乡村旅游服务日新月异的发展，从“农家乐”到“乡村旅游”再到“乡村度假”“乡村生活——精品民宿”。成为全国唯一的一个省级乡村旅游产业集聚区、长三角地区规模最大的乡村旅游集聚区、浙江省民宿样板区。现在，水口茶文化景区正在打造 AAAAA 级风景区。

今天的水口境内，有595家农家乐和乡村民宿。每个村里都划有乡村旅游片区，每个片区的路牌上都标明了附近的农家乐、民宿。路边可见的农家乐、民宿，从招牌字号到建筑风格，或古色古香、或新锐时尚、或原汁原味……走进去体验一翻，吃、住、游、玩都各有特色，别有洞天。

景区每年有400余万人次的游客来观光旅游，其中一大部分是上海退休人员，像候鸟一样定时、定点来栖息休养。山水淡雅的水墨画中：星罗棋布的山居里，鸟啼悠长的山间绿道上，流水潺潺的小溪边，优哉游哉地往来者都是逍遥之人，着装舒适休闲，言谈多是沪音软语："侬""阿拉""伊拉"……晨辉夕照下自成另一种海派风光。

车到金山村界，能看到寿圣宝塔时，顾渚山就不远了，路上行人渐多，细听尽是侬侬沪语，声音最热闹处，便是生态停车场和集散中心。遥见路中央一把巨型提梁壶，从壶嘴倾倒着一柱水瀑，这仿佛是为远道而来客人沏的迎客茶，在一

以茶会友
严旭洪 | 摄

旁不停摆拍的游客们自然是感受到了热情招待。农贸市场、顾渚农耕文化园，沿街店面统一仿唐风格，装饰一新，招牌整齐醒目，一眼望去，古风古貌，层层叠叠，鳞次栉比，气势磅礴。

新建的唐潮十二坊，与贡茶院、青唐街、紫井巷共同组成“一院、一巷、一街十二坊”的业态格局，将传统唐文化与时下流行的国潮文化结合，融汇为唐潮文化。整体建筑气势恢宏，采用悬山、歇山、庑殿等多种风格融合交错，同时强化突出了唐朝时期特有的斗拱、飞檐、鸱尾、石基等部分，将一个大唐盛世风采重现于世人眼前。

农耕文化园、小商品市场、龙头沿线和唐潮十二坊联合打造浙江省首批“夜坐标”之一的“大唐不夜街”，成为水口文旅风情带，长三角网红打卡地。2020年9月，水口乡举行“大唐不夜街　盛世国潮夜”暨“庚子年•中国农民丰收节”活动。当晚，整个风景区灯光璀璨，人头攒动，吸引了1.2万余名游客前来体验国风巡游、非遗传承等活动。沿街的花草树木色彩斑斓，大茶壶披上灯光焕然一新，“大唐不夜街”的巨大石碑金碧辉煌，茶圣陆羽的雕像也为街市添光添彩。高科技的闪烁灯光技术让一盏盏大红灯笼映衬出大唐古风古貌，真是美轮美奂。“皇上请用茶”贡茶体验、“驻场歌手”演唱会、网红不倒翁娃娃、投壶、宫灯DIY等复古小活动、各式当地手工制作，让人感受到古代与现代交融，传承与创新的结合。穿行在其间，恍若穿梭千年时光，领略大唐盛风，感悟盛世国潮夜，流光溢彩的山谷堪比郭沫若先生笔下的“天上街市”。

一位上海游客激动地说：一个地方去了N次，乐此不疲一趟又一趟地来，只有浙江长兴的水口。因为，这里是适合老年朋友休闲的好地方，有“三好”，即：吃得好，菜肴丰富，适合口味；玩得好，水库景区犹如新疆天池，风景优美；购物好，兜兜附近的集贸市场，仿佛参观农副产品展销会。在那里，老友相聚，小憩数日，吃吃、喝喝、玩玩、逛逛、聊聊，不亦乐乎！长兴在发展，发展中的长兴会愈来愈美，愈来愈好。不仅有以往的“三好”，现在又多一个夜景好，相信

唐潮十二坊

谭兵 | 摄

明天还会涌现更多的好上加好!

水口乡在转型发展中，形成了完备的“吃、住、行、游、购、娱”服务体系，通过“环境、服务、消费、特色”四提升，增强聚集引流能力。为了提高服务水平，在出行方面景区建有 4 个专业运输车队，拥有 30 辆自备旅游大巴，高峰期调度长三角地区 200 多辆大巴从沪、苏、锡、常、宁等地将游客接送到水口乡度假，形成了水口独特的“家门口接送”贴心化服务模式。

前不久，从水口景区集散中心到景点霸王潭的循环电动公交车正式开通。上海游客沈阳有幸乘坐了第一趟车。从交流中得知，他每年都要来水口游玩，过去景区由于没有开通循环公交，从一个景点到另一个景点，一般都是步行，很费力。现在可以坐在车上看风景了，为此他感到很高兴。

“这只是开始，其他景区公交也将陆续开通。”据景区办主任张宇华介绍，景区还将不断推出景区微公交、周边景点直通车和旅游客运包车等多种运营模式，

悬臼岕水库
吴拯 | 摄

以满足游客出行需求。

随着景区基础设施日趋完善，优美的生态环境，吸引了外来人才和项目投资，如花间堂禅茶精品酒店、开元芳草地旅游度假村等酒店休闲项目落户水口。各种体验乡村生活的农庄健全了农业观光、农事体验、果蔬采摘、线上线下农产品采购等功能，“四季农业园”“富硒谷都市农庄”“长乐谷”“百翠山庄”等现代庄园和精品家庭农场，组成了农家乐田园综合体或农业庄园，形成了田园体验示范带。让越来越多年轻的家庭亲子游，“乡村生活——精品民宿”团队游进驻水口。

水口乡的实践证明“绿水青山就是金山银山”的理念充满着持久旺盛的生命力。青山绿水的生态环境和淳朴热心的民风，独特民俗风情，形成了水口特有亲情式的乡愁文化，留住了很多回头客。据当地村民讲，很多熟识的上海游客邀请他们去上海住几天，还主动把钱抵借给农家乐业主，帮助他们扩大生产，提高设施水平等，互相之间像亲戚一样，形成了情感的纽带。

多年来，水口立足得天独厚的紫笋贡茶文化和非物质文化遗产、民俗文化等资源优势，坚持举办各种独具魅力的节会赛事活动，连续17年的杨梅文化节，每年盛大的长兴陆羽国际茶文化（旅游）节，以及2014开始民宿文化节，2020年新增的南山脚杜鹃花艺术节，结合传统节日，国庆节等时节融入微电影大赛、丰收节等特色活动。把活动作为展示特色文化魅力的重要载体，以文化来提升旅游品位、丰富旅游内涵，用文化的要素来充实旅游的购物、娱乐、体验、品味功能，推动了特色文化旅游商品展销、美食餐饮业的发展，延长了产业链，助推文化特色旅游发展。

2013年，在寿圣寺、吉祥寺和大唐贡茶院隆重举行了“茶缘 禅心”第八届世界禅茶文化交流大会，来自海内外500多位社会各界嘉宾参加了该次盛会。当时在贡茶院内目睹盛况的人还记忆犹新：陆羽阁上回荡着祭拜茶圣时的浑厚温暖的声音：“一礼茶圣，正清和雅；二礼茶圣，国饮民生；三礼茶圣，风清气正。”日本茶人里千家等茶道大咖虔诚礼拜，法师们低眉合十，神情祥和。让在场的人接收到一股震慑内心的神秘力量。东西两廊和吉祥寺大殿前，中日韩三国六十家茶席，铺陈演绎禅茶的正清和雅。有幸品到一杯杯甘露，生津润心，感受到禅茶文化精神内涵：感恩、包容、分享、结缘。袅袅腾升起的阵阵茶香，不绝如缕，飘逸而出，氤氲了整个贡茶院。向世界展示了水口禅茶文化辉煌历史，神秘而具魅力的如来世界。顾渚山被授牌“俱会一处：世界禅茶交流圣地”，为悠悠千年的禅茶文化史添上圆满的一笔。

文化和旅游有机融合，让水口茶文化景区，成为全国文旅改革调研点之一，承担了全国文旅改革的试点工作。张宇华主任介绍说，一方面在整个景区里建立智慧服务系统，创新应用自助导航、二维码导览、360度全景导览等服务功能，逐步规范旅游官方网站、“掌上水口”官方微信公众号运营，全面构建智慧交通、智慧景区等服务体系。利用相关的云空间、网络、交通、驿站，与现有的旅游群体所喜好的形式做足相关文化的展示、宣传、旅游的服务。另一方面由八个行政村共同成立的杳梦文化传播有限公司，对相关地方特产如紫笋茶、杨梅、百合、猕猴桃等农副产品进行品牌的建立，把当地文化全部植入，开发水口系列的文创产品，使文化和旅游有更多的衔接载体，增加产品的档次和附加值。

此外，在民宿发展的前景中，民宿+文创将为水口民宿新一轮的转型升级提供更多思路，在目前农家乐、特色民宿和精品酒店三种类型的基础上，针对年轻化、知识化第二代业主，采取深层次的茶文化技能培训，让他们对这方热土上“生我养我”的紫笋茶文化，了然于胸，充满自豪感，从而与游客交流沟通中更有效地宣传紫笋贡茶文化，也让游客深刻体验和了解当地的文化，提升产品和服务的附加值。同时鼓励、支持有想法、有干劲的业主发扬二十年来积累的水口亲情文化精神，在当地民风、民俗、民间故事下笔做文章，创新形式，做好民宿书房建设，打造非遗民宿，争取一户一品，发展全龄旅游的项目。

近年来，乡党委政府深入践行“两山”理念，坚持绿色发展，积极探索生态与经济融合发展的“美丽经济”新模式，以“全域旅游”打造产业集群来推动水口经济高质量、可持续发展。水口的水更清、地更绿、天更蓝、景更美、茶更香。青山不老，绿水长流。古老的紫笋茶在金沙泉水里慢煮时光，年轻的紫砂壶在茶光汤影里韬养岁月慧光，《茶经》依然是每一片茶叶复苏时招展不息的旗帜。柴米油盐酱醋茶，琴棋书画诗酒茶，结庐顾渚吃茶去，在散发大唐芬芳的紫笋贡茶文化里，没有贵贱，不论雅俗。每一位主人和来客皆心沐茶性，衣染茶香。在熙熙攘攘的尘世里，一杯紫笋香茗，净化人生，祥和大千世界。

作者简介 吴赟，湖州市作协会员、茶艺师，曾在《中国地理杂志》《浙江日报》《浙江工人日报》等报纸杂志发表多篇散文，采写的报告文学入选多部作品集。现供职于水口乡成人文化技术学校。

茶人圣地

陈鲜忠｜摄

茶人聖地
羽《茶經》茶學經

紫笋茶的容颜变迁

杨亚静　潘　影

中国南方的春天，最初是金色的，这是阳光的色彩，是油菜花盛开的颜色。这是播种的季节，采摘的季节，是我们酝酿希望的季节。当金色逐渐退出，绿色的帷幕慢慢拉开，茶，这片神奇的东方树叶，成为春天舞台的主角。

清明时分，在云雾袅袅的顾渚山脉上，长兴茶农们开始满怀希望地采摘下第一片茶树上的嫩芽。散落在山边的村庄，每天进出的茶鲜叶篓筐，给春日的长兴带来了勃勃的生机。这一片片摊在竹匾上的茶树叶子，青翠芳馨，嗅之醉人，啜之赏心。唐代茶圣陆羽对它一见钟情，在《茶经·一之源》中写道："野者上，园者次；阳崖阴林，紫者上，绿者次；笋者上，牙者次……"紫笋茶，这个美丽的名字因此而来。

紫笋前世

永泰元年至大历三年（765—768）御史李栖筠为常州刺史，在宜兴修贡后，邀陆羽品茶。陆羽发现顾渚紫笋茶"芳香甘辣，冠于他境"，建议推荐为贡茶，于是"栖筠从之，始进万两"。就这样，唐大历五年（770），中国历史上第一家皇家茶厂"大唐贡茶院"设立在了长兴顾渚山，紫笋茶开启了它长达800多年的做贡历史，贡额最高时可达18 400斤。

东临太湖，西倚天目，四围重岗叠翠，山中竹林阴翳，土壤肥沃，泉水丰富，云雾缭绕，冬无严寒夏无酷暑，《吴兴掌故》中载："其茶所生，尤为绝品。"紫笋茶，正是诞生于这样一片得天独厚的自然环境之中，它的环境、植被、土壤等，正如陆羽《茶经》所描述的"上者生烂石""野者上""阳崖阴林"优质茶生长环境一样。野生的紫笋茶树丛丛簇簇，自由散漫地生长在竹根旁、碎石间，与杂草藤蔓混生错杂，树干高低粗细不一，叶片形状各异，大小不一。千百年来，生长于翠竹幽篁、甘泉流淙的竹木丛林中的紫笋古茶树，也就是我们现在所说的"紫笋群体种"，其花如白蔷薇，实如栟榈，蒂如丁香，根如胡桃。

每年春天，紫笋茶发芽之时，嫩芽尖上泛出淡淡的紫韵，等新芽发出后第一个叶片绽开后，芽头的紫色逐渐消退，此时的一芽一叶呈现正常的淡绿色，芽叶相抱似笋。此时，皇帝的使臣已经来到顾渚山，等待贡焙新茶——"顾渚紫笋"制成后，快马专程直送京都长安，献给皇上。正如宋代蔡关夫《诗话》中所说："湖州紫笋茶出顾渚，在常湖二郡之间，以其萌壮紫而似笋也。每岁入贡，以清明日到，先荐宗庙，后赐近臣。"那么，"役工三万""工匠千余"，贡焙灶"百余所"，每年耗费"千金"以上生产出来的"紫笋贡茶"究竟是什么样子的呢？

据陆羽《茶经·三之造》中记载："茶有千万状，卤莽而言，如胡人靴者，蹙缩然；犎牛臆者，廉襜然；浮云出山者，轮囷然；轻飙拂水者，涵澹然……自采至于封，七经目。自胡靴至于霜荷，八等。"陆羽将经过七道工序制成的蒸青饼茶，也就是紫笋饼茶，按照其外形匀整度和色泽分为了八等，即：

胡靴——饼面有皱缩的细褶纹；

犎臆——饼面有整齐的粗褶纹；

浮云出山——饼面有卷曲的皱纹；

轻飙拂水——饼面呈微波形；

澄泥——饼面平滑；

雨沟——饼面光滑有沟纹；

以上六种都是肥、嫩、色润的优质茶。

竹箨——饼面呈笋壳状，起壳或脱落，含老梗；

霜荷——饼面呈凋萎的荷叶状，色泽枯干；

以上两种都是瘦而老的茶。

唐代，茶叶的加工形态和现代有很大的区别，那么这样的饼形状的茶在当时是怎样品饮的呢?

唐代中期，随着陆羽《茶经》的问世，陆羽所提倡的品饮艺术在文人中大行其道，以相对固定的程序烹茶细品，讲究程式和技法。

以陆羽《茶经》中的茶道艺术形式为代表，程序为：炙茶、碾罗、取火、择水、候汤、煮茶、酌茶、啜饮。

煮茶法所选用的器具，陆羽在《茶经·四之器》中详细介绍了煮茶所用的二十四器；煮茶之水选用山中的泉水，在山水中取钟乳石下渗流出来的为最好，并经漉水囊过滤方可。

将饼茶炙烤，敲碎并碾罗成以待烹煮的末茶备用，等水烧至一沸时，加适量的盐调味，水烧至二沸的时候舀出一瓢水备用，同时将末茶倒入锅中。等煮水至三沸时，锅中之水腾波鼓浪，此时将二沸舀出的水倒入锅中止沸，以育茶汤精华。

2005年，杨亚静女士开始复原大唐贡茶——紫笋饼茶，根据陆羽《茶经·二之具》记载，用铁制的方形、圆形和花形模具尝试做紫笋饼茶，后来因方形的饼茶烘干后容易碰碎四角，不易存储和运输，而花形的饼茶制作较繁琐，最终选择了复原圆形饼状的贡茶，取自古崇尚的“圆融”之意。而饼茶的大小，从最初的35克/片、25克/片、20克/片到10克/片，大小不等。为了更好地传承紫笋茶文化，让更多人能感受到唐代贡茶的魅力，杨亚静女士在七道工序的基础上加以创新，研制确定了适合现代品饮方式的紫笋饼茶规格，即(9.0±0.5)克/片，外形以紧结圆实，表面有皱缩的褶纹为佳。

冲泡这样大小的饼茶，可采用玻璃旅行杯沸水闷泡，当茶汤颜色变成明黄透

紫笋茶饼
长兴县农业农村局提供

紫笋茶饼（复原）
长兴县农业农村局提供

亮的时候，口感最佳，茶香如蜜。因饼茶特殊的加工工艺，使得它的内含物质像缓释片一样，慢慢析出，十分耐泡。同时，也可以将饼茶敲碎至3～4块，放在盖碗或紫砂壶中冲泡，茶中的内含物质可以更快地浸出，香气馥郁醉人，茶汤鲜醇，回味无穷。饼茶在冲泡过程中不松散，仍保持原状者（饼状或3、4块状）为佳。

繁琐复杂的紫笋饼茶品饮方式，终于轻装上阵，跟上了现代生活的节奏，“让更多人喝到曾经皇帝喝的贡茶，给紫笋茶文化注入新的传承活力”，这是杨亚静和她的团队一直以来不遗余力，用心用情坚守的事情。

紫笋茶作为历史持续时间最久的贡茶，历经唐、宋、元、明、清五个朝代，从蒸青饼茶到条形散茶，直到清末茶园的荒废，一代名茶逐年失传。新中国成立后，顾渚村茶农对茶园进行恢复，1978年在浙农大庄晚芳教授倡导下，紫笋茶开始着手恢复生产。

紫笋茶的今生

冠于他境的紫笋茶，它从茶树上落下，水火淬炼时间的技法，让它愈久弥香。1979年4月24日，《浙江日报》第1版刊登了《千年贡茶重问世　长兴紫笋茶在杭试销》的新闻：首批紫笋茶运到杭州后，有关部门组织茶叶专家品尝、鉴定。开箱时，茶香扑鼻，专家们连声叫好。茶叶条索包裹紧密，外形如笋，芽面上的白毫依稀可见，已具文献所载紫笋茶特色。经沸水冲泡，茶汤绿色如茵，兰香味甘；三泡以后，茶汤仍不失其味。专家们一致认为：紫笋茶恢复生产已告成功。

试制成功的紫笋茶选用的茶鲜叶是生长在顾渚山脉的紫笋群体种，采一芽一叶或一芽二叶初展健康茶芽，经摊青 4 ～ 6 小时后，投入锅中用手快速翻炒，制茶师傅采用抓、甩、抖等手法以达到杀青到位后，进行下一步做形。做形的过程中，用搓、拉、抓等手法来完成茶叶的破壁与成形，成形后，分两次（毛火和足火）进行茶叶的烘干。这样制成的紫笋茶外形条索紧直，绿翠显毫。

看似简单的动作，其实蕴含万千机变，需要制茶人和茶高度地沟通融合。只有对紫笋茶真正理解，才能用最细腻的方式，将这种理解以完美的茶汤表达出来。

1982 年、1985 年、1989 年，紫笋茶分别被商业部、农业部、林业部评为全国名茶，1999 年在北京国际农博会上获名牌产品，2002 年紫笋茶被评为浙江省名牌产品，2006 年、2007 年两次获得中国国际茶业博览会金奖。

消费者关心茶汤的口感，但对于以茶为生的茶农们来说，则牵挂着每一棵茶树上能长出多少茶叶。丛丛簇簇，自由生长的古茶树采摘不易，到近代，便不能满足市场的需求。于是，20 世纪 80 年代初长兴当地政府陆续开始推广人工扦插培育的优良茶树品种，如龙井 43 号、浙农系列、乌牛早、鸠坑早、白叶 1 号、中茶 108 号等，并进行大面积的种植，这对于整个紫笋茶产业有着极为重要的意义。

目前，在各类长兴紫笋茶茶树品种中，比较有代表性的是：紫笋群体种、鸠坑早和龙井 43 号。

紫笋群体种，有性繁殖的茶树品种，根深叶茂，品种多样化，色泽也不同。茶树生长周期长，抗旱抗寒力强，采摘时间较晚，一般在 3 月底或 4 月初才可采摘。

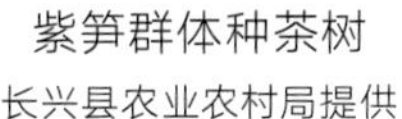

紫笋群体种茶树
长兴县农业农村局提供

鸠坑早品种茶树
长兴县农业农村局提供

龙井 43 号品种茶树
长兴县农业农村局提供

鸠坑早，无性改良品种，茶树枝条节较长，发芽少但茶芽粗壮，芽叶相抱似笋，采摘时间一般在 3 月下旬。

龙井 43 号，无性改良品种，茶树枝条密集，发芽早，芽叶黄绿色，但持嫩性稍差（需要大水大肥），一般在 3 月中上旬即可采摘。

在科技日新月异发展的今天，紫笋茶的种植和加工水平都得到了极大的提升，这是时代赋予紫笋茶的新动力。如今，在科技的辅助下，紫笋茶的加工方法各异，从手工制茶到半手工半机械，甚至是全机械加工制作，科技的助力带来了紫笋茶产量的提高，以及品质的相对稳定。但是，不同茶树品种在不同的加工方法下，所形成的品质特征各有不同。

那么，我们该如何去辨别紫笋茶呢？

目前，采摘相同茶树品种的茶鲜叶制成的紫笋茶，从干茶外形来看，一种是条索紧直略卷，色泽绿黄；另一种外形直条，形似凤羽，色泽翠绿。两种外形的区别，是由于紫笋茶第一道杀青工艺使用的杀青机器有所不同，滚筒杀青机制作的紫笋茶外形和手工制作的十分相似，香高，馥郁持久，有兰花香，滋味醇厚甘洌，叶底成朵稍有断芽叶。多功能理条机制作的紫笋茶外形直条，香气清香，滋味醇和，叶底朵朵成兰花状。

现在在茶叶市场上，充斥着各种外形的紫笋茶，让很多消费者迷惑的同时，也不利于长兴紫笋茶的标准化生产和推广。于是，2020 年春，长兴县农业农村局开始启动制作紫笋茶生产标准，确定紫笋茶标准样的计划，进一步规范紫笋茶市场，提高长兴紫笋茶在全国茶叶市场的识辨度和知晓度。

从目前长兴茶叶市场上比较有代表性的茶树品种来看，在相同的加工工艺制作下，它们的品质特征各有不同。

紫笋群体种，外形条索微卷，呈兰花型，色泽绿翠显毫。冲泡后，汤色清澈明亮，香气清高有兰花香，滋味清爽甘洌，叶底嫩绿成朵。

紫笋茶（紫笋群体种）
长兴县农业农村局提供

紫笋茶（鸠坑早）
长兴县农业农村局提供

紫笋茶（龙井 43 号）
长兴县农业农村局提供

鸠坑早，外形条索紧直，芽叶肥壮，色泽绿润。冲泡以后，汤色清澈明亮，香气清甜带蜜香，滋味浓醇回甘，叶底芽叶肥硕。

龙井 43 号，外形微扁直，芽叶挺秀有毫，色泽绿黄、润。冲泡后，汤色清澈明亮，香气清高悠扬，滋味鲜醇，叶底朵朵成形似兰花。

进入茶季后的长兴，入夜是围绕茶山散落的灯火通明，茶农们都在赶制每天一早采下的紫笋茶。这样的夜晚，是他们一年中最忙碌也是最幸福的夜晚。

传承，本能地将口感深植于人的味觉体验中，紫笋茶茶产区里的每一片叶子，都在诉说着一段故事，故事里是紫笋茶山里的日月山水，风土人情，更是一代又一代茶人毕生追求巅峰口感的那份笃定和坚守。

一代代制茶人逐年老去，而紫笋茶的发展却从未停止，在商业文明的发展中，尽管它容颜变迁，而不变的，是它引以为傲的甘洌芬芳。

作者简介 杨亚静，高级茶艺技师、评茶师，紫笋茶制作技艺非遗传承人，长兴紫笋茶产业农合联理事长。从事茶产业近四十年，研制恢复了大唐贡茶的制作工艺，是水口成校特聘茶艺培训首席教师。2014 年至今培训茶艺师评茶员一千多人次，是紫笋茶事业坚定的守护者。

潘影，北京工商大学财政学硕士，2010 年与茶结缘，先后取得茶艺技师、高级评茶员、茶艺师培训师资格证书，并获得“浙江省技术能手”“长兴工匠”、长兴县“十佳社区好老师”等荣誉。热爱紫笋茶事业的她，一直用行动诠释着新时代年轻人做好紫笋茶文化传播与技艺传承的匠心精神。

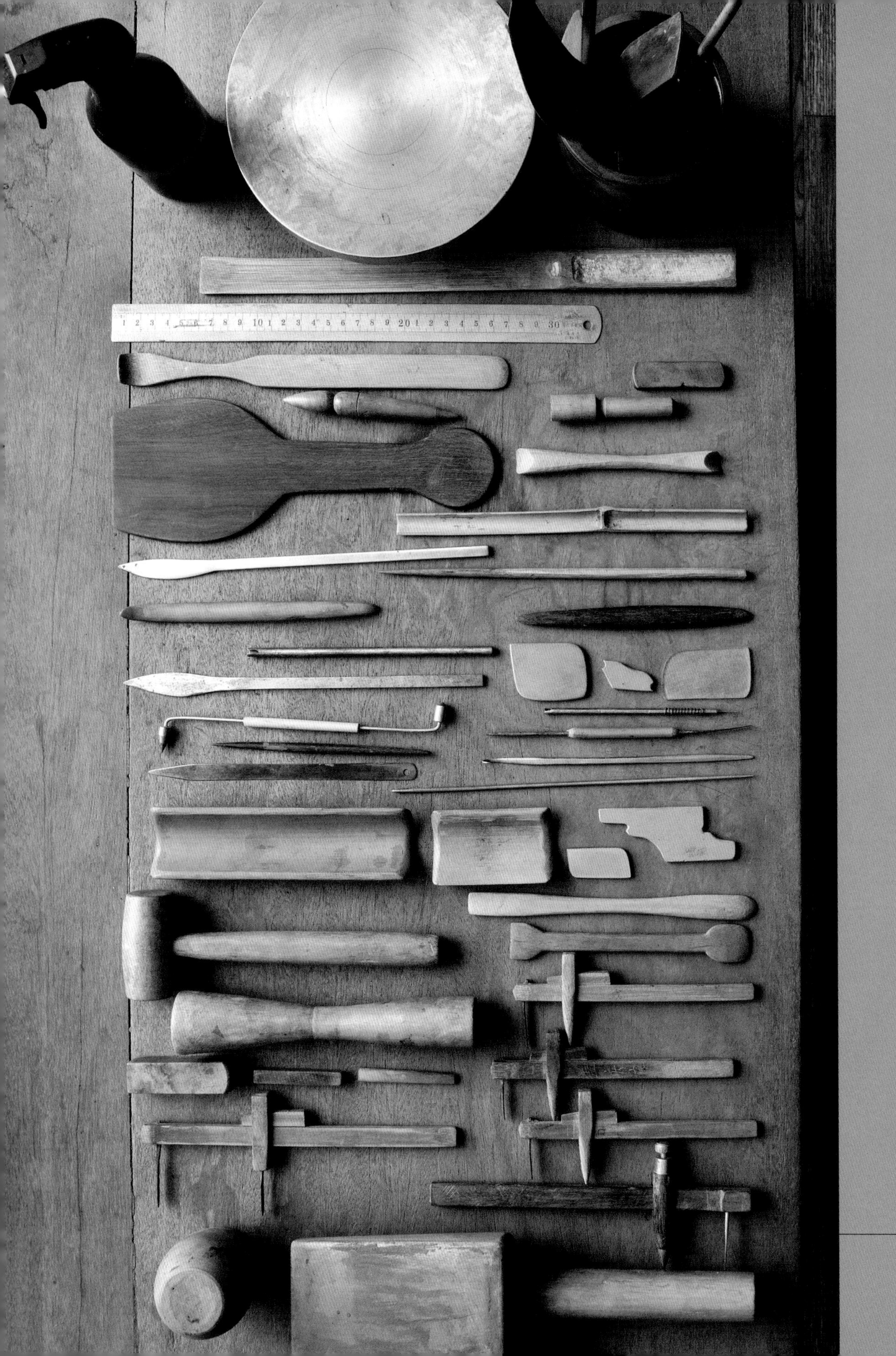

紫玉金砂

梁奕建

茶，中国最好的饮品；紫砂壶，泡茶最佳的器皿。在浙江长兴，有一张茶文化金名片，紫笋茶、金沙泉、紫砂壶联袂一地，构成品茗三绝。紫砂问世稍晚，登堂入室之时约在明代中叶，自供春壶始，宜兴、长兴一带紫砂产业如火如荼兴起。长兴制陶业历史悠久，史书记载“千户烟灶万户丁”，有“南窑北陶”之说。“南窑”指长兴，“北陶”指的是宜兴。长兴紫砂与宜兴紫砂“矿同脉、师同宗、艺同源”。

一

2000年元月4日，我有幸兼任长兴县博物馆馆长，可谓是“半路出家”，需边干边学。然而，接踵而来的是一个又一个问题，让我应接不暇。许多热衷地方史研究的领导、朋友、市民一次又一次地提问：“长兴属于吴，还是属于越？”“长兴国宝是什么？”“长兴有良渚文化吗？”“长兴紫砂与宜兴紫砂历史谁更早些？”……

入馆时同行非常真诚地告诉我：“隔行如隔山，一切还得慢慢来，不能急。”兄弟馆、省博物馆、省考古所的先生们说：“作为文博人，一定要加强学习，注意研究，尊重历史，科学严谨，不能人云亦云，信口开河。”“重要历史要用考古

紫砂壶制作工具

梁奕建 | 摄

说话。”

2002年元旦，位于人民广场会展中心的新博物馆要对外开放，原计划在五楼开辟一个“长兴紫砂”展厅。然而，对于博物馆来说长兴紫砂历史还有许多问题没有明确答案，展览因此而中途变更。由此，我开始接触紫砂，逐渐认识了一批长兴紫砂的工艺大师，也给自己提出了一个学习、研究的新课题——长兴紫砂历史。

2002年8月，在日常下乡文物巡查时发现，为配合合溪水库建设，长牛线小浦至煤山段实施改造工程，在光耀窑墩发现一处古窑址被挖土机扰乱，陶瓷残片散落一地。我当即与建设单位取得联系，要求施工队立即停止施工，依法实施抢救性考古清理。由于前期的调查、学习，知道光耀原名缸窑。史料载：八百年前，这里有陶器厂，以生产大缸出名，故名缸窑，又名窑里。清《长兴县志》载：“窑里村属平定区第七图二十六庄，距城二十七里。”系半山区，以经营山林和种植水稻为主，并开采陶土，且盛产紫砂陶土。由于依山傍水，村头有古码头，山上薪柴丰富，烧窑历史悠久。自古享有“南窑北陶”之“南窑”美誉。基于先前掌握的信息，我一直在想，光耀盛产紫砂陶土，又有悠久的制陶历史，那么历史上有没有烧制紫砂器皿可能呢？现在有考古的机会，文物部门当然不能放弃。

经过艰苦的协商，报请上级文物部门同意，县博物馆在省考古所专家指导下，组织人员对窑墩进行了为期三个月的抢救性考古清理。清理面积2 000平方米，清理出宋代龙窑窑址2座，汉代马蹄窑窑址2座，汉代三角形窑窑址3座。在堆积如山的窑墩上，共清理出土有收藏、研究价值陶瓷器残件300多件（套），其中部分宋代陶器胎质坚硬，呈灰褐色，明确含有大量紫砂成分。当时，考古人员就大胆提出：“这应该是目前发现最早的长兴紫砂器物。”

双系罐，胎质较粗，呈紫红色，坚硬，略有气孔。圆唇、卷口、短颈、斜肩、略鼓腹、圈足。肩部间贴对称双系，无釉。高11.8厘米，口径6.2厘米，底径5.6厘米，腹径8.4厘米。

宋桶形双系陶罐
长兴县博物馆提供

宋酱褐釉带流宽把瓷执壶
长兴县博物馆提供

宋酱釉直口带把陶壶
长兴县博物馆提供

执壶，胎质较粗，呈灰褐色，坚硬，略有气孔。圆唇、喇叭口，口沿捏制三角形流，溜肩、鼓腹、平底。肩部粘贴扁带形执把，施釉不及底。高 11.7 厘米，口径 5.7 厘米，底径 5.6 厘米，腹径 7.9 厘米。

直把壶，胎质较粗，呈紫红色，坚硬，略有气孔。平口、直颈、丰肩、腹部上鼓下收、平底。肩部一侧分别置圆形流和椭圆形直把，施酱褐色釉不及底。高 14.3 厘米，口径 9.1 厘米，底径 7.9 厘米，腹径 15.4 厘米，把长 5.2 厘米，流长 2.5 厘米。

考古期间，根据当地群众提供的信息，我与同事们对周边的窑址、紫砂矿源进行了实地调查、勘探。在距窑墩东侧 300 米的炮头山北侧有一个紫砂矿，裸露的老矿深 10 多米，面积约 1 000 平方米。据当地村民回忆，这里原来就是古时候烧窑取土的地方，新中国成立后政府在这里办过紫砂陶器厂。从地层来看，紫砂矿源非常丰厚，开采时间跨度很大，以紫泥为主。

2010 年 6 月，浙江省博物馆与长兴县博物馆联合在省博物馆孤山馆区举行《紫玉金砂——浙江长兴紫砂茗壶精粹》展，以上三件器物作为长兴紫砂历史重要文物参加展出。浙江省文物界相关陶瓷专家经过较为严谨考证，确认这是长兴目前发现最早有明确紫砂成分的紫砂早期器皿。

我们知道我们的先民具有伟大的创造力。土与火“融合”不断升华，诞生了陶瓷，派生出紫砂器皿，走过了上千年。因此，人们日常一直在寻求的“紫砂诞生于什么年代？长兴、宜兴紫砂历史谁更早？”是否可以这样来解答。

首先，陶海叹汪洋，森罗万象。紫砂陶器，陶之妙手“偶得”。用哲学的观点来说是由“量变到质变的过程”。就如，新石器时代的泥质陶、夹砂陶发展到商周时期的印纹硬陶；陶器由于窑汗与落灰釉的发现，逐步出现了原始瓷与釉陶；高岭土的发现与提炼，才有了东汉后的瓷器诞生。紫砂器皿的诞生同样也是经历这样渐变的过程，即先民对陶瓷漫长生产岁月中的认知，是渐变与突变的结晶——陶海奇珍。至明中晚期，由于我国悠久、厚重的茶文化发生重大变化，散茶兴起，饮茶方式由煮、煎改为泡茶。而含有紫砂成分的器皿呈双重气孔结构，非常适宜散茶的冲泡，即“既不夺茶香，又无熟汤气”，可谓泡茶之上品。长兴、宜兴盛产绿茶，早在唐代就有唐代贡茶阳羡茶、紫笋茶；长兴、宜兴盛产紫砂陶土，又有悠久的制陶历史。天时、地利、

供春树瘿壶

人和，主客观条件具备，真正意义的紫砂壶应运而生。后来就有了方志载：“金山寺龚春（供春）制壶的传说。”

其次，紫砂器皿的发现、发展与人类生产生活密切相关，属于文化的范畴。而历史文化的积淀是经过漫长的岁月，天地人和，缺一不可。我们不能用今天的行政区域武断地划分历史上的一种文化现象之属地，是某一个县、某一个市。就如马家浜文化不能说只是嘉兴的，良渚文化不能说只是余杭的一样。紫砂诞生于太湖西岸，宜兴、长兴山相依、水相连、人相亲、艺相同，无论从紫砂矿源、窑址考古，还是当今紫砂生产来看，我们应该说长兴、宜兴是中华紫砂的“姐妹花”。

浙江省博物馆馆长陈浩研究馆员在2010版《紫玉金砂》一书《序》中写到：“长兴，位于浙江省西北部，太湖西岸，与江苏共连一脉紫砂矿，同享一汪太湖水。自唐代就贡紫笋茶和金砂泉，宋代就开始使用紫砂。”

《大美手艺·当代名家名作》主编罗杨在《浙江长兴紫砂壶——紫玉金砂妙手得》一文开笔写到“长兴有三宝：紫笋茶、金沙泉、紫砂壶，长兴与宜兴山相近、水相连、人相亲、艺相通，是紫砂生产的两朵姐妹花。”“追溯长兴紫砂工艺传承的谱系，我们可以看到移居当地的宜兴艺人与本土长兴艺人的共同努力。”

翻开当代长兴紫砂发展史，我们有许多感慨。在六十多年的流金岁月中，长兴紫砂人在党和政府的正确领导下，为长兴紫砂的发展作出了重大的贡献，写下了许多难于忘怀的篇章。

1959 年 9 月，紫砂艺人谈寅媛制成新中国成立后长兴第一把紫砂茶壶，也为浙江省首创。

1962 年，与上海盆景协会协作制造出口紫砂花盆，长兴紫砂陶器首次走出国门。

1966 年 11 月，长兴清明山陶器厂改为长兴工农陶器厂，光耀陶器厂改为长兴为民陶器厂。

1978 年 9 月，工农陶器厂改为地方国营长兴陶器厂，“为民”陶器厂改为地方国营长兴光耀陶器厂。

1979 年生产陶器 62.4 万件，其中紫砂产品 9.71 万件。当年，蒋氏紫砂陶艺传人蒋淦春的茗壶作品在上海首届中国陶瓷艺术作品展览会上展出，得到国家轻工业部领导的赞扬。

1980 年，创办长兴紫砂厂，由蒋淦春担任筹建顾问和创作组长。

1981 年 6 月，国营长兴陶器厂分为长兴紫砂厂、清明山陶器厂、光耀陶器厂。同年 8 月，紫砂茶具开始成批出口创汇。

1983 年，紫砂什锦壶、“金鼎牌”紫砂壶、紫砂集锦仿宋壶，方形提梁紫砂壶、圆形紫砂茶具、醉酌茶壶等产品多次获得部、省级优质产品称号，当年出口 4 万多件。

1987 年，全县紫砂陶器行业 9 家，其中，国营 3 家、乡村办 6 家，职工 1 213 人。年总产值 416 万元，占全县工业总产值 8%。生产紫砂器具达 14.2 万件，出口产品有茶壶、茶具、酒具、咖啡具、花盆、雕塑工艺等 10 余种，计 26 367 件。同时，个体家庭作坊开始崛起。

2002 年，由中科院院士、国家地质泰斗杨遵仪教授题名，叶亚琴制作的“金

长兴紫砂源远流长　紫砂陶板作品　李俊

钉子壶”荣获“中国十大紫砂茗壶”金奖第一名，为中国第一把获国家专利证书的茶壶。

2005年，蒋淦勤制作的九件“荷花茶具”被征选为国务院陈设品，收藏于中南海紫光阁。

2008年，郑家统制作的“远古之梦”荣获“中国紫砂工艺作品大赛”唯一最高奖金奖。

2010—2018年，《紫玉金砂——浙江长兴紫砂茗壶精粹》在浙江的省博物馆、余杭、东阳、萧山、德清、温州、苍南，江苏的大丰、吴江，湖北的黄石等博物馆巡回展出。

二

2019年底，我退休了。对长兴紫砂特有的情愫，让我再次走进茗壶世界。翻档案、看家书、听故事，在60多年历史碎片徘徊，同样让我又有不一样的感触。

浙江美院李松柴先生说：其他工业产品都有发展到顶、没落的时候，只有紫

蒋淦勤作品：荷花壶
梁奕建｜摄

砂工艺品国内外人人喜爱，永久不衰。

上海盆景协会主席董金春先生说：现在国家一只盆景出口几百元、几千元，所需花盆都要高档的，你们长兴有条件都不生产实在可惜。邵全章先生说：目前国内外需求这样大，是发展的好机会，好形势。长兴有丰富的紫砂原料，有一定的技术基础，再要错过未免太可惜了。

蒋氏紫砂工艺传人蒋淦春 1982 年 4 月 15 日在写给李兴发的信中说“我很敬佩您烈火红心建设长兴耐火厂的精神。办长兴紫砂厂也应该有这些精神，要看到紫砂发展的前途，要有明确的奋斗目标，这一点您是我们学习的榜样”。1984 年 5 月 13 日在一封写给领导的信中写道：“我是搞紫砂的，我是希望长兴紫砂很快发展兴旺起来的，我把长兴紫砂的发展兴旺视为最大的光荣和骄傲。”“我想如能把这笔钱办一个旅游紫砂分厂或者是车间，是会收到事半功倍的效果的。不过这个地点要领导仔细地选择考虑一下、规划一下，要使它本身也具有参观、旅游的价值。这样既可为长兴增添一个旅游的地方，又可成为生产旅游紫砂的专业单位。”

1980 年 3 月 18 日《浙江日报》发表《长兴紫砂进入国际市场》一文评论说：“读了长兴紫砂生产开始兴盛的报道，使人又一次想到识才如识宝的问题。”“长兴陶器厂从我国陶都宜兴聘请了世代从事紫砂生产的退休工人，局面立即改观。”“聘请名师传艺，既有利于广开门路、发展生产，又有利于传宗接代，使劳动人民创造的丰富艺术财富长存于世。”

半个多世纪以来，长兴紫砂人秉承悠久的“陶茶合一”文化传统，在传承中创新，在创新中提高，一批紫砂制作工艺的名匠、大师脱颖而出，他们在陶成雅器、窑火凝珍中挥写着长兴紫砂的历史，铸就了人生的辉煌。大师名匠，薪火相传。

蒋淦春、谈寅媛、邵全章，出生于紫砂世家，1959 年带着对中华紫砂多元发展的拳拳之心，从宜兴来到长兴，开启了长兴紫砂新征程，书写长兴紫砂新辉煌，是长兴紫砂再度兴盛的开拓者，领路人。

蒋淦春（1937—1986），作为当代紫砂大师蒋蓉的胞弟，20 世纪 50 年代落户长兴，长期从事紫砂工艺品制作。他为人诚实和善，谦逊低调；而在紫砂制作上却是勤奋好学，敢为人先。来到长兴后，他对抗战期间哥哥曾经与新四军并肩战斗过的长兴充满热情，对长兴紫砂的崛起充满期待。他默默地把自己的青春年华融入了长兴的陶土世界，在光耀沉静的紫砂矿前，在清明山熊熊的窑火旁，在传承与创新紫砂“捏搓”中永驻。他技艺精湛,以制作花器见长。作品自然生动，栩栩如生，屡获省优、部优产品，曾被中央领导选作赠送外国友人的礼品。虽英年早逝，但作为新中国成立后长兴紫砂创始人之一，他为长兴紫砂业所作的贡献功不可没。他的夫人邹望娣在他的影响下，技艺精湛，一直是长兴紫砂制作的中坚力量。

谈寅媛(1913—2004),被长兴紫砂人共尊称为“谈师傅”。1958 年移居长兴后，一直致力于长兴紫砂陶器制作生产，担任紫砂制作辅导老师。1959 年 9 月在她带领下，陶器厂成功制成新中国成立后生产的第一批紫砂茶壶而载入长兴紫砂史册。她勤奋好学，作品在秉承谈氏家族几何形方器传统的同时，又有自己对自然、对生活理解的个性，浑厚大气，棱角分明，品位高雅。在长兴，谈师傅可谓“桃李满天下”，邹望娣、汪小芬、俞志明、叶亚琴等当代陶艺制作知名人士都受过她的悉心指导。

邵全章（1909—1989），16岁跟三哥邵茂章学艺，与顾景舟拜结兄弟，常在一起制壶、赏壶、论壶。1954年任长兴第一个耐火厂总工程师，为长兴《烈火红心》的耐火事业发展作出了不可磨灭的贡献。同时，他对长兴紫砂发展也发挥着重要的作用。他来长兴后，邵门壶技也随之而到，一批热心于紫砂壶制作的年轻人经常上门讨教，他总是悉心指导。他出手不凡，所作之壶，线条简巧而沉稳，壶身挺括规正，把手端执舒适，壶嘴线型流畅，古朴大方。他的两个外甥徐汉棠、徐秀棠耳濡目染了他的造壶灵秀，更是一路浩荡，令宜兴陶业再现高峰，频得海内外藏家关注。儿媳王平一在他倾心栽培下，也成为长兴紫砂壶手工制作的行家里手，桃李芬芳。

蒋淦勤、蒋兴宜、蒋兴仁、蒋哲人、蒋燕、蒋天元，作为蒋氏紫砂世家传人，始终保持着旺盛的创作活力，成为长兴紫砂事业的领头雁。蒋淦勤、蒋兴宜叔侄俩先后担任了长兴县紫砂协会会长，他们的作品一方面传承了蒋氏紫砂花器制作精华，另一方面默默融入长兴的陶土世界，不断学习、不断思考，在传承与创新紫砂“捏搓”中寻求与时代同步的自我特性。蒋淦勤说：“每天花三分之一时间读书，三分之一时间思考，三分之一时间创作，做上乘的壶，上乘地做壶。”蒋兴宜得益于姑妈蒋蓉真传，由蒋氏传统自然花器进入壶的意境，在陶艺的道路上，带着对现代生活的关心去思考陶艺的过去与未来，用作品叙述自己记忆的脚步和纯真的内心世界。他始终在追怀原始，寻找遗忘和宁静，反叛现代虚伪与矫饰，表达出寻大自然、对传统、对审美的尊重。他创作的“母子壶”在与泥土亲切交流中留下了自然、纯朴、情趣、逼真、和谐、健康、博爱、生命等“手语”“心

“品茗三绝”体验馆紫砂厅
王斌 | 摄

语”痕迹，无不让人感悟着人类精神文化之火等一系列不息的真善美。

董建民、程苗根、郑家统，中国陶瓷工艺美术大师。从事紫砂近半个世纪，见证着长兴当代紫砂兴起、发展与辉煌，被称之为长兴当代紫砂元老级大师。

董建民 1970 年进入长兴紫砂工艺厂，师从邓白、陈松贤、李松柴、付维安教授，1988 年担任长兴紫砂厂厂长。无论作为一般职工、紫砂厂的厂长，还是退休后在家，始终保持紫砂工艺师的本色，把紫砂制作的传承与创新作为自己生命的组成部分。在注重自身文化修养的同时，广交五湖四海文化名流，在合作中提高紫砂壶创作的艺术品位。

程苗根，浙江省文史馆馆员，1984 年涉足紫砂陶艺，师从名师邵全章。1987 年，借助改革开放的东风，大胆创办个体紫砂工艺厂，携夫人李雪娥、儿子程勇、程超一家 4 口，在紫砂陶艺路上一路华章。作品善于博采众长，既有时大彬三足壶雅致，邵大亨八封束竹壶的精湛，陈鸣远四足方壶的创新，也有顾景舟提壁壶的美感。为庆祝中华人民共和国成立 60 周年创作的“六十周年纪念壶”，在国家文物局主办的“第二届中华民族艺术精品文化节”中荣获“中华民族艺术精品”，2010“中国浙江非物质文化遗产博览会”金奖。他的作品不但在国内享有美誉，而且还得到东南亚行家的喜爱，不少作品被相关国家博物馆收藏。

郑家统，与共和国同龄的工艺美术大师，毕业于景德镇陶大美术系，曾任长兴县美协主席、名誉主席。1974 年开始从事紫砂工艺品的设计、制作、雕刻和研究工作。对于陶土的审美，他有自己的独到的见解。他把自己的工作室取名为“陶陶居”，他是把陶陶居作为他人生理想的栖息地，用他的五色土写意人生，以唯美的诗意心态，卓尔不群，陶陶居之。正因如此，他的作品朴实、和善、低调、简约、儒雅，没有华丽的色彩、没有怪异的造型、没有假借的装饰，而是充满作者对紫砂陶艺的理解与执着，浑朴而凝重、苍古而高雅，具有浓郁的东方人文艺术特色，让人百读不厌之美。作品多次被选送到新加坡、日本、韩国等国家以及香港地区展出。

傅一平，20 世纪 80 年代以书画家与篆刻家身份涉足紫砂壶艺。作为西泠印社社员、中国书法家协会会员，长兴县美术家协会原主席，他凭借着自己对艺术的领悟，对哲学的思考，对人生的理解，以及从绘画、雕刻中汲取的内涵，为自己下了一个不同凡响的定义。他以刀为笔，所刻图案，古朴恬静；刀落之处，锋芒毕露，骨气落拓；将清瘦与丰腴，粗犷与细腻巧妙融合，刻版峥嵘，透着浓郁的永久之感。他的独到在于不凡寻味的构思，柔美而刚劲的线条，笔势贯畅一气呵成的洒脱，不求气韵而气韵自生，不求成法而法度齐全，内中有欣赏不尽，叙述不完的艺术语言。而要达到如此境界非一日之功，在紫砂界有如此造诣的也是屈指可数。沪上书画名家程十发先生亲书“江南刀客”四字题赠予他。

吴伟华、钱樟法、周晓学，长兴紫砂陶艺的中坚。40年间，他们凭着激情与梦想，在长兴大地上挥洒着自己对紫砂陶艺的独特情怀。

吴伟华，浙江省工艺美术大师，高级工艺美术师、浙江省技能大师工作室领办人、“浙江工匠”。他善于用心去体验，用情去揭示泥土于瞬间顿生灵气。不仅壶技与壶刻非常到位，微刻技艺精湛。他入壶入铭入格的画面安排，并求所刻字体，如冠裳佩玉，骨肉匀适，笔力畅流，洋溢古原之气。2003年在高7.5厘米，宽11.26厘米的紫砂壶上雕刻《茶经》《茶录》《品茶要录》《煎茶水记》《述煮茗泉品》五部著作，字数13 472字，获大世界基尼斯纪录证书。他造型设计的“太湖明珠壶”2004年底获得“首届英国国际发明博览会”最高奖——金皇冠奖，同时获得国家专利证书。“星光方壶”获2008年“中国民间工艺美术大师作品”金奖。2013年作品《神韵壶》被评为浙江省民间文艺作品最高奖“映山红”奖。难能可贵的是，在潜心紫砂茗壶制作的同时，注重紫砂工艺制作培训普及，毫无保留，潜心授艺，不计报酬。2015年起在长兴县紫砂高技能人才培训基地水口成校免费授课，学员已达1 123人次。所带徒弟被评为高级工艺美术师、高级技师1个，湖州市大师2个，工艺美术师25个，高级工129人，技师36人，10人加入浙江省工艺美术行业协会，11人开设紫砂工作室，为长兴紫砂产业发展注入了新的活力。

钱樟法，1986年涉足紫砂陶艺，浙江省工艺美术大师、中国美术家协会会员。在处处充满紫砂芬芳的“陶艺之家”环境中，有点讷言、拘泥的他对紫砂创作充满着无限的深情和执着，就像他特别钟爱的太湖石一样：坚硬、自然、沉默，凸显“怪异”之外形。1999年，当新世纪钟声即将敲响之际，他“灵光一现”，萌生了一种新思路：以“太湖石”为载体，来展开自己的壶艺创新之路。从此，他将精心寻来的形形色色、玲珑剔透太湖石赋予了一种神韵，注入了一股灵气，倾注了一腔情感。一款款诞生于他手中的太湖石壶，展现着太湖石的瘦、漏、透质

鲍贤伦为长兴紫砂题字

朴物象和飘逸神韵。陶石间迸出的火花在传统与现代撞击的天空中闪烁，形成了他鲜明的个性艺术魅力。紫砂壶作品多次被选登于《中国收藏》杂志、台湾《茶与壶》杂志等。

周晓学，1980年开始涉足紫砂工艺，主攻紫砂陶雕刻艺术。在陶艺路上，数十年如一日，虚心好学，博采众长，在继承传统的同时，勇于创新。刻壶技法深得清代陈曼生刻字三刀法之精粹，且赋予自己对镌刻艺术的解读，富有个性。雕刻各种技法通熟，运用自如，功力深厚。"印章挂盘"获1986年"全国陶瓷制作设计"一等奖，并参加国际陶瓷展。作品为东南亚各国知名人士所钟爱收藏。

陈土良、叶亚琴，陈曦、陈峰，一家两代俩伉俪，在紫砂陶土世界里夫唱妇随，珠联璧合。陈老先生曾是长兴紫砂厂的厂长，太太是邵全章儿媳王平一的高徒；儿子生长于陶艺之家，耳濡目染父母紫砂工艺制作创业历程，儿媳热衷于紫砂微刻，年轻一对入选浙江省文联"新峰计划"。在他们的作品里让人经历了一次又一次灵魂接触大地的历程，看到了大地的原料在制壶人手里不经意变换中获得的华彩。"金钉子壶""圣井壶""白果壶"均以长兴的自然、人文为背景，赋予大胆的设想，展示出人与自然、人与社会心灵构造的一致，泥料在窑火的作用下，对自然流程体察的深度，彰显出潜心捕捉自然、山川的神韵和诗意。其中叶亚琴历时半年，八易其稿的“金钉子壶”，中科院院士、国家地质学泰斗杨遵仪教授为壶题名，原北京故宫博物院院长郑欣淼评价为“造型独特新颖，文化底蕴十分丰富，是我国第一把获国家专利证书的茶壶”，被冠以2002年“中国十大紫砂茗壶”金奖之首。陈曦代表作“茶经壶”“茶缘壶”分别获2013年、2017年中国杭州工艺美术精品博览金奖。

陈峰泥绘的“六方井栏壶”获2009年“中国十大紫砂茗壶”铜奖，“西子碧玉壶”获金奖。

吴宝华、吴宝根是紫砂陶艺界一对亲兄弟，20世纪80年代初就师从邵全章，潜心研制，在超薄壶制作上出手不凡。他们的超薄壶先后创了大世界基尼斯纪录，其中吴宝华创作的“圆子壶”壶重50克，胎厚仅0.8毫米，容积250毫升。行家评价吴氏兄弟的作品虽各有千秋，但总体是不见山水清远的背景，只看到时空在里边行走，只看到创作者手法智慧在梦幻般转换中，演绎大自然细腻与柔美，只看到用原始的表情，走过粗俗变为精灵的过程。吴宝根崇尚传承与创新并重，用“心”制壶。创作的“南瓜壶”获2003年“中国紫砂十大茗壶”铜奖，“报春壶”获2006年杭州“国际民间手工艺品展览”银奖。吴宝华注重人文与自然结合，内外兼容。创作的“长兴百叶龙”“一捆竹”“凤穿牡丹”等12只作品被中国集邮总公司印成邮票面向全国发行，成为浙江省首位获此荣誉的紫砂艺人。他们的后代吴嫣、吴敏，在传承父辈事业上也是硕果累累。

长江后浪推前浪，江山辈有英雄出。长兴紫砂薪火相传，新一批紫砂传承人正陶海扬帆，成为时代的弄潮儿。胡志杰、赵炜、邵卫强、钱春光、魏辛夷、邵惠雄、崔卫华、王羲骥、杭鑫、吴丹、洪叶、周丽寅、方赟、叶玲燕、曹利娅等一批新生代也在长兴紫砂再度腾飞的奋进中“小荷已露尖尖角”。杭鑫入选浙江省文联“新峰计划”，2019年加入中国民间文艺家协会，入选“2019之江国际青年艺术周”青年艺术家。所制紫砂茶具，以全手工制作传统光壶见长。创作的“松韵壶”在第六届中国（浙江）工艺美术精品博览会上获金奖，“梵音壶”第九届中国（浙江）工艺美术精品博览会获金奖。吴丹创作的“天地方圆壶”在第九届中国（浙江）工艺美术精品博览会上获金奖。方赟，作为水口成校紫砂培训基地的一名义工，为前来学习、参观的人演示，或走出长兴，展示、交流紫砂制作技艺，乐此不疲。他们在传承中，不时凸显自己的个性思维，将陶土往异路上带，另辟一片风景，颇具胆略，总有意想不到的精彩。

寻根、寻找历史、寻觅民族文化之源，一切从泥土开始，由石化结尾。在这漫漫历史长河中，长兴紫砂壶艺术珍品是长兴乃至中国紫砂的见证。在此，不仅存有中华文化的过去，亦在启发中华文化的未来。长兴紫砂工艺的弘扬与发展与其他历史文化遗产一样，在于保护，在于传承，在于创新，在于热心紫砂事业的人们腾出空间，珍藏时间、珍藏思想、珍藏历史。我们有理由相信，在中国特色社会主义新时代里，长兴的紫砂工艺必将“百尺竿头，更上一层楼”。

作者简介 梁奕建，曾任长兴县博物馆馆长，现为长兴县历史文化研究会会长，文博研究馆员，浙江省民间文艺家协会会员。长期从事历史文化研究，为全国文物博物馆系统先进工作者，主编出版有《物阜长兴》《吴风越韵》《紫玉金砂》《镌石印痕》《匠心生辉》等专业书籍。

附录

历史名茶——顾渚紫笋

作者 | 胡坪 黄婺
选自 | 《中国茶叶》1979 年第 1 期

历史名茶——顾渚紫笋

胡坪 黄婺

顾渚，地名也。紫笋茶，以其色紫而形似笋得名。根据历史记载，早在唐朝时期已成为有名的贡品茶。

据唐朝陆羽著的《茶经》(公元780年)中提到："蒙顶第一，顾渚第二"。唐朝时由陆羽等人的推崇，成为皇朝的贡品。元代《牟巘陵阳集》中有句"唐中叶以后，顾渚茶岁造万八千斤，谓之贡焙"。可见当时顾渚茶不仅质量高超，而且数量也很可观，经陆羽之后，许多名人雅士，如杜牧、白居易、颜真卿、苏轼、王十朋等都为顾渚紫笋茶吟诗作赋，赞誉不已。唐代诗人张文规诗曰："凤辇寻春半醉图，儒娥进水御帘开，牡丹花关金钿动，传奏吴兴紫笋茶，"又如杜牧《题茶山诗》"山实东南秀，茶称瑞草魁，剖符虽俗吏，修贡亦仙才。"由此可见顾渚茶的珍贵和监制贡茶的郑重。

大历五年(公元770年)在顾渚山侧，金沙泉旁建"贡茶院"，专为皇朝制造贡茶，而且责成常州(辖宜兴县)与湖州(辖长兴县)二州刺使监督制茶和送茶，并规定每年清明节前将紫笋茶贡到京城长安(即今陕西省西安市)，这样，一般要在清明前十日起程，快马递送，十天内跑完四千华里，每天平均四百华里，因此称为"急程茶"。

顾渚在浙江北面，气温较低，转暖较迟，而唐朝贡茶要求在清明（4月5日）前送到京城，即三月二十五日前要采制好，实际那时茶芽尚未展开。贞元七年(公元791年)湖州刺使与常州刺使合奏，准许采茶延期十天。唐时要求选采刚刚脱鳞吐芽的幼嫩茶芽，蒸青后炒制压成饼茶进贡；宋朝改为大小龙团茶进贡；至明太祖洪武，又改用散芽茶进贡，一般仍采一芽一、二叶，并改蒸青为炒青，大大改进了茶叶品质。根据芽叶老嫩，最嫩的茶芽称为紫笋（芽未展开形似笋），其次嫩的称为旗芽，（即一叶一芽），第三批是雀舌（一芽二叶）。

顾渚又为山名，山腰有吉祥寺，相传香火盛时有和尚千人，寺庙几经沧桑，抗日战争时仅剩的三间屋，也被全部焚毁，但目前残基废墟，依稀可辨。寺前有金沙泉，遗迹犹在，泉水清沏、甘甜，唐时用此泉水蒸制紫笋茶，宋时屡加浚治，又名瑞应泉，泉水终年不断，泉边相传唐时建有贡茶院，为督造贡茶的办公、制茶地点。

顾渚山属互通山脉，其西部有东川岕，位于脚岭与宜兴县交界处。《嘉清长兴县志》说，唐代建有境会亭，为湖州、常州二郡守分山造茶宴会于此，有《白居易夜闻贾常州崔湖州茶山境会亭欢宴诗》为证：

遥闻境会茶山夜，
珠翠歌钟俱绕身，
盘下中分两州界，
灯前合作一家春。
青娥递舞应争妙，
紫笋齐尝各斗新，
自叹花前此窗下，
蒲黄酒对病眠人。

在诗中，白居易表示了对茶宴盛会的欣羡。

名茶虽好，但在封建皇朝统治下，茶农受尽压迫剥削，处在水深火热之中，当时官府籍口制造包装运送贡茶的"龙袱"、"龙袋"、"篓杠"、"色素"和盛置金沙泉水的银瓶、银器以及制茶运输费用，乘机征税搜刮，百姓苦不可言。茶农、工役在茶季日夜操劳，备受艰苦，唐时湖州刺使袁高因亲至顾渚督造紫笋茶，深有感触，作诗云："动致千斤费，日使万姓贫；我来顾渚源，得与茶事亲。黎民辍耕农，采掇实苦辛；一夫且当役，尽室皆同臻。扪葛上欹壁，蓬首入荒榛；终朝不盈掬，手足皆鳞皴。悲嗟遍空山，草木不为春；阴岭芽未吐，使曹牒已频。……茫茫沧海间，丹愤何由申"。由此可见贡茶对贫民百姓的危害。

唐宋以后，由于饮茶的普及，茶区的扩展和高质量茶叶的增长，名茶也不断发现和增多，随着茶区向南发展，茶季越来越提早，皇室贡茶产区也逐步向南迁移，紫笋茶逐步为其它贡茶所代替，但世代相传及诗人墨客的宣扬，顾渚紫笋名茶仍然脍炙人口，令人难以遗忘。

顾渚山，位于长兴西北方，属水口公社，最高处海拔为250公尺，三面山峦连绵，总称互通山脉。茶山大部份分布在叙坞界、竹茶界等山界里。由于山峦重叠，东临太湖，空气湿度较大，所以这里晴日烟云缭绕，阴天雾雨朦胧，适宜茶树生长。

解放后，顾渚山下的顾渚大队，在党和政府的扶持下，努力垦复荒芜茶园，积极发展新茶园，茶叶产量不断提高，且品质较佳。

为了挖掘和恢复历史名茶，当地有关部门在顾渚大队开展了名茶试制工作。第一批顾渚紫笋茶已于去春基本试制成功。它的制法大致如下：用普通的饭锅，锅烧热后（不等微红）投入鲜叶约一斤左右，炒约二十分钟，至六、七成干，再上烘笼烘至八九成干，最后小火并锅炒约30分钟至全干。

今年，当地从十二岁起做茶的，八旬老人也积极参加试制工作，可望历史名茶——顾渚紫笋茶焕发青春，还历史原貌。

顾渚紫笋茶生产及品种调查

作者 | 林盛有　吴建华　汪牧民　刘益民

选自 | 《茶叶 Journal of Tea》1983 年第 2 期

顾渚紫笋茶生产及品种调查

林盛有　吴建华　汪牧民　刘益民

（嘉兴地区林水局）

一、历史概况

长兴顾渚山产名茶“紫笋”，早在唐朝享有盛名，为当时进贡的珍品。唐朝陆羽《茶经》中提到“浙西以湖州上”，指的就是紫笋茶。大历五年（公元770年）在顾渚山脚金沙泉旁设有“贡茶院”，这是我国最早的制茶作坊。每到茶季，湖、常两州刺使亲临督制，规定每年第一批紫笋茶和银壶盛装金沙泉水在清明前进贡到长安（即西安）。皇室首先用作祭祖，后赐皇亲近臣尝新。唐武宗会昌年间（841～846年），采制紫笋茶达18400斤。唐贞元年间（785—804年）顾渚山谷制茶工匠达千余人，采茶农民有三万人，可见当时紫笋茶生产的规模。吸引了不少诗人雅客，记述茶事，并留下不少诗篇。

顾渚一带是历代南北交通要道，屡受兵戎相见的蹂躏，使古代寺院和古迹遭到破坏，仅存依稀可辨的废墟残迹。在旧中国，茶园荒芜、生态条件遭到破坏，当地茶农更是生活在水深火热之中，紫笋茶名存实亡。

解放后，在党和人民政府的领导下，顾渚山茶区的生产得到了很快恢复和发展，顾渚紫笋茶的产量和品质日益提高，金沙泉经过农民辛勤整理发掘，泉水又在旧址源源涌流。现在的顾渚大队有32个生产队，茶园面积602亩，年产干茶460余担，近年来又有大的发展。特别是三中全会后，名茶紫笋重新得到发展和提高。自一九七八年以来，在有关部门的支持和关怀下，通过多年的恢复与发掘，紫笋茶已基本恢复了名茶的传统风格。

从一九七九年以来，紫笋茶历年都在省、地名茶评比中评为一类名茶，今年又在全国名茶评比中被列为国家级名茶。

几年来顾渚大队已向国家提供“紫笋”名茶1128斤，在国内、外试销，得到广大消费者好评。

二、生产调查

紫笋茶的芽尖带紫，芽形如笋，故名“紫笋”，具有优异内质和独特的香味风格，在名茶品评中，独树一帜，表现在茶氨酸含量特别高，达干物重1%以上，多酚类、儿茶素含量与其他物质平衡，维生素、可溶性糖含量也较高。（见表1～2）

表　1　紫笋茶多酚类、儿茶素氨基酸、Vc含量分析　1979年

年份	多酚类（干重%）	儿茶素 mg/g EGC	GC+EC+C	EGCG	ECG	可溶糖（干重%）
1979	23.49	9.25	11.79	55.87	39.36	7.88

VC mg%	总量（mg%）	茶氨酸	谷氨酸	天冬氨酸	丙氨酸	缬氨酸	苏氨酸	苯丙氨酸	其他氨酸
223.70	1897.15	1155.46	149.83	226.00	56.39	103.95	18.73	11.10	175.80

上表引自浙农大茶叶系生化组测定资料

*承蒙汪琢成先生指正，谨致谢忱。

为什么紫笋茶具有这样优异的品质呢？最近，我们经过实地调查，发现顾渚紫笋茶区的生态条件和特异茶树品种对紫笋茶品质的形成起了决定作用。

紫笋茶产地顾渚山，位于烟波浩瀚、碧水荡漾的太湖之滨，地处北纬31度08分，东经119度47分，系浙江最北茶区。北面与江苏省宜兴县山水相邻，群峦起伏，其中有移风岭、啄木岭、凉帽山、乌龟山、鸡笼山、麒麟山，自西向东延伸到太湖沿岸，形成一堵天然屏障，阻挡北方冷空气侵袭；西面和南面也是重峦迭岗，连绵不断，有乌头山、石门山、九龙山、老虎山、桃花岭、观音山，自西北向东南延伸插入太湖西南岸的丁新平原；东面是波光粼粼的太湖；南北两支山脉形成一个开口数十里的喇叭口面向太湖。春茶萌发季节，季节风阵阵地把湖面上蒸发的水汽吹进喇叭口，汇集于岕坞纵横的顾渚山谷。加上境内峰峦蔽日、竹木交荫，常年云雾缭绕，雨量充沛，空气湿润，漫射光丰富，而且冬暖夏凉，昼夜温差较大，年平均气温15.9℃，一月份最冷，月平均气温3.3℃，七月份最热，月平均气温28.4℃，常年一般在3月25日前后终霜，无霜期122天左右。历年气温稳定，通过10℃的时期都是在三月十八日至四月十日之间。年降雨量1284毫米，年降雨日140天。春茶季节四至五月的月平均降雨量125～137.3毫米，相对湿度85%左右，月降雨日15天。

顾渚茶园一般分布在海拔500米以下，竹茶、元旧两条大岕（岕：即山坞）过去都产茶，目前元旧岕已无成片茶园。现有茶园都分布在竹茶岕内，竹茶岕是由许多小岕和山坞组成。其中叙坞岕、高坞岕，查坞岕、方坞岕、狮坞岕、朱婆坞和老鸦窝的茶山海拔都在200～400米之间，茶树生于烂石或悬岩石缝之中。土壤一致为褐色香灰土，有机质含量比山脚平地茶园高三倍以上，其中狮坞岕高达7.12%，土壤pH值5.0～5.4之间，全氮量、全磷量和速效钾也大大高于山脚平地茶园（见表2）：

表2　顾渚紫笋茶茶园土壤肥力测定

编号	土样地点	分析项目					地质
		有机质%	全氮%	全磷%	速效钾PPm	pH值	
1	狮坞岕	7.12	0.364	0.107	91	5.4	褐色香灰土
2	叙坞岕（方坞岕）	6.81	0.347	0.0988	128	5.0	褐色香灰土
3	竹茶岕（朱婆坞）	3.23	0.204	0.0739	90	5.2	褐色砂壤土
4	老鸦窝	7.25	0.345	0.0754	170	5.4	褐色香灰土
5	山脚平地茶园	2.82	0.161	0.0606	42	5.6	砂壤土

82年9月长兴县土壤肥料化验室测定

表中以编号1.2.4的茶树采制的紫笋茶品质为最优。顾渚山脚平地茶园海拔在100～200米之间，土层深厚，为砂性黄壤，无烂石，大多数是解放后新发展的条栽茶园，其中不少茶园是桑茶混栽，这些混栽茶园产量虽比前者高，但品质次于前者。

三、品种特征的调查

顾渚茶区的茶树为当地群体种，生于顾渚山谷。通称"顾渚种"，亦称"紫笋种"。

顾渚种多数属灌木型，也有少数为小乔木型。一般山脚平地茶树低矮披张，岕坞山谷中的茶树高大直立。树型有明显主干，主干平均直径2.59厘米，分枝部位离地最高的近一米；灌木型多数为着地分枝，树高平均1.67米，树幅平均2.18×1.79米，最大树幅为3.90×2.30米。（见表3）

表 3　　顾渚茶树态特征　　单位：厘米

编号	地点	树高	树幅	骨干枝粗度	分枝部位	树姿	树型
1	方坞岕	220	200×160	3.79	95.5	直立	小乔木
2	方坞岕	120	170×110	2.38	44.25	披张	灌木
3	方坞岕	150	150×150	2.24	63.00	直立	小乔木
4	狮坞岕	150	140×140	2.63	着地	披张	灌木
5	狮坞岕	143	143×143	2.77	着地	披张	灌木
6	老鸦窝	140	390×230	2.20	着地	披张	灌木
7	高坞岕	280	300×230	3.51	98.3	半披张	小乔木
8	老鸦窝	145	200×170	1.37	着地	披张	灌木
9	叙坞岕	210	190×170	2.39	60.00	半披张	小乔木
10	方坞岕	110	120×110	未测	着地	半披张	灌木
	平均值	167	218×179	2.59	0—98.3		

82年9月

新梢长势旺盛，茶芽肥壮，节间较长，平均长度3厘米。持嫩性强，嫩芽茸毛密布，芽叶以黄绿色为主，芽笋（芽尖）呈浅紫色。这是紫笋茶的特色。成熟叶以深绿色为主，也有部分是黄绿色的。叶型以披针和长椭圆型为主，也有少数是椭圆型的。叶质柔软，叶面隆起，叶柄较短，叶脉和锯齿差异很大，对数多少不等。（见表4）

叶型大小为中等。叶厚平均274.4毫米，叶片解剖结构：栅栏组织一层，角质层厚，上、下表皮细胞排列紧密，细胞较为规则，海绵组织较厚，栅栏组织/海绵组织比值较小，与绿茶优良品种福鼎白毫比较有显著差异。（见表5）

"顾渚茶"群体花果稀少。调查中发现1号单株上有一分枝上的花、果异常，花萼5枚，花瓣7片，白色，花冠较小，直径为2.4厘米，都是一果一籽，茶籽球形，直径1.5厘米。在"顾渚茶"品种上的应用意义，有待进一步观察研究。

四、调查后记

顾渚紫笋茶是历史悠久的名茶，其品质国内外都有好评。现又列为国家级名茶之一。要加速恢复和扩大生产，以满足国内外消费者的需要。

1.顾渚茶自然条件优越，品种资源丰富，有一定的生产基础。要进一步完善各项生产责任制，充分调动广大茶农发展名茶的生产积极性。在加强技术指导的同时，努力搞好名茶基地建设和茶园培育管理工作，为名茶优质高产打下良好基础。

2.目前，顾渚大队名茶采制工艺落后，设备简陋，建议建立名茶加工厂房，配备较先进的制茶设备，呼吁有关部门在经济和物质上给予支持。

3.顾渚山的茶树品种是加工紫笋茶最适

宜的茶树品种。要在扩大生产基地时充分利用当地的品种资源。建议地、县有关部门搞好顾渚茶品种的选育繁殖推广工作。

表 4　顾渚茶新梢和叶片特征　　单位：厘米

编号	叶长	叶宽	长／宽比	叶柄长	叶脉对数	锯齿对数	叶形	叶色	新梢节间长	茸毛	芽叶色	芽尖色
1	7.87	3.68	2.14	0.6	10	25	长椭圆	深绿	2.4	多	浅绿	
2	9.80	3.73	2.63	0.6	13	38	长椭圆	深绿	2.77	多	黄绿	稍紫
3	6.97	3.07	2.27	0.5	10	27	长椭圆	黄绿	4.00	多	浅黄绿	稍紫
4	6.90	3.10	2.23	0.5	8	24	长椭圆	深绿	3.10	多	黄绿	紫
5	5.70	3.00	1.90	0.3	7	20	椭圆	深绿	3.20	多	黄绿	略紫
6	7.80	2.20	3.55	0.3	8	23	披针	黄绿	2.90	多	黄绿	略紫
7	11.43	4.10	2.79	0.83	13	24	披针	浅绿	2.83	多	黄绿	稍紫
8	8.00	2.40	3.33	0.33	9	33	披针	黄绿	3.00	多	浅黄绿	略紫
9	7.40	3.23	2.29	0.4	11	26	长椭圆	绿	3.30	稍多	浅绿	紫
10	9.16	2.88	3.18	0.5	9	27	披针	深绿	2.50	特多	黄绿	稍紫
平均值	8.10	3.13	2.59	0.49	10	27			3.00			

表 5　茶树叶片内部解剖观察　　单位：u

品系名称	叶全厚	上表皮厚度	下表皮厚度	栅栏组织厚度	海绵组织厚度	栅栏／海绵
福鼎白毫	290.81	23.35	14.67	135.40	117.35	1.15
顾渚紫笋茶	274.39	26.94	22.17	91.78	131.52	0.70

浙农大植物生理教研组王建国老师测定

顾渚紫笋茶名称考略

作者 | 张灵

选自 | 《浙江学刊》1990年第1期

浙江学刊（双月刊） 1990年第1期（总第60期）

顾渚紫笋茶名称考略

张 灵

浙江长兴顾渚紫笋茶久负盛名，唐大历年间即被列为贡品。唐李吉甫《元和郡县志》云："顾山，县西北四十里，贞元以后，每岁以进奉顾山紫笋茶，役工三万人，累月方毕。"唐李肇则在《国史补》中称，茶以"蒙顶第一，顾渚第二，义兴第三。"可见顾渚紫笋茶在中唐时已有"天下第二名茶"之誉。此后，其声誉经久不衰。现又被评为全国优质名茶，在省内仅次于杭州龙井、江山绿牡丹而位居第三。

可是，关于这种名茶由谁命名、因何得名等问题却长期争论不休，一直悬而未决。

有观点认为，这种名茶是由"茶圣"陆羽（公元728—804年）命名。其主要理由是：第一、陆羽与顾渚紫笋茶关系密切。他在《茶经》"八之出"中特别强调顾渚紫笋茶。又据《全唐文·陆文学自传》(公元760年，陆羽诏拜为太子文学，记载："上元初，结庐于苕溪之湄。"苕溪离顾山甚近。而皮日休(公元834—883年)《茶中杂咏序》又云："余得季疵书（季疵，陆羽字）以为备矣，后又获得其'顾渚山记'二篇，其中多茶事。"这就说明，陆羽在流寓"苕溪之湄"时曾到顾渚山考察这种茶叶的情况，并著有"其中多茶事"的《顾渚山记》。而作为第一位入顾渚山监制贡茶的湖州刺史颜真卿，乃为陆羽密友，颜氏当然会邀请这位交谊深厚的茶叶专家去品定这种"贡茶"。第二，陆羽在《茶经》"一之源"中列出茶叶上乘、下乘之标准是："紫者上，绿者次；笋者上，牙者次。"顾渚茶为上品，当以"紫笋"名之。因此，顾渚紫笋茶"紫笋"两字，乃由陆羽命名。

这种说法初看有理，但仔细推敲，却又甚为可疑。首先，虽然陆羽与顾渚茶关系甚密，但查遍《茶经》及历代论茶著作，均未见陆羽为顾渚紫笋茶命名的明确记载。至于"其中多茶事"的《顾渚山记》，早已失佚，肯定其中有陆羽为此茶命名的记载，未免武断。第二，陆羽在《茶经》中评价茶叶优劣的标准，是针对所有的茶叶而言的，并非专指顾渚茶。更何况冠之以"紫笋"一名的茶叶，在唐代就不止一处，据《新唐书·地理志》记载，宜兴的贡品中就有紫笋茶一项。第三，也是最有说服力的是，宋代尤袤在《全唐诗话》中说："杜鸿渐与杨祭酒书云：'顾渚山中紫笋茶两片，此物但恨帝未得尝，实所叹息。'"杜鸿渐（公元709—769年），生卒年均早于陆羽。可见，早在陆羽之前，"顾渚紫笋茶"就已闻名。因此，陆羽为顾渚紫笋茶命名的说法是不可信的。

顾渚紫笋茶因何得名？张芳赐先生在《茶经浅释》（云南人民出版社1981年出版）中认为"紫笋"曾是阳羡的一个茶树品种，现已不存。"顾渚紫笋茶"的"紫笋"两字，是从阳羡的紫笋茶而来的。至于"紫笋"两字的含义，顾名思义，应当是色紫而形似笋状。对"紫笋"作顾名思义的理解，笔者不敢苟同。据笔者实地考察，顾渚紫笋茶叶长而尖，茶芽青翠，只有嫩梗略呈红色，与张先生的说法迥然不同。是否唐代以后的漫长岁月中这种茶叶品种的变化而导致其色、形的改变呢？也不是。唐代诗人皎然在《顾渚行寄裴方舟》一诗中就有过："尧市人稀紫笋多，紫笋青芽谁识得？"的诗句，可知中唐的紫笋茶就是"青芽。"宋代的苏轼在《将至湖州赠莘老》一诗中写道："顾渚茶芽白如齿。"则宋代的顾渚紫笋茶也不是紫芽。之所以略呈白色，是因为采摘时还十分鲜嫩。

综上所述，我们可以得出两点结论：

一、陆羽为顾渚紫笋茶命名的说法是不可信的。

二、"紫笋茶"原来只是上乘茶的代名词，并非它色紫而形似笋状。中唐以前紫笋茶还不是顾渚茶的专有名词，但随着顾渚茶的声誉的鹊起和阳羡茶的衰落，中唐以后，紫笋茶逐渐成为顾渚茶的专有名词了。

（作者单位：杭州大学）

作者 | 吴建华
选自 | 《茶叶 Journal of Tea》1995年第21卷第3期

茶 叶 Journal of Tea 1995,21(3):42

紫 笋 茶

吴建华
(长兴县紫笋名茶开发公司 3131000)

紫笋茶产于浙江省长兴县顾诸山一带。早在唐代就被列为贡品。自1978年恢复生产以来,规模有了很大发展。全县现有紫笋名茶园3500亩,主要分布在七个乡镇的十四个村,其中张岭茶场面积600余亩(投产400亩),年产紫笋茶2000公斤。1993年全县紫笋茶产量11000公斤,1994年16500公斤,经济效益达到420多万元。

紫笋茶品质优异,外形紧直带扁、色绿润、香气清高、茶汤鲜醇回味甘、叶底嫩绿清沏明亮。产品销往北京、南京、上海、杭州及香港、日本、韩国等地,受到广大消费者的青睐。1982年首次被评为全国名茶,1985年荣获农牧渔业部优质农产品证书和奖杯,并列为全国商品名茶基地县之一。1989年经农业部复评又一次评为部优产品,1994年荣获长兴县建国以来的十大科技成果奖之一,同年,"紫笋"商标被湖州市评为首届著名商标。

紫笋茶的主要产地顾诸山,位于太湖之滨,北面与江苏宜兴接壤,群峦起伏,西面和南面也是重峦迭岗,连绵不断,这里的年降雨量达到1600毫米左右,为全县降雨量最多的地带,无霜期大于223天,大于10℃的活动积温在4410~4960℃,年均气温为13.9~14.3℃,春季月平均降雨量大于130毫米,空气相对湿度在85%左右。紫笋茶树品种多数属灌木型,主要分布在海拔高度300公尺左右,已利用栽培型野生茶97600余丛,新梢长势旺,茶芽肥壮而多茸毛,节间较长,叶型以披针和椭圆型为主,茶园土壤有机质丰富,平均在2.54~5.2%之间,pH值为5.0~6.0,全氮量0.204~0.364%,全磷量0.0739~0.107 ppm,速效钾在90~170ppm。

紫笋茶采摘标准:特级为一芽一叶初展,芽叶长度2~2.5厘米。1级一芽一叶初展占85%,一芽二叶初展占15%。2级一芽一叶占70%,一芽二叶初展30%。3级一芽一叶、一芽二叶初展各占半数。特级每500克干茶约有3.2万个芽头。

紫笋茶制作工序:摊青、杀青、理条、烘干。

摊青:鲜叶要及时摊青,时间以5~6小时为宜,主要起到散发部分水分和提香作用;

杀青:炒锅温度在120℃时,投放青叶250克,先是双手抛炒,破坏酶活性和蒸发水分,紧接采用"捞、抓、滚、抖"等手法来完成理条成形,炒到八成干后起锅适当摊凉;

烘干:杀青叶薄摊在特制的烘宠顶盖上,下垫纱布,燃料要用优质木炭,要勤翻匀烘,当烘至茶叶含水量在6%时下烘摊凉。

收稿日期:1995-01-04

顾渚山自然保护区茶叶考察报告

作者 | 贺大钧 徐庆元 刘祖生

选自 | 《中国茶叶加工》1996年第3期

中国茶叶加工 1996，（3） 13

顾渚山自然保护区茶叶考察报告

贺大钧 徐庆元 刘祖生

（长兴县农业局 313100） （湖州市环保局 313000） （浙江农业大学 310029）

摘　要　顾渚山自然保护区位于浙江省长兴县水口乡，是唐代贡茶和现代全国名茶——紫笋茶的主产区，也是茶文化的发祥地之一。考察结果进一步证实，该地区地理位置得天独厚，自然条件适宜于茶树生长和优良品质的形成；同时对当地群众所指的“野生茶”的调查结果表明，该茶系栽培型野生茶，与当地栽培茶系同一群体品种——紫笋茶，在茶树分类上属于武夷亚种中的武夷变种（Camellia sinensis var. bohea）并对发展紫笋茶生产提出了建议。

一、前言

位于浙江省长兴县水口乡的顾渚山是唐代著名贡茶——紫笋茶的主要产地，也是我国茶文化的发祥地之一。1987年以来，顾渚紫笋茶得到迅速恢复与发展，并多次被评为省级、部级和国家级名茶，产品畅销海内外。名山名茶伴名泉，当地的金沙泉与紫笋茶齐名，并列为贡品。近年经有关部门考察测定表明，其质量可与国际名牌矿泉水媲美。为了保护这两颗历史“明珠”，使其免遭污染，并在新的历史时期放射出更加绚丽的光彩，长兴县人民政府已在顾渚山建立自然保护区。

1994年年底，浙江省环境保护局组织杭州大学、浙江农业大学和省、市有关单位的十余位专家、教授，对顾渚山自然保护区进行了一次多学科、全方向的综合性考察。此次考察得到了市、县环保、农业、文化等单位的密切配合和当地干部群众的大力协助，使考察任务得以顺利完成。

茶叶是这次考察的重点之一。在考察期间我们对顾渚山茶区的基本情况，紫笋茶的历史与现状，紫笋茶的品质特点，以及当地群众所指的“野生茶”等，作了比较系统的调查与实地考察。兹将有关材料整理成文，以供参考。

二、考察与调查方法

这次考察，首先听取了水口乡政府负责同志关于全乡基本情况的介绍，其次，对顾渚山自然保护区的概貌（包括地理位置、自然条件、农业生产情况、人文景观与名胜古迹等）进行了较全面考察与了解，然后通过实地调查，采集标本，拍摄照片，测定样品，评审茶叶，查阅资料和召开茶农座谈会等多种形式，重点对紫笋茶进行比较深入的调查研究。同时，根据调查结果，提出了进一步发展紫笋茶的具体建议。

三、考察、调查结果与分析

1. 顾渚茶区自然条件

顾渚茶区为顾渚山自然保护区的主要组成部分。顾渚山位于长兴县城西北17公里，属互通山脉，海拔355米，周围6公里，夹于两谷之间，南为斫射岕，北为悬臼岕，东临太湖，四周重岗叠翠，山峦起伏，岩崖参差，泉水急涌，整个地形呈畚箕状。山中林木繁茂，云雾缭绕，冬无严寒，夏无酷暑，年平均气温13.9℃～14.8℃，>10℃活动积温5500℃，>35℃或<－8.0℃的气温极为罕见。年降水量1500～1600毫米，无霜期>223

收稿日期：1996—07—08

天。区内土质疏松，酸度适宜，有机质含量丰富，土壤肥力较高（表1）。由上可见，顾渚山的地形、地势、气候和土壤等自然条件极为适宜茶树生长和茶叶优良品质的形成。

表1　顾渚山土壤分析

〔引自《长兴县志》（新编）〕

项目 / 取样地点	有机质（%）	全氮（%）	全磷（%）	速效钾（mg/kg）	pH值
叙坞岕	7.12	0.364	0.107	91	5.4
四坞岕	6.81	0.347	0.099	128	5.0
竹坞里	3.23	0.204	0.074	90	5.2
老鸦窝	7.25	0.345	0.075	170	5.4

2．紫笋茶的历史与现状

（1）紫笋茶的兴衰史　紫笋茶被列为贡茶始于唐代宗广德年间（公元763～764），迄今已有1200余年历史。据《新唐书》等史料记载，唐代贡茶分布较广，包括五道十七州郡。而顾渚紫笋最为著名，乃贡茶中之上品。裴汶《茶述》中写道"今宇内为土贡实众。而顾渚、蕲阳、蒙山为上，其次则寿阳、义兴……"

紫笋茶开始贡量很少，仅二斤而已。但因品质超群，深受帝王喜爱，有诗云："琼浆玉露不可及，紫笋一到喜若狂"。因此，贡茶数额连年剧增。到唐武宗会昌年间（公元841～846年）贡额达18400斤之巨，而且朝廷命将贡额勒石立碑，定名为"顾渚焙贡"。

当时，唐王朝不仅要求紫笋茶贡额巨大，而且时间紧迫，限定首批茶在清明前到京城长安（今陕西西安市），供皇室清明祭祀宗庙，御宴群臣品尝新茶。其余也限四月底送齐。长兴到长安，相距四千余里，须日夜兼程，快马加鞭才能如期到达，故谓之"急程茶"。

由于贡额大、时间紧，所以每逢茶季，湖州和常州刺史必亲躬督办。唐代宗大历五年（公元770年）特设专事贡茶采制的贡茶院。《湖州府志》载："贡茶院用房三十余间（遗址尚存），烘焙工场百余所"，"役工三万，工匠千余。"足见其时生产规模之大。

历来统治者的享受，都是建立在劳动者的痛苦之上的。唐德宗建中二年（公元781年），湖州刺史袁高在顾渚山督制贡茶时，目睹茶农疾苦，深表同情地写了著名的《茶山诗》。诗中说："动生千斤费，日使万姓贫；我来顾渚源，得与茶事亲；黎氓辍农桑，采掇实苦辛。……茫茫沧海间，丹愤何由伸！"

紫笋茶自中唐始贡直到明末清初，长达800余年。后连年战乱，茶园荒芜，一代名茶逐渐失传。

（2）紫笋茶的恢复与发展　1949年新中国成立后，顾渚山茶叶生产得到恢复和发展。但在相当长的一段时间内，只采制大宗的炒青绿茶。1978年后，随着整个政治经济形势的好转，茶叶产销出现了崭新的面貌，各地掀起恢复历史名茶和创制新名茶的热潮。长兴县茶叶科技人员在浙江农业大学和省有关部门专家的指导下，多次深入茶区调查研究，查阅大量历史资料，不断探索制作工艺，终于在1978年试制成首批具有传统风格的紫笋茶。当样品送请著名茶学家庄晚芳教授审评后，庄老连声称赞，并赋诗一首："顾渚山谷紫笋茗，芳香唐代已扬称，清茶一碗传心意，联句吟诗乐趣亭。"充分表达了茶人喜悦之情。

此后，紫笋茶加工工艺不断改进，品质不断提高。紫笋茶的品质特点是：芽壮似笋，色泽绿润，白毫显露，香气清高，滋味鲜醇，回味带甘，汤色清澈明亮，芽叶细嫩成朵。1978～1982年连续四年被评为省级一类名茶。1982年省农业厅对顾渚紫笋茶颁发了名茶证书。同年六月在全国名茶评比会上被评为全国名茶。在1985年、1986年和1989年分别召开的全国名茶评比会上，均荣获部级名茶称号，同时正式列为全国名茶生产基地之一。此后，茶园面积和紫笋茶产量都获得迅速发展。从1979年至1993年的15年间，茶园面积增长75倍，紫笋茶产量增长270余倍（表2）。现有茶园266.7公顷，紫笋茶产量18000公斤。茶区范围也从顾渚扩大到张岭、南山、周吴大岕和城山等地。

表2 紫笋茶面积和产量的增长

年份	茶园面积（公顷）	茶叶产量（公斤）
1979	2.8	41.5
1981	28.1	389.5
1983	68.8	2031.5
1985	73.5	3922.0
1987	102.1	6000.0
1989	195.8	9996.0
1991	213.3	12021.0
1993	213.3	11500.0
1995	266.7	18000.0

3．唐代茶文化遗产

唐代茶圣陆羽（公元733～804年）一生中大部分时间是在湖州地区度过的。在这里他撰写了世界第一部茶学专著《茶经》。他是世界茶文化的奠基人。顾渚区是陆羽从事茶事活动重要场所之一。历代文人墨客颜真卿、白居易、皎然、杜牧、陆龟蒙、皮日休、刘禹锡、陆游、苏轼等，也常来品茗吟诗，抒发情怀，留下不少著述、诗篇和石刻。1992年长兴县政协文史委员会编印的《顾渚紫笋诗文录》，收集了大量珍贵的茶文化史料。这里值得提出的是，至今尚留存在顾渚一带的摩崖石刻。许多石刻都与唐代贡茶有关。已发现的石刻有8处之多。石刻题字人知名度之高，内容之集中，保存时间之长，在全省均属罕见。这是顾渚茶文化的珍贵遗产。但经实地考察发现，不少石刻出现风化，字迹模糊，四周杂草丛生。当地部分群众对文物的保护意识不强，必须引起高度重视，并采取相应的保护措施。

4．顾渚茶区栽培紫笋茶与“野生”紫笋茶的比较

顾渚茶区群众对当地茶树品种区分为两类；一为散生在山上，既不耕作施肥，也不喷药治虫的所谓“野生茶”。据调查，“野生茶”主要散生于顾渚山的几个山岕中，其中以四坞岕，叙坞岕（包括方坞里、竹坞里、高坞里）的面积为最大，分别为200亩和110亩。当地群众认为这两个岕的野生茶采制的紫笋茶为上品；一为成片条栽在平地，进行正常管理的栽培茶。这两类茶树采制的成品均称为紫笋茶，但单产、品质皆相差悬殊，前者比后者单价高一倍左右；而单产不及后者的一半。为了判断两者是否存在品种上的差异，我们随机取样进行了初步调查，结果表明：（1）两者均为有性群体，同属灌木型，中叶类；（2）两者生殖器官，如花冠的大小、花瓣数、萼片数、萼片内有毛否、雌雄比高、柱头分叉数、分叉部位、果形、果实大小、每果种子粒数、种子形状、种子直径及其色泽等性状基本相同；（3）两者营养器官的性状存在一定程度的差异，主要表现在栽培茶分枝较密，叶片为1.9～4.0厘米，叶形为4.6～8.8厘米；而“野生”茶分枝较疏，叶片较大（2.5～4.7厘米），叶形较长（5.5～12.0厘米）等。

此外，对栽培紫笋茶与“野生”紫笋茶两种成品茶的主要生化成分和卫生品质进行了测定（表3、4）。结果表明：（1）“野生”紫笋茶的氨基酸含量明显高于栽培紫笋茶，这是前者品质优于后者的主要生化基础；（2）栽培紫笋茶与“野生”紫笋茶的卫生品质均符合国家标准规定的要求，说明该保护区茶园被污染的程度较轻；（3）“野生”紫笋茶的铝含量为2 mg/kg，虽未超标，但比栽培紫笋茶高1倍。这是什么原因引起的，尚需进一步分析研究。

根据调查结果分析，可以明确以下三个问题：第一、当地原称的“野生茶”，实属栽

表 3　"野生"紫笋茶与栽培紫笋茶主要生化成分含量比较表（%）

项目 茶叶	水浸出物	氨基酸	茶多酚	咖啡碱
"野生"紫笋茶	41.20 (103.21)	3.77 (150.8)	26.14 (102.4)	1.74 (84.5)
栽培紫笋茶	39.14 (100.0)	2.50 (100.0)	25.52 (100.0)	2.06 (100.0)

注　分析单位：浙江农业大学茶学系生化实验室

表 4　"野生"紫笋茶与栽培紫笋茶卫生品质的检测（mg/kg）

检测项目	指标	"野生"紫笋茶		栽培紫笋茶	
		检测结果	结论	检测结果	结论
六六六	≤0.2	<0.1	合格	<0.1	合格
DDT	≤0.2	未检出	合格	未检出	合格
铜	≤60	15	合格	17	合格
铅	≤2	2	合格	1	合格
检验结论		该样品品质符合GB9679规定要求		该样品品质符合GB9679规定要求	

注　检验单位：国家茶叶质量监督检验中心

培型茶树，系长期抛荒失管的结果，所以顾渚山的"野生茶"与栽培茶为同一群体品种——紫笋茶，在茶树分类上属于武夷亚种中的武夷变种（Camellia sinensis var. bchea）。第二、栽培茶与"野生茶"品质与产量的差异，主要是生态条件（特别是微域气候）和栽培条件造成的。例如分布在山上的"野生茶"，处于云雾缭绕的环境中，漫射光多，土壤有机质丰富，有利于氨基酸等品质有效成分的形成，故品质佳；而分布平地的栽培茶，种植密度大，田园管理水平高，故单产高。第三，营养器官出现的某些差异，这是由于此类器官易受环境影响而产生的变异。

四、进一步发展紫笋茶的建议

1．保护与改善生态环境。

紫笋茶优异品质的形成，与得天独厚的生态环境密切相关。因此，既要保护好山上现有的生态环境，严禁滥砍乱伐，严格按"森林法"办事，又要有计划地种植行道树、遮荫树及铺草等措施，改善平地茶园的生态环境。其次，对一些坡度大的茶园，要补筑梯坎或植树造林，以减少水土流失。

2．按生产"绿色食品"的要求，改进栽培管理措施。绿色食品是指无污染的安全、优质、营养食品。发展绿色食品对保护生态环境、提高食品质量、保障人类健康、促进经济发展，均具有重大战略意义。紫笋茶已具备申报"绿色食品"的基本条件，但栽培管理和采制包装等都要作相应的改进，特别是在茶园管理中要禁用化学农药和尽量少用化学肥料。在茶叶加工、包装以及贮运中，均要防止各种污染。

3．在保证茶叶品质的前提下，努力提高单位面积产量。建议在茶园普遍使用有机肥料，全面推广茶园铺草，逐步开展生物防治。

4．逐步实现名优茶的机械化生产。推广机制名优茶可以规范工艺，稳定品质，大幅度降低成本，并有利于提高规模效益，故必须引起高度重视。同时在推广机制过程中，要严格保持紫笋茶的品质风格。

5．大力弘扬与宣传紫笋茶文化。首先要加强对紫笋茶文化景点和文物的保护；同时编写有关材料，扩大宣传，提高知名度。

6．建立以紫笋茶为"龙头"的浙北名茶市场。为了兼顾既有利于促进紫笋茶的发展，又不致于对自然保护区带来不良影响，市场场址选在距顾渚不远的长兴县城关镇为宜。

参考文献（略）

顾渚茶事别记

作者 | 寇丹 楼明初

选自 | 《农业考古》1997年第2期

顾渚茶事别记

浙江湖州市 寇 丹 楼明初

湖州长兴顾渚山区的紫笋茶，自陆羽推荐作贡茶，唐大历五年（770年）设贡茶院以来几经枯荣，到清顺治三年（1646年）以后结束，兴盛时期达605年，前后共延续876年，对中国茶史、茶研究提供了丰富的资料。这些资料被后人大量重复引用时，常有时序上的失误。本文目的，一是自唐至清作一大致整理；二是在从未被披露过的志书及笔记中，选出一些史料供学者们研究参考；三是对今日现状作一简介。

古湖州府在太湖南岸，所辖长城县在太湖西岸，与常州府阳羡县交界。湖州又称吴兴，别名菰城。有苕水，又称苕。长城县别名雉城，今浙江长兴县。阳羡今江苏宜兴。太湖西岸丘陵均产茶、竹、兰，且质优量众，又是经济文化发达地区。约在公元246年的三国吴时，有"温山御荈"作贡茶，因湖州曾分设乌程、归安两县，南北朝刘宋山谦之著《吴兴记》："乌程县西二十里有温山御荈"，陆羽据此写入《茶经》。温山今在湖州城北白雀乡。广德年间（763—764年）毗陵（今常州）太守御史大夫李栖筠在阳羡督造贡茶，因贡茶数量从开始的2斤不断骤增，遂采纳陆羽之荐，将界岭以南的顾渚山茶区划为贡茶区，大历五年（770年）首贡500串约360斤，由此形成两州分山造茶之始。顾渚山又名西顾山、茶山、吴望山。包括界山茗岭以东至太湖的范围。建中二年（781年）贡900斤，会昌年间（841—846年）岁贡18400斤（以当时"串"折合今市斤），并将此数额勒石立碑，定"顾渚焙贡"名。茶名依阳羡紫笋沿称紫笋，不久，反以顾渚紫笋、湖州紫笋之名扬播于世。贡茶每岁首次须以快马急程在清明前送达长安祭祖，又名"急程茶"，随茶贡金沙泉水2瓶，瓶以银制，连锁钥共重56两。

关于金沙泉，唐代毛文锡《茶谱》云："……啄木岭金沙泉，即每岁造茶之所也。湖常二郡接界于此，厥土有境会亭，每茶节，二牧皆至焉。斯泉也，处沙之中，居常无水。将造茶，太守具仪注拜敕祭泉，顷之发源，其夕清溢。造供御者毕，水即微减，供堂者毕，水已半之，太守造毕，即涸矣。"这则记载为以后许多人引用发挥，赋泉以神秘色彩。据《湖州府志》记载："旧于顾渚泉建草舍三十余间，自大历五年至贞元十六年，于此造茶……贞元十七年，刺史李词以院宇隘陋，造寺一所，移武康吉祥额置焉，以东廊三十间为贡茶院，两行置茶碓，又焙百余所，工匠千余人，引顾渚泉亘其间，烹蒸涤濯皆用之，非此水不能制也。刺史常以立春后十五日入山，暨谷雨还。"所以后人在文中往往又以"吉祥寺"代替"贡茶院"的称呼。贡茶院的设立给当地茶农带来了巨大的痛苦，开成三年（838年）刺史裴充督贡不力革职，杨汉公接任。贞元七年（791年）刺史于頔与常州合奏后，允许将清明前必须贡入长安的"急程茶"缓至清明后10天。建中二年（781年）刺史袁高写《茶山诗》随茶上贡，贡数稍减。皎然、陆羽、陆龟蒙先后置茶园于顾渚，刺史颜真卿多次到顾渚督贡。

每平方公里不足100人的顾渚山在历年贡茶季节，有成千上万的人为贡茶忙碌。陆龟蒙、皮日休写下了具体形象的茶诗进行描述，刺史们在山崖上刻记留名，现留十多处：《长兴县志》载："唐贡茶刺史题名二十八人，石刻在贡茶院修贡堂上"。碑已毁。

颜真卿于大历八年(773年)书"蚕头鼠尾碑"146字，镌于明月峡霸王潭。有"州县数来摹拓，土人惮费，击碎之"的记载。

袁高于兴元元年(784年)刻石于金山外岗白羊山，共34字。已毁1字。茶字书为荼。

于頔于贞元八年(792年)刻石于袁高字下共72字。已毁7字。

斐汶于元和八年(813)刻石于五谷潭边共26字。

杨汉公于开成四年(839年)刻石于明月峡霸王潭左侧石壁上共69字，已毁2字。

张文规于会昌三年(843年)刻石于顾渚山竹茶宗老鸦窝山下，共12字，尚存。隔数步即五公泉，张文规刻茶诗带款共64字于孤立石上，已毁13字。又在泉边石壁上有大片石刻，"文革"中已被山民建屋取石炸去，残留不多。

唐大中五年(851年)湖州刺史杜牧题刻于頔字下，共22字，毁8字。

宋代罢顾渚贡茶，只少量上贡，地方征茶仍然继续。兴国三年(978年)贡茶100斤，水一瓶。贡茶中心转至福建武夷山。顾渚成为瞻仰前朝茶事的旅游地。如在明月峡霸王潭上方三十步有公元1138年刻的："龙图阁直学士前知湖州口口汪藻、新知无为军括苍口口祖、知长兴县安肃张琮、前领县丞汝阴孟处义、前监南岳吴兴刘唐稽，绍兴戊午中春来游。右承务郎汪悟、汪恪从行。口口徐口刻字口明口口口口"。(此为寇丹10年前所记，他1996年8月陪日本友人再去参观时已毁之半。)

元代，改贡茶院为磨茶院。贡末茶2000斤、芽茶90斤。至元十五年(1278年)金沙泉一夕水溢，灌田千亩，元世祖赐名"瑞应泉"。文士沈贞(1368年前后)号茶山老人，长兴人，诗云："鳞鳞金屑精，泛彼崖下泌。远涵珠光润，净闷蟾窟溢。流芳衍馀派，漱甘彻声密。上栖凤凰林，下隐蛇龙室。岂堆穴向丙，更激支折乙。顾分泽疲民，坐致康衢日"。

明代，贡茶中心又回到太湖西岸。制茶方法及品茶要求都有变化。朱元璋废贡茶，顾渚茶只要35斤，最多也只50斤，地方征茶数字仍多，故茶事依然频繁。这时的顾渚山，工部主事肖洵在洪武六年(1373年)《顾渚采茶记》中记道："……若曰息躬、枕流、忘归、金沙诸亭，与木瓜堂、月明堂、清风楼则皆漫无可访……寺悉倾圮。守僧养中来见，垂首衣结，眊眊焉言即泪下。周视山麓之茶，皆芜薪拨草莽间……于是始谋诸众，伐木鞏土，求金沙水疏涤之。招来僧之窜避者，复其身专事以茶。寺宇之蠹折者，皆令撤而完之以居。然后次第修完息躬亭于茶园右，率童子官傣至，则少休焉。构清晖轩于磨院西，为监官之所舍。甃金池，缭以栏干，仍作亭四间池上，笼焙时所以礼泉也……谨书其当事之所宜先，采贡之次第，记于寺壁，庶来者守之而弗敢怠忽。历代岁造之增益罢行，并书下方云："唐岁造焙茶一万八千四百斤……洪武四年(1371年)又增末茶三千二百四斤六两七钱五分，芽茶一万六百一十一斤一十四两二钱七分五厘。洪武七年又增顾渚山叶茶十一斤。洪武八年二月二十五日并书于吉祥寺屋壁。"

万历(1573—1620年)进士，擢山东巡抚监军游士任在《登顾渚山记》中说："寺侧有四亭，今废其二。金沙以泉名，其窦大如盎，喷涌飞泻。"洪武至大历隔200年，所建之亭已毁一半，何况自唐以降兵焚民扰，自然破坏，顾渚山寺院茶舍是不断地在变化之中。

明万历中期(1596年左右)岕茶兴起。岕为茗岭南北的特殊用字，意即两山之山凹，以岕为地名者，合并千余。顾渚紫笋茶的名气此时已为茗岭下的罗岕村洞山茶代替，顾渚茶此时称水口茶。张大复《梅花草堂笔谈》记云："……长兴有紫笋茶，士人取金沙泉造之乃胜。而泉不常有，祷之然后出，事已辄涸。某性嗜茶，而不能通其说。询往来贸茶人，绝未有知泉所在者，亦不闻茶有紫笋之目。"这位苏州人就住太湖对岸，在明代不但听不到金沙、紫笋的名字，不知泉的位置，也怀疑金沙泉的神秘。

顾渚山地质为岩泥盆系的石英砂，除自然溪涧外，均为渗渐式水泉，视雨量大小涌现。

顾渚茶的浮沉兴衰，影响到顾渚山所含的范围。唐代贡茶数字日增，茶区不断扩大，到宋、元两代，顾渚茶产区包括了明代的岕茶主要产地洞山（今白岘乡）一带，后来又几乎包括了长兴县西北的半壁河山。明代，这一带因有唐代的历史，又有岕茶的崛起，出现了《岕茶笺》、《书岕茶别论》、《岕茶汇抄》、《罗岕茶记》、《茶疏》等论茶著作并提高了品茶的文化内涵。

岕茶只说"庙前水、庙后茶"。庙指茶神柳宿庙，庙前有紫岕水，庙后即洞山。

顾渚贡茶为我国茶史研究提供丰富的史料，也给当地山民带来无穷的灾难。袁高、李郢的茶山诗众所周知，明代顾渚山望族臧廷鉴的《顾渚山采茶歌》就鲜为人知了："顾渚名茶称紫笋，明月峡中夸上品。清明寒食嫩条繁，火前雨后粗枝蠢。李唐岁榷千万斤，北山茅屋诛求尽。为言瑞应出金沙，祭茶一毕灵泉泯。惊愚骇众创者谁，徒使居人恨生茗。符牒纷然下水村，蓬头并足蔫萝扪。捋捋手皲不一掬，县胥索食但吞声。更有江淮宋李溥，征茶一呼吏何怒。挽船赫然号茶纲，有产人家畏似虎。……我闻陆羽著茶经，陶人塑羽作茶神。袁高太守诗凄恻，何不肖象报明禋，吁嗟乎，穷乡罢茶兴朝始，但愿千古长遵是。尧市山前衢歌起，一泓不涸金沙水。"

清代开国初的顺治三年（1646 年）尚有"递仿前例，起解北京"的贡茶。但对顾渚山的茶事已无暇顾及。康熙五十年（1711 年）湖州举人吴斯洺作《荐春亭废址》："亭子何缘名荐春，士人告以贡茶故。筠筐箬篓供京阙，万斛龙骧争北渡。颠坑仆谷即不尔，浮江涉济亦足怖。常湖两郡岁驿骚，不觉茶香觉茶蠹。仁风今代幸蠲豁，岕户安告快朝暮。亭因虚设渐颓陊，胥足荆榛莽面互。昔时冠盖敞饯宴，今日牛羊蹋荒圃。我不苦无船舶通，苦少高亭骋跬步……"这亭是万历三十三年（1605 年）江西人知县熊明遇所建。清人王豫也有《荐春亭》诗："年来茶户无驱使，紫笋今看遍地栽。但使永无修贡日，尽教冷落荐春台。太守谁怜万姓贫，三州争进火前春。清风楼下草初茁，便有无穷采撷人。茶山冷落无人迹，烟树苍澜有鸟栖。唤得春来抵何事，年年此处尽情啼。浮生谁道老茶山，顾渚圻湖往往还。遗宅荒凉何处是，残碑认取古柴关。"按陆羽著《顾渚山记》二篇，记有山鸟，按季啼"春起也""春去也"；圻湖，指春秋时在湖州建"三城三圻。"圻，水城，均在顾渚水汇入太湖处。

雍正十二年（1734 年）进士，广东人谭肇基在乾隆八年（1743 年）知长兴，他去顾渚山后记道："青山不了见坡陁，翠盖当年此地过。雉堞未曾留霸业，旗枪空白绕烟萝。一筐雨湿香盈手，半岭雷惊荚满河。莫怪天随家住此，瓦缶石鼎乐婆娑。"按雉堞指长兴（雉城），天随指唐陆龟蒙号天随子。

清咸丰后，国势渐衰。顾渚山位于苏、皖、浙三省交界，太平军溃败就沿啄木岭隘口进入顾渚。自此，当地山民尽行逃走，贡茶院所剩残垣旧殿完全毁败。1941—1943 年间，侵华日军在顾渚一带多次轰炸扫荡，中国共产党领导下的新四军粟裕部在此一带山区坚持抗日活动，现在当地村民多系来自苏、皖的移民。

涉及历史考察茶事，因地名变更，既不能以现在区划看古代地望，又不能避开地理位置。象顾渚山在唐代包括范围大致在两州界山的茗岭以东到太湖的一段。唐时元和(806年)划72乡，人口不详。宋淳化时(990—994年)15乡67里，约3.2万户，10.42万人，明嘉靖时区管乡、都、里；清初改区、图、里、甲，区以下还加圩(圩)，坦；民国21年(1932年)时划7区23镇、155乡、2215闾、11063邻。长兴抗日民主行政区(1944—1945年)时又划26乡、348保、3688甲。在人口方面，明代正德七年(1512年)降为3093户、6.1万余人。清代乾隆六十年(1759年)增至9.2万余户，35万余人，到咸丰(1851—1861年)，该地是清军与太平军的争夺地区，人口被杀、逃亡锐减为1万5百余户，2.1万人，平均每户只2人。现在的顾渚山区每平方公里约为220人。地名的并折更改及人口变化，有助于参照了解顾渚茶事。

陆羽在《茶经》中写了顾渚山区的顾渚、悬脚岭、啄木岭三地，没有具体写境会亭及金沙泉地点。历代对金沙泉及亭边的4个亭的位置也不明确。现在顾渚山下贡茶院西的金沙泉、忘归亭是1984年建的纪念性标志。那么，古代金沙泉在哪里呢？1987年，水口镇在疏浚庙潭时发现一块1815年刻的石碑，全文如下：

禁止庙潭淘花生碑

特授湖州府长兴县正堂加六级纪录十二次　苏为雍塞泉源吁叩严禁事据吉区耆陈邦臧铨王子恒等具呈前来并附撰录碑记云

雉城北乡路距三十里花岛之上花濑之旁有潭焉近接僧庵曰庙潭潭之水发源西际顾渚山下为金沙泉伏流十里余至此潭滚滚流出如涎之出于口此水口镇所由名也水至清流分明月桥紫花溪顾渚涧花柳村会集于泊岛湾从大溪直抵艺香山东行入太湖元沈直诗谓流芳衍余派者盖指此方潭水之始远也灌田可百顷汲饮济千家利莫大焉迩者沿山一带多种花生泥沙石砾淘于潭中渐塞泉源逢旱干而泉竭矣苗尽稿矣膏腴也而变为赤土矣然则庙潭之水岂可听其湮塞乎哉夫一丘一壑苟堪凭眺以资吟咏莫不斤斤爱护垂诸无穷矧兹潭水澄泓雅洁为长邑名胜之区夕阳古寺鸟护枝头苍松翠竹掩映清波实与霅画箬溪相颉颃唐宋贤士大夫紫笋荐春渐憩此间作为诗歌古迹最著源委最详其载于志乘者尤大彰明者也而乃以淘花生塞其源譬犹漱石而填其喉也所关非浅因为之记呈请示并赐勒止以垂不朽。

据此合亟示禁仰该处居民棚户知悉嗣后毋许再收生果运赴庙潭淘洗复致壅塞如敢抗违许该处人等指名禀。

县以凭提究决不姑贷慎勿以身试法毋违特示

陈在兹　宁尚美　韩忠禄　周斯兑　臧　墀
王子恒　韩尚礼　徐子高　臧　斐　臧　铨　公立
韩　益　臧叶飞　宁寅初　陈　邦　陈　增

嘉庆二十年岁次乙亥仲夏月吉旦

此虽禁碑，但行文晓以利害以情达理，毫无责备强压之词。查此庙庵名为金沙庵。

由于这块碑写了一些地名，指出水派来去之路，对于查找古金沙泉有利。顾渚山区的水共三条，一条发自啄木岭，经10里到外岗白羊山袁高等人题刻处再至水口镇，站在石刻山崖处20米就有一深水潭，终年不涸。1967年7月下旬大旱102天，村民在此建机埠抽水解旱。从这里可望啄木岭。白羊山不高，如立亭，则如清乾隆四年(1749)《长兴县志》所载：“忘归亭，俯瞰太湖”。

关于啄木岭，明嘉靖年间徐献忠在笔记中除据名引用毛文锡记金沙泉文字外又说：“啄木岭(西北六十里)山多啄木鸟。唐时吴兴、毗陵二守造茶会宴于此，有境会亭。”由白羊山至境会亭是一条直线大路，视野开阔。袁高，于頔、杜牧三位刺史相距67年刻茶事在同一石壁上，说明此地位置重要。而现金沙泉附近却无纪茶事的刻石。清康熙五十四年(1715年)和雍正九年(1731年)两度任长兴知县的山西人鲍鲈有诗：“爱此泉扉好，金沙一脉斜。源来啄木岭，流过野僧家。石涧今濡足，银瓶昔贡茶。客心清似水，何假悟愣伽”。也在这条水中，发现被山洪冲出一根一米多高、柱头雕有狮子的石柱，残留“顾渚金沙(下残)”四字。现在石柱及庙潭碑于1996年移置顾渚山下新建顾渚山庄内。

顾渚山的另两条水源自啄木岭西的黄龙头，一条就在明月峡，一条就在顾渚山竹茶岕(旧称斫射岕)，现金沙泉属于这条水。这两条水到水口镇与啄木岭的水汇合注入太湖。但是近年新编出版的《长兴县志》、《长兴地名志》将境会亭写在悬脚岭。此岭水4条汇成合溪经合溪镇注入太湖。自古以来是不同的两个区，今顾渚山自然保护区也不包括悬脚岭。从实地看，啄木岭与悬脚岭相距5里左右，由这两个地方到山北的宜兴金沙寺15里，丁蜀镇30里，境会亭旧址究竟在何处，至今不明。但从宜兴进入水口镇和长兴县城看，啄木岭当为捷径。

明代肖洵说：“长兴县，本战国吴夫差弟夫概故城。城北四十五里有山曰顾渚。夫概顾其渚，以可为都邑而得名……李词乞以贡焙立寺，山下吉祥故有寺也。寺前百步有泉极清甘……”从这一记载看，建贡茶院到改吉祥寺只隔30年，那末，唐代最初的贡茶院及金沙泉的具体方位也是很不清楚的。

解放后很长的时间里，顾渚山茶仍是野生居多，1958年“大跃进”运动时，将顾渚山至尧市山前的一片林莽乱石开辟为茶园，并将一汊水的潭填塞。1967年7月大旱，才又挖通水潭，1984年3月，将水潭改为金沙泉，边上建忘旧亭，顾渚茶室。1982年，恢复紫笋茶生产，连续三年被评为省一类优质名茶。1985年，紫笋茶被评为全国名茶优质名茶，顾渚山也被农牧渔业部列为全国名茶商品生产基地。当地泉水被综合利用，1989年由水口乡与外商合办的饮料公司，抽取垂深133米的水流为商品。

1993年在湖州召开纪念陆羽诞生1620年国际会议时，中国国际茶文化研究会在这次会议上宣布成立。长兴县茶人重立贡茶院碑，修白羊山道以便瞻仰石刻，在贡茶院南建顾渚山庄，1996年，简易公路通入明月峡(悬白岕)成为浙江茶史考察和茶文化旅游专线的重要地域，长兴县将重建贡茶院——作为重点的旅游建设。

顾渚山采茶记

作者 | 谢文柏

选自 | 《农业考古》2002 年第 4 期

顾渚山采茶记

浙江长兴 谢文柏

在中国茶叶史上久享盛誉的顾渚紫笋茶，去年在全国名茶评比中再度夺魁，荣获金奖。早在1200多年前，“茶圣”陆羽在《茶经》中写道：“浙西以湖州为上，湖州生长城（今长兴）顾渚山谷。”在长兴地方志中也有记载：顾渚狮獳岕岩（今叫做叙午岕）、龙坡子吉祥寺（贡茶院）的茶叶为“极品”。

我带着这个问题，决定到水口顾渚作一次实地考察（去采摘、炒制），弄清顾渚紫笋茶产区的条件与其他茶叶的产区究竟有哪些不同之处？千年以来为什么叙午岕的茶被称为紫笋茶中的“极品”？

我们几个老年自行车骑游协会成员经商量，准备在4月中下旬骑游顾渚山。为什么把时间定在4月中下旬呢？因为清明前的茶叶价格昂贵，我们退休老人消费不起；而4月下旬，正是采摘第二批头茶。按当地茶农的说法，吃这批茶最“实惠”：一则价格属中低档；二则茶叶的“卤水”足，其次，在骑协中有一女队员查宜珍，她从小在顾渚狮叙午岕长大，现在虽说住在城里，但她的兄弟姐妹还在岕里，而且每年采茶季节，她都要回娘家采茶。于是我们确定4月25日到狮叙午岕去。

是日正是农历谷雨。我们一行6人骑着自行车直奔顾渚。从县城到顾渚才20多公里，作为老骑游队员每天要骑百公里，这点路算是“小菜一碟”。出发时天气还雾蒙蒙，当我们到离水口还有三四里的陈母岭时，雾已消散，明媚的阳光洒落在山下的水口镇，云蒸霞蔚，呈现一派生气勃勃的景象。

说起水口，早在公元七世纪中叶，这里已是小有名气的“草市”。那时紫笋茶已作贡80多年了，水路出运的贡茶、贡泉（金沙泉）都是从这小镇起运的。当时著名诗人、湖州刺史杜牧，到顾渚山来“修贡”时，也是从这里弃船上岸的。为此，杜牧曾写过一首七绝《水口草市》：“倚溪旁岭多高树，夸酒书旗有小楼；惊起鸳鸯无限意，一双飞去却回头。”至今读来犹可想象当时水口镇的生态环境是多么美好，集市贸易是多么的繁荣！

当车队从陈毋岭一溜下坡，沿着山边绿荫丛中穿行，水口镇一擦而过；向左一拐直趋顾渚山。在这个季节骑游，尤其在长兴的低山丘陵地区，特别令人赏心悦目。远山，绿树，清溪，红花；两边绿油油的茶蓬，穿红着绿的采茶姑娘点缀在茶丛间，阵阵花香、欢声笑语扑面而来，沁人肺腑……

8点多钟便到了顾渚山，进入顾渚就像进入了人间仙境。顾渚山海拔300多米，朝向东南（太湖），山南山北各有一条长长的山谷（这里人叫岕），南名斫射岕，北名悬臼岕，这里在唐代都是盛产贡茶的地方；而岕中间都有一条终年流淌的溪水，流出顾渚山后便汇流成一条名为金沙涧，经水口入太湖。我们沿着斫射岕向谷底逆行。穿过浓荫蔽日的毛竹林，偶有三三两两的村庄，越过溪涧再前行200米，便到了狮岕。显然，叙午岕是斫射岕中的一条支岕。我们很快找到查宜珍的娘家——查氏兄弟的住处。两座院子毗邻，都是建造不久歇山顶式二层楼房，前有一个大院子，侧有灶屋（专门用来炒茶的）。院子前后围墙，墙外还有一小片园地，园地边是大路，路下一条溪涧。

查氏兄弟都在家里等候我们，说宜珍他们都在山上采茶，中饭也在山上吃，要我们带上他已经准备好的米、菜上山、与他们一块儿在山上吃中饭。我们听了高兴极了！今天要在名山中吃“野餐”了！我心中有点疑惑？带上米、菜就可以吃啦？还有锅子、碗筷、柴火呢！查宜珍的哥哥似乎看出了我的心思。忙说：你们放心，山上什么都有，保证你们吃得开心。我们将自行车放在院子里，亦不加锁，提着5斤米、一包煮熟的笋、咸肉、马铃薯和食盐，沿着他指引的小路，蹒跚而行。因为这条平时行人罕至的山路，两侧峰峦起伏，长着葱郁茂盛的毛竹、杂树，间或有小块菜园、果园和菜地。有时也有几户小农的住房：白墙黑瓦，深埋在绿树丛中，路边下还有一条清澈的小溪，流水潺潺。我们目不暇接，走得很慢。

一行六人，边走边欣赏山色，边议论这里的茶叶为什么好。大约走了三华里，前面出现了岔路口。事先宜珍的哥哥叮嘱我们：遇到岔路口要往右走。便可找到我们要去的目的地方坞岕。唔！原来叙午岕中还有几个小山谷，方坞岕只是其中的一个。往右一拐，迎面而上的山路比原来要陡峭得多了。说是路，其实是由几块裸露的石块延续罢了，登上去要费劲多了。但山路两侧的景色更加诱人。除了挺拔的毛竹，还有一丛丛开站紫色、白色花的紫藤，在春风的吹拂下摇曳，还不时发出阵阵幽香。一棵棵枝叶茂盛的阔叶树，蔽护着下面一人多高的茶蓬；在茶蓬边偶有人影在晃动，原来山农正在采茶。不知是谁，扯开嗓门：“查——宜——珍——，我们来——喽——”。山谷里隐隐传来：“我——在这里——”。

沿着曲曲折折的山路，攀登了300多米，找到了查宜珍和她兄弟两家的承包山——方坞 。查家的茶园位于方坞岕的上游，再往上翻200米，便可到达岭脊。查宜珍说，解放后土改时，主山就分给她家；80年代初，又是她兄弟两家承包的，今天两家人几乎都在这里采茶。我仔细观察：发现茶蓬生长的位置很不规则，东一丛，西一丛；而高低、大小也不等，明显没有人工栽培的痕迹，有的生长在树底下，有的生长在裸露的乱石间；有的生长在稀疏的竹林里，有的则生长季节性溪涧的两侧。据茶农介绍：这些茶树都是自然生长的，有的树龄在百年以上，从不施肥、打农药，最多在冬季修剪一下茶蓬，清理杂草、杂树；而清理出来的杂树，捆好后扔在路边，来年采茶时用来当烧饭的柴火。

查宜珍带我们去看一块奇石。据说在民国初年，一天夜里在这里打了一个巨雷，第二天家人上山发现原先一块巨石被一劈为二，大家叫它“雷劈石”。而今这两块石头间的距离已拉开达60厘米，中间生出一株碗口大的树来，我立即拍下了照片。

我们上来的几位，有的在采茶，有的在挖野笋，有的在找景点拍照。我拨开茶蓬也开始采茶。在采摘中摸到一个规律：凡是在茶蓬的底下或采茶人难去的地方，茶头特粗壮。据说这些茶都是在清明前采头茶时遗留下来的；这茶头虽说也是一芽三叶，但毕竟是从上年冬季孕育至今，所以叶厚、芽头肥壮；而摘过头茶分蘖后的茶头，则显得瘦小多了。采茶时偶尔踏在茶丛根部，感到软乎乎的，积土甚厚。这些都是树叶、杂草积下来的腐殖质。难怪茶农说，我们这里的茶树从不施肥。在茶区裸露的各种形状的石头很多，分布也不规则，但由于植被丰富、土层厚，并不影响茶树的生长，相反印证了唐代湖州刺史张文规在顾渚写下的一句话：“大涧中流，乱石翻滚，茶生其间，尤为绝品。”原来这里才是“绝品”茶的真正产地。

对照陆羽《茶经》茶之源中的一段话：“其地，上者生烂石，中者生砾壤，下者生黄土。野者上，园者次；阳崖阴林，紫者上，绿者次；笋者上，芽者次；叶卷上，叶舒次。”这段话似乎针对叙午岕的茶叶写的：一是生在“烂石中”；二是“野生”者；三是属于“阳崖阴林”。对照陆羽《茶经》和张文规的话，找到了叙午岕“极品”茶的理论根据。不过我们现在采的茶叶，因季节迟了，属于“叶舒”者，茶叶的档次自然要低些。

正当我采茶采得起劲的时候，忽然下面有人在叫“吃饭了！”一看表快十二点了。这才感到肚子在唱“空城计”。可一检查塑料袋里的草枝（茶的青叶），还不到二两。

到临时“厨房”一看，饭香扑鼻，菜都摆好了。原来这里条件不错，锅、瓢、碗、盆、筷一应俱全；灶是架在天然石上，柴火是上年留下的。山里人很豪放，吃剩下来的饭菜和用具都不带下山，洗净、装好后就挂在树上或吊在毛竹上，第二天继续使用。

饥不择食，山沟里的饭菜特别可口，一连吃了三碗，尚不感到很饱。与茶农交谈中，他们把中饭放在山上吃，完全是为了省时间，多采些茶。他们一天每人要采一斤多干茶，采回去的草枝必须当晚加工完，有时炒茶炒到十二点，茶农的确很辛苦。他们一家全年的经济收入主要靠春茶，户均收入近万元，不包括笋、毛竹等其他收入；春茶的收入基本上解决了一年全家的支出。

饭后，我们几个通过在实地观察、议论，得出一个共同的看法：方坞岕（叙午岕的一部分）的茶叶，带有“野性”，是天然无污染的茶叶，由于这里得天独厚的自然环境（包括气候、土壤），这里产的茶叶，才是正宗的紫笋茶——茶中的“极品”。

（下转164页）

（上接150页）

饭后我们继续采，采到2点才下山。每人采了约2两到半斤不到的草枝，准备赶回城里炒。回到查氏兄弟处，每人买了几斤中档茶叶，告别叙午茶。

炒茶，过去我只看，从没去实践过。根据《茶经》炒茶的用具、火候是十分讲究的，否则炒出来的茶有异味。我把铁锅洗了又洗，用洁白的宣纸擦试干净，而后用文火炒。因为用双手翻抄不熟练，又怕烫手指，致使茶叶受热不匀，便请邻居（会炒）来完成炒制的。当茶炒到六成干时，草枝挥发出来的香气，在附近都能闻到，这种香比蕙兰之香还要高雅，真是醉人！我将一两多干茶分两小包放入石灰甏，用少量茶叶末子泡了一杯，啜之清香甘洌，齿颊留芳。尽管这天我感到很累，但是晚上还是失眠了……

百载回眸晚更芳——缅怀庄晚芳先生

作者 | 戴盟

选自 | 《茶叶 Journal of Tea》2008年第34卷第3期

茶 叶 Journal of Tea 2008, 34(3): 136

百载回眸晚更芳

—— 缅怀庄晚芳先生

戴 盟

中图分类号: S571.1 文献标识码: A 文章编号: 0577-8921(2008)03-136-01

百载回眸晚更芳,中秋佳节倍思庄。

南山留有先生墓,茶德难忘四字香。

今年农历8月20日是庄晚芳先生的百岁诞辰。庄先生的生日,在中秋节后五天,非常好记。现在中秋节又定为国家假日,以后就更加难忘了。

庄老是茶学界老前辈,对茶学有很多贡献。他大力提倡发扬茶德茶风,把中国茶德概括为"廉美和敬"四字,在不同场合,曾写过好多张赠送友人,有的书幅还有注解,先后也稍有差异。大意是:廉洁育德,推行清廉节俭之风;美真康乐,美化生活,康乐长寿;和诚处世,养性修身,和谐相处;敬爱为人,安定祥和,共建精神文明。……

以廉为茶德之首,很有深意。他提倡廉洁奉公,反对贪腐。他积极倡导学习周恩来总理的公仆精神。兴办"茶人之家",举办清明品茶诗会,很早就把"和"字列为茶德的重要内容,他应该算是有真知灼见。

现在提倡"茶为国饮"、"杭为茶都",庄老有灵,应该高兴!说到"茶都",我曾说过,如在唐代要评"茶都",湖州应列为首选,当之无愧。这个看法,得到不少人的认同。

当年庄老就很关心湖州的茶文化,写了不少诗词,如:《湖州茶文化》:

陆羽茶经世界崇,湖州文化有高功。

千年史迹得开拓,树立雄心共研攻。

《紫笋茶》:

史载贡茶唐最先,顾渚紫笋冠芳妍。

境亭胜会留人念,绿蕊纤纤今胜前。

他还写了一首《忘归亭》:

顾诸山谷紫笋茗,芳香唐代以扬称。

清茶一碗传心意,联句吟诗乐趣亭。

此诗现立为诗碑,并有跋语:"陆羽著有《顾诸山记》一书,内容已失传。据查他与僧皎然、朱放等论茶,以顾诸为第一,忘归亭应是彼等交游品茶、吟诗之处,姑且志之。"

庄老当年对振兴顾诸紫笋茶,对重建大唐贡茶院,弘扬湖州茶文化……都曾寄予厚望。

值得告慰他的是:今年五月下旬,第十届国际茶文化研讨会暨浙江湖州(长兴)首届陆羽茶文化节隆重举行,大唐贡茶院已经重建。我有幸参加了这一盛会,写了首《访忘归亭,缅怀庄老晚芳》:

忘归亭畔访诗坊,百载回眸晚更芳。

廉美敬和名句在,高风应共海天长。

这次会议期间,中华诗词学会与长兴县人民政府,在贡茶院西侧的竹林内举行顾诸山雅集,触景生情,不禁想到这位茶翁的音容笑貌。当我披着蒙蒙细雨,倘佯在陆羽阁旁,应邀在一个特大的紫砂壶上签名留念时,一边默诵着他的诗句:"清茶一碗传心意,联句吟诗乐趣亭",一边想:如果庄公在世,也来参加盛会,对壶挥毫,他该是如何的高兴啊!

庄老虽已仙去,他的茶人精神,将永为人们所景仰。他毕生提倡的茶文化,正在蓬勃发展。当谈到"茶人之家"、当每年举行"清明品茶诗会"、"敬老茶会"、当品尝到"千岛玉叶"、"莫干黄芽"……或是去汪庄、花港、双峰、华家池、金祝新村……眼前心底都会浮现出他的身影。

我最近翻阅王旭烽著的《瑞草之国》一书,在庄老写的《序言》页伴,插有一幅照片,其中竟有我写赠的诗幅,是贺晚芳茶翁文集问世的:

菊艳枫丹日,庄翁著作香。

举杯茶当酒,共祝寿而康。

这是挂在金祝新村庄老书房里的一幅,它引起我许多回忆:在这里我们一道品过茶,我向他借阅过日本千光荣西的《吃茶养生记》。商量过如何举行清明品茶诗会、听他介绍在台湾的茶事活动,……得到他许多教益。

百载回眸晚更芳:他永远像一杯清茶那样隽永,伴着秋天的一轮皎月,在茶学界永放芬芳!

作者简介:戴 盟(1924年-),男,江苏盐城人,离休干部,浙江省诗词学会名誉会长,著有《茶人漫话》、《戴盟诗词选》等。

陆羽《茶经》所涉浙江省长兴县茶叶产地考叙

作者 | 李玉富　傅秋燕

选自 | 《茶叶 Journal of Tea》2011 年第 37 卷第 3 期

茶　叶　Journal of Tea　2011,37(3):176～178

陆羽《茶经》所涉浙江省长兴县茶叶产地考叙

李玉富　傅秋燕

(长兴县图书馆　浙江湖州　313100)

摘　要　唐朝陆羽《茶经》所载浙江省长兴县茶叶产地,今故址依然清晰可考。十处产地分布于以顾渚山山脊为中心的两条山谷间。考证显示,唐朝时全国所有产茶之地,陆羽对浙江长兴最为熟悉,其既是陆羽曾长期旅居长兴、培植品鉴茶叶、著述《茶经》、肯定长兴茶叶品第的有力证据,也暗示顾渚山山谷作为两浙联系中原的陆路走廊,是天成、便利的交通方衍生陆羽的《茶经》与贡茶文化。

关键词　茶经;长兴;茶叶产地

中图分类号:S571.1　**文献标识码**:E　**文章编号**:0577-8921(2011)03-0176-03

An investigation on the tea growing area of Zhejiang province Changxing County described in "the Classic of Tea" written by Lu Yu

LI Yufu, FU Qiuyan

(Changxin County Library Huzhou, Zhejiang province, 313100)

Abstract　The paper describes the investigation on the tea producing area in Changxing County, Zhejiang province which was recorded in "the Classic of Tea" written by Lu Yu of the Tang Dynasty. Ten sites of origin are considered to locate between the two valleys in GuZhu Mountain. It was proved that Lu Yu was familiar with the Changxing Zhejiang province among all the tea producing area in Tang Dynasty. It shows that Lu YU once sojourned in Changxing over a long period time, cultivated and tasted tea, written "the Classic of Tea" and affirmed the good quality of tea leaves in Changxing. The land corridor Liangzhe connected the Central China Plains, which was convenient transportation way over the valleys of GuZhu Mountain. These contributed to Lu Yu´s book "the Classic of Tea" and tea tribute culture.

Key words　the Classic of Tea; changixing; the tea growing area

1　《茶经》长兴县茶叶产地考

陆羽《茶经·八之出》是专门评价唐朝时各地茶叶产地以及等级篇章,其中对浙江省湖州长兴所产茶叶记述最详。原文为"浙西以湖州上,湖州生长城县顾渚山谷,与峡州、光州同;生乌瞻山、天目山、白茅山、悬脚岭,与襄州、荆州、义阳郡同;生凤亭山、伏翼阁、飞云、曲水二寺、啄木岭,与寿州、常州同。"

原文记录浙江长兴唐朝时茶叶产地共十处:依次为:顾渚山谷、乌瞻山、天目山、(吴觉农编《茶经述评》不同于四库全书版本,此处非乌瞻山、天目山,而作山桑、儒师二寺)白茅山、悬脚岭、凤亭山、伏翼阁、飞云、曲水二寺、啄木岭。依据清朝同治版《长兴县志》,长兴昔年的十处茶叶产地今址,今摘录并考证如下:

1、顾渚山。在县西北四十七里,陆羽曾置茶园,作《顾渚山记》两篇。

2、乌瞻山。有二岭,在县西三十里,高八十丈,周二十里,峰峦秀拔,最为陡峻。亦宜茶,名"云雾"。

3、天目山。(此处天目山当为长兴县境一座小山,而绝非今浙江省临安市之天目山。因依上下文,此山在湖州府长兴之境。又下文陆羽论时杭州府产茶"杭州出"情况:有"杭州临安、于潜二县生天目

收稿日期:2011-01-10　修改稿收稿日期:2011-03-02

作者简介:李玉富(1970 年-),长兴图书馆馆员,文学硕士。

山，与舒州同。"条。此处《茶经·八茶之出》精简的文字中竟出现两次"天目山"条，此也可能乃诸多版本改此条成"山桑、儒师二寺"原因，因为此两处产茶之地完全同名，且又毗邻，实难区分。）笔者考为，此天目山当为《长兴县志·山》所载"龙目岘"条：县志记为"龙目岘，又名龙目山、或龙目岭，在县西北一百二十里，高千尺，《山墟名》云'龙目岘石岩间有二目，光彩照人，因而谓之曰'龙目岘'。"

插叙山桑、儒师二寺。著名茶学专家吴觉农先生著《茶经评述》附录提示，明清时已发现《茶经》版本多达十六种，其中部分版本此处作"山桑、儒师二寺"。吴觉农编《茶经评述》相应注解为"山桑坞、儒师坞均在长兴县境，唐代在'山桑、儒师二坞'附近建有山桑、儒师二寺。"

考长兴县诸地方志书，其境实有山桑、儒师二坞。首先山桑坞，《长兴县志·山》载"山桑坞在顾渚山侧，去县三十五里。唐皮日休诗歌'筹篔晓移去，蓦箇山桑坞。'次儒师坞，儒师坞也写作"孺狮坞"，清版县志已经不及。但南宋谈钥著湖州府志——《嘉泰吴兴志·河渎》章却有记载"合溪本名合涧，在县西北六十里，源出苍云岭，至山半分为二道，绕孺狮坞南合为一。"至于二坞是否各有寺院一所，谈钥《嘉泰吴兴志·寺观》记南宋及以前长兴一地史上曾建名寺三十余条，却并未提及二寺名称，且其后长兴历代所修地方志书也皆不及，估计至北宋时，二寺已湮没无闻。

4、白茅山。《长兴县志》无确切"白茅山"条，但与其近似地名有二：一、茅山：在县西七十里，高六百丈，周五十里，今名"三洲山"。二、白茆山。在县西北七十里，今名"白猫山"。《茶经评述》对此条解释为"过去的长兴县西北七十里有白茆山，白茆山即白茅山。"《茶经评述》不明长兴西北地形，遂混二山为一，出现错解。笔者认为：白茅山当更毗邻顾渚山地区，《茶经》白茅山条应取"白茆山"为妥。

5、悬脚岭。在县西北七十里西咽山，以其岭脚下垂，故名。

6、凤亭山。在县西北四十里，高一百十丈，周十五里。《山墟名》云，"昔有凤栖其上，故名。"

7、伏翼阁。遍查县志无"伏翼阁"记载，但《长兴县志·水》章却有"伏翼涧"条"伏翼涧，在县西三十九里，涧中多产伏翼，今涧已湮没不存。"笔者估计，伏翼阁当为伏翼涧边一阁。

8、飞云寺。《长兴县志·寺观》章有飞云寺条，记为"飞云寺位于飞云山，在县西三十里合溪，南朝宋元徽五年建。《旧图经》云'寺侧有风穴，故云雾不翳。'"

9、曲水寺。《长兴县志·寺观》记：在县西五十八里曲水村，陈大建五年建，名曲水寺。

10、啄木岭。县志记为：在县北五十里。《山墟名》云"丛簿之下多啄木鸟，故名。"

2 《茶经》长兴县茶叶产地评述

考证表明，陆羽《茶经》所载浙江长兴唐朝时的十处茶叶产地，皆实有其地。同时综合"八之出"全篇，文献还给出了古代茶文化研究的一些其他信息。

首先是陆羽曾长期寓居浙江长兴，寓居、焙茶、试茶的证据。《茶经·八之出》是陆羽对唐朝时候全国各地茶产综述，共记时全部的八道、四十三州郡、四十四县产茶情况，实录具体茶叶产地合五十七处。各地茶产陆羽所获的信息来源，当代学者吴觉农《茶经评述》认为陆羽的来源三种：或亲到考察、或从其他资料收集、或"往往得之，掌握茶叶样品知其产地"。比照三种来源，陆羽所获长兴茶产地的信息依据绝对属于第一种，既多年的实地考察所得。综合全篇的篇幅比率，除浙江长兴与毗邻的江苏常州外，陆羽叙写其他道州的产茶之地皆十分简略泛指，仅称产于某州某县而已，最后三道、二十二州甚至一笔带过。但陆羽于浙江长兴及毗邻的江苏常州，《茶经》却记叙甚详。陆羽共录长兴以顾渚山地区为中心的产茶之地十处，记常州的三处也皆毗邻长兴的顾渚山地区，两处合计占《茶经》全部五十七处具体茶叶产地的五分之一强。且与它州的泛述迥异，陆羽所录浙江长兴与江苏常州的产茶地，皆是些方圆不足五里、名不经传的山、溪、寺、阁等，此等地名，非亲至久居，绝难知晓。《茶经·八之出》说明，陆羽对浙江长兴顾渚山附近的地理，微至一丘一涧、一寺一阁，皆异常熟悉，"八之出·长兴篇"乃陆羽长期寓居长兴顾渚山中，撰写《茶经》与《顾渚山记》的有力证据。

其次是浙江长兴的茶叶优质品第。"八之出"分浙江长兴十处茶叶产地三个等级。一等"生顾渚山谷，与峡州、光州同；"依据《茶经》前文所述，峡州、光州之茶是山南道与淮南道上品，也是整个唐朝时茶叶上品；则顾渚山谷之茶当为举国上品。二等："生乌瞻山、天目山、白茅山、悬脚岭与襄州、荆州、义阳郡同；"依据《茶经》，襄州、荆州、义阳郡产茶是山南道与淮南道之中品，则长兴此四地之茶陆羽列其中品。三等"生凤亭山、伏翼阁、飞云、曲水二寺、啄木岭与寿州、常州同。"依据《茶经》，寿州、常州之茶为淮南与浙西两道中品，则长兴其他五处之茶也被陆羽列为中品。综合可知，陆羽对唐朝时浙江长兴各地所产之茶皆很推崇。此外，作为一很小县域所产，品性基本相同茶叶，陆羽竟能将不同地点所产等级分得异常清晰，此也暗示陆羽对浙江长兴各地产茶的异常熟悉。

最后长兴十处茶叶产地的分布玄机。对照文章后附录的“长兴县地形图”可见，此十处产地皆分布于长兴西北、以顾渚山顶峰乌头山为山脊、自长兴县城至乌头山的两条狭长的山谷间，全部十处产地占地总面积不足二百平方公里。又两条山谷地形：两谷皆山岭相夹，中间沿溪形成两条东南——西北走向、长度皆不足四十、宽度不足五公里的陆路走廊。此时再将陆羽所录的十处产茶之地，置于浙江长兴的整个地貌考察，长兴属于一种“六山三田一分水的地形分布，除中部一块方形的“长泗平原”外，其县域东南、正南、正西，以及整个西北部，皆属连绵不绝的山区地貌，皆宜培植茶叶。然比照地图考校，当年陆羽唯记长兴西北的两条狭长山谷长廊产茶情形，却对同一县域、相同物候、地貌、生态的其他地域茶产丝毫不涉(历史证实，这些地区实也一直乃长兴的重要茶叶产地。)对此，唯一合理的解释是：由于浩淼无际太湖的阻住了两浙地区直达中原的正面陆路，于此，太湖西岸的长兴便天然成为两浙地区联系北方中原、唐朝时前往北方商业都会润州、扬州的唯一湖西陆路走廊；而此滨临太湖、东南——西北走向的两条山谷，又恰好天成走廊上两条最主要的陆路古道，是天成、便利的交通优势促使陆羽于此古道上著述《茶经》，并荐长兴茶叶成为贡茶的。

参考文献

1 吴觉农主编. 茶经述评. 北京: 农业出版社, 1987

2 (清)赵定邦.(同治)长兴县志. 上海: 上海古籍出版社, 1993

3 (宋)谈钥. 续修四库全书·嘉泰吴兴志. 上海: 上海古籍出版社, 2002

4 (清)纪昀主编. 四库全书·茶经. 上海: 上海古籍出版社, 1987

论紫笋茶名称的由来

作者 | 陈郑
选自 | 《农业考古》2019 年第 2 期

农业考古 2019 年第 2 期

论紫笋茶名称的由来

陈 郑

摘要：一般认为，紫笋茶的名称是出自陆羽《茶经》，本文从"紫笋茶"这一名称存在的时间和紫笋茶实际有多个产地两方面入手，大胆推测"紫笋茶"是沿用了之前早已有的"紫笋茶"这一名称，是为兼顾常州、湖州两地这一共同产地的结果。

关键词：紫笋茶；名称；由来

中图分类号：K203 **文献标识码**：A **文章编号**：1006-2335(2019)02-0189-03

Analysis on the Name Origin of the Zisun Tea

Chen Zheng

Abstract: It is generally agreed that the name of Zisun tea comes from Lu Yu's *Book of Tea*. Based on its history and different origins, this paper proposes the assumption that the current name of Zisun tea originated from its previous name as the result of considering the two places of origins including Changzhou and Huzhou.

Key words: Zisun tea; name; origin

紫笋茶可谓是茶中的绝品，曾作为贡品进贡给朝廷。《蔡宽夫诗话》说："然惟湖州紫笋入贡。每岁以清明日贡到，先荐宗朝，然后分赐近臣"[1](P314)。紫笋茶不但获得皇家的青睐，有资格进贡，还被皇室作为朝廷的恩典分赐近臣，其地位自是不俗。在探寻紫笋茶地位提升的同时，我们也不禁要问紫笋茶这名称的由来。

一、紫笋茶名称由来的主要观点

虽然紫笋茶有很高的地位，但关于紫笋茶这一茶品名称的由来，目前学界还在热议，还没有一个最终的定论。笔者对各种论断作一梳理，目前主要有两种说法：其一是陆羽命名说，其二是因形得名说。

（一）陆羽命名说

陆羽命名说最为重要的证据便是陆羽在《茶经·一之源》中有记："紫者上，绿者次；笋者上，芽者次。"陆羽到湖州之前，已经完成了《茶经》的初稿，在湖州考察过茶叶之后，对《茶经》进行了进一步的修改和完善，而"紫者上，绿者次；笋者上，芽者次"则被认为是在湖州考察完茶叶之后提出来并被加进去的，且是针对紫笋茶的专门论述。紫笋茶便是取句首的两字而成之。

（二）因形得名说

因形得名说也是来源于上述陆羽的这段记载，但注释者在此基础上做了进一步的阐发，从紫笋两字的字面含义出发，说紫笋顾名思义，是为色紫而形似笋状之茶[2](P2)。

不论是陆羽命名说，还是因形得名说，两者都是出于陆羽《茶经》之句，且后者仅从字面进行解释，不具很强的说服力，因此目前普遍采用的

陈郑，男，硕士，浙江省湖州市总工会职员，研究方向为湖州地方文献。

是陆羽命名说。

二、对陆羽命名说的几点看法

如上所述，陆羽命名说目前普遍采用。最近，笔者通过查阅相关文献资料，发现此说存有商榷之处，因此不揣浅陋，对紫笋茶名称的由来做一讨论。

（一）“紫笋茶”这一名称早已有之

皎然在《顾渚行寄裴方舟》中有“女宫露涩青芽老，尧市人稀紫笋多。紫笋青芽谁得识，日暮采之长太息。”诗中作者两次明确地提及“紫笋茶”这一名称，而不似陆羽《茶经》的记载，需要截取句子中的个别字合成。再考皎然此诗的创作时间，其创作年代约为公元763年，也就是说，最晚在公元763年，已经有紫笋茶这一名称了。

《唐义兴县重修茶舍记》载：“义兴贡茶非旧也，前此故御史大夫李栖筠实典是邦，山僧有献佳茗者，会客尝之。野人陆羽以为芬香甘辣，冠于他境，可荐于上。栖筠从之，始进万两，此其滥觞也。”[3](史部卷二九P3)周高起《洞山岕茶系》载：“唐李栖筠守常州，日山僧进阳羡茶，陆羽品为芬芳冠世，产可供上方。遂置茶舍于罨画溪，去湖□一里，所供岁万两。”可见，在李栖筠邀陆羽品茶，陆羽盛赞“芬芳冠世”时，此茶还是以“义兴贡茶”或者是“阳羡茶”名之，并没有只字提及紫笋茶，所以至少在此时，陆羽还是没有紫笋茶这个概念。而李栖筠在任常州刺史为永泰元年至大历三年[4](卷一三八P1649)，即公元765~768年，由此可以得知，陆羽最早在公元765年还不知有紫笋茶这一名称，而皎然早于此两年就在诗中明确提及紫笋茶，故而“紫笋茶”这一名称早已有之。

（二）“紫笋茶”有多个产地

前述皎然《顾渚行寄裴方舟》中说“尧市人稀紫笋多”，诗中提及的“尧市”便是尧市山。《嘉泰吴兴志》记载：“尧市山在县东北三十六里，高五千四百尺。《山墟名》云：‘尧时洪水，居民于此山作市’。今山上有池可广一亩。唐僧皎然诗曰：‘尧市人稀紫笋多’，皮日休诗云：‘门寻尧市山’即此”。《吴兴掌故集》则说：“尧市山，西北四十一里。”[5](史部第一八八册P805-806)。从这两则材料的描述可知，皎然作诗描写紫笋茶就是此处。虽然两则材料涉及尧市山的具体方位有点出入，一为“县东北三十六里”，一为“西北四十一里”，但可以确定，尧市山确有其山，且尧市山的名气还不小，是当初尧为治洪水徙民作市而成。元杨维桢《尧市山》“相传十日出，大浸稽天流。生民窃生理，托市兹山头”记载的也是此事，可见尧市山也确实有这一说法。

常州同样有紫笋茶。《新唐书》记载：“常州晋陵郡，望。本毗陵郡，天宝元年更名。土贡：细、绢、布、纻、红紫绵布、紧纱、免褐、皂布、大小香秔、龙凤席、紫笋茶、署预”[6](卷四十二P1058)。紫笋茶作为常州的特产被列为土贡之列。白居易《晚春闲居杨工部寄诗杨常州寄茶同到因以长句答之》中有“闲来工部新来句，渴饮毗陵远到茶”[7]P2408)。其中提到了毗陵茶，毗陵指的就是常州。按照《新唐书》的记载，紫笋茶也是常州的特产，但诗人此处没有说明具体是什么茶，可见，常州茶除了紫笋茶之外也有其他的品种，而紫笋茶则是常州众多茶中的一种。而同时代的宋人沈括《梦溪笔谈》说“古人论茶，唯言阳羡、顾渚、天柱、蒙顶之类，都未言建溪”。沈括将“阳羡”和“顾渚”这两种茶列为前两名，说明这两种茶在当时的知名度是极高的，但沈括没有提及白居易诗中的“毗陵茶”，也没有提及《新唐书》中提及的“紫笋茶”，这说明在常州，阳羡茶是最为著名的茶叶品种，而毗陵茶、紫笋茶虽有其名，但却是一些小的茶叶品种，在社会上并不知名，或者说远没有阳羡茶知名。

紫笋茶有多个产区的一个最为有力的证据便是白居易的《夜闻贾常州崔湖州茶山境会想羡欢宴因寄此诗》，其中有“青娥递舞应争妙，紫笋齐尝各斗新”[7](P1911)之句，描绘的是常州和湖州两地的太守共同举办茶山境会的盛况。而茶山境会最为重要的内容便是斗新茶，目的是评比两地出产的紫笋茶那个品质更好。因此，紫笋茶是常州湖州一带某些特定地区出产的茶叶的总称。

综上所述，紫笋茶这一名称在陆羽到访常州，品尝李栖筠所献佳茗之前已经存在，且从皎然将紫笋茶写入诗的情况看，尧市山的紫笋茶已经有一定的知名度。同时，紫笋茶也广泛存在于湖州和常州两地，除了尧市山产紫笋茶外，常州也有紫笋茶出产，且还属当地的土贡，可见也是小有名气，只是阳羡茶的知名度更高，因此紫笋茶在阳羡茶巨大的光环映衬下没能十分的亮眼，但紫笋茶在常州有出产这一事实却是可以肯定的。基于以上两点，笔者认为紫笋茶这一名称出自陆羽《茶经》这一说法是值得再商榷的。

三、紫笋茶名称的由来

紫笋茶被世人所熟知，始自紫笋茶被作为佳品上贡朝廷。从上所述，此茶经陆羽品鉴，认为可以上贡朝廷，但当时还没有紫笋茶这一名称，那么为何以紫笋茶命名呢？

既然上贡之茶是产自常州和湖州两地，在最终定名之际，势必要考虑茶名能体现两地的因素，而两地都产紫笋茶，且具有两地的紫笋茶都具有一定的知名度，那么取两地共有的茶的名紫笋茶也在情理之中。

作为上贡之茶，茶的本质当然是首要的，但除了本质之外，也需要为其增加文化内涵，以增强其神秘性。金沙泉便是其中最为显著的例子："湖州长兴县啄木岭金沙泉，即每岁造茶之所也。湖、常二郡，接界于此。厥土有境会亭，每茶节，二牧皆至焉。斯泉也，处沙之中，居常无水。将造茶，太守具仪注，拜敕祭泉，顷之，发源，其夕清溢。造供御者毕，水即微减，供堂者毕，已半之。太守造毕，即涸矣。太守或迁旆稽期，则示风雷之变，或见鸷兽毒蛇木魅焉。"毛文锡《茶谱》的这一极具神秘性的记载，正是为紫笋茶上贡而人为渲染的一个结果。后人对此也颇有争议，张大复《梅花草堂笔谈》就说："长兴有紫笋茶，土人取金沙泉造之乃胜。而泉不常有，祷之然后出，事已辄涸。某性嗜茶，而不能通其说。询往来贸茶人，绝未有知泉所在者，亦不闻茶有紫笋之目"[8](P260)。可见，张大复对金沙泉的这个神秘给予了否定。金沙泉有人为增加神秘的嫌疑，但出产紫笋茶的尧市山确是实实在在具有深厚的历史渊源，如上文所述，乃是尧治洪水时所建。有了尧的故事，显然能为紫笋茶顺利成为贡茶提供更大的可能性。

基于紫笋茶这一名称在陆羽到常州品尝此茶之前已经存在，且紫笋茶在常州湖州两地广泛存在，笔者大胆推测，被陆羽大加称赞，且后来成为贡茶的紫笋茶是采用了原先早已经存在的"紫笋茶"这一名称来命名的，当然，紫笋茶湖州的一个出产地尧市山的历史渊源也是其命名的一个重要原因。至于后来紫笋茶成为长兴顾渚茶的专称，则是朝廷在顾渚山设立贡茶院，顾渚山成为紫笋贡茶中心以后的事了。

[参考文献]

[1](宋)胡仔纂集.廖德明校点.苕溪渔隐丛话前集[M].北京:人民文化出版社,1962.

[2](唐)陆羽著.张芳赐,赵丛礼,喻盛甫译释.茶经浅释[M].昆明:云南人民出版社,1981.

[3](宋)赵明诚.金石录[M].钦定四库全书.

[4]郁贤皓.唐刺史考[M].南京:江苏古籍出版社,1987.

[5](明)徐献忠撰.吴兴掌故集[M].四库全书存目丛书.济南:齐鲁书社,1996.

[6](宋)欧阳修,宋祁撰.新唐书[M].北京:中华书局,1975.

[7](唐)白居易著.谢思炜校注.白居易诗集校注[M].北京:中华书局,2006.

[8](清)张大复.梅花草堂集[M]//笔记小说大观第32册.扬州:江苏广陵古籍刻印社,1983.

责任编辑:尧水根